高职高专国家示范性院校“十三五”规划教材

新形态一体化资源课教材

电路仿真与PCB设计

主　编　侯爱霞　钱　游

副主编　贾俊霞　张建平　陈帅华

主　审　杨代强

西安电子科技大学出版社

内容简介

本书从Protel DXP软件的操作入手，以提高学生动手能力为主线，安排了八个项目，具体介绍电路仿真与PCB设计的相关内容。项目一主要介绍Protel DXP软件的基础知识；项目二为单管放大电路原理图设计；项目三为编译与检错及报表的生成；项目四主要介绍元器件的制作过程；项目五介绍PCB的设计基础及一般流程；项目六为PCB设计的提高部分；项目七主要介绍元件封装的制作过程；项目八为电路仿真。

本书注重基本操作和实际应用的训练，充分体现了高等职业教育的特点，可作为高职高专院校、成人高校电类及机电类专业的教材，还可供中等职业技术学校电类专业及各类培训班使用，同时也适用于岗前培训及供有关工程技术人员参考。

读者可通过扫描二维码获取本书丰富的数字资源。

图书在版编目(CIP)数据

电路仿真与PCB设计 / 侯爱霞主编. — 西安：西安电子科技大学出版社, 2017.5
高职高专国家示范性院校“十三五”规划教材
ISBN 978-7-5606-4499-8

Ⅰ. ① 电… Ⅱ. ① 侯… Ⅲ. ① 电子电路—计算机仿真—应用软件—高等职业教育—教材
Ⅳ. ① TN702.2

中国版本图书馆CIP数据核字(2017)第090364号

策划编辑　李惠萍
责任编辑　韩伟娜　雷鸿俊
出版发行　西安电子科技大学出版社(西安市太白南路2号)
电　　话　(029)88242885　88201467　　邮　　编　710071
网　　址　www.xduph.com　　电子邮箱　wmcuit@cuit.edu.cn
经　　销　新华书店
印刷单位　陕西利达印务有限责任公司
版　　次　2017年5月第1版　2017年5月第1次印刷
开　　本　787毫米×1092毫米　1/16　印　张　13
字　　数　303千字
印　　数　1～3000册
定　　价　25.00元
ISBN 978-7-5606-4499-8 / TN
XDUP 4791001-1

前　言

本书由从事 Protel 教学多年并具有丰富实践经验的教师编写，内容为参编教师们多年的教学经验与工程设计经验的结晶。本书的编排从好教、易学和实用的原则出发，以图文结合的方式讲解了 Protel DXP 的全部设计过程，收集了学生在学习过程中遇到的典型问题，并在书中提出了有针对性的解决方案。

全书共分八个项目。项目一主要介绍 Protel DXP 的基础知识，帮助学生快速掌握整个软件的使用，这部分由钱游老师编著；项目二为单管放大电路原理图设计，介绍了使用软件绘制电路原理图的绘图技巧，这部分由贾俊霞老师编著；项目三为编译与检错及报表的生成，主要介绍了 ERC 表、网络表、元器件列表等报表的生成步骤，这部分由张建平老师编著；项目四主要介绍了元器件的制作过程，这部分由陈帅华老师编著；项目五主要介绍 PCB 电路设计基础及一般流程，这部分由侯爱霞老师编著；项目六为 PCB 设计的提高部分，这部分由贾俊霞老师编著；项目七主要介绍元件封装的制作过程，这部分由钱游老师编著；项目八为电路仿真，介绍仿真电路参数设置与运行流程，这部分由侯爱霞老师编著。每个项目又根据内容安排了若干个任务，读者通过学习任务的实施过程可掌握相关知识。在每一个任务实例后，附有相关的课后练习，读者通过练习可进一步理解、巩固和提高所学技能。全书由侯爱霞、杨代强老师统稿定稿。

本书的编写具有以下特点：

(1) 以电子 CAD 设计的实际需要为目标组织安排内容，以“必需、够用”为原则，不涉及 Protel DXP 2004 中不实用的菜单命令及功能。

(2) 内容丰富、层次清晰、图文并茂，多个知识点链接使得学生学习更加具有系统性。

(3) 着眼于高职高专为生产一线培养技术应用型高级人才的目标，注重基本操作和实际应用的训练，充分体现了高等职业教育的特点。

书中案例是在实际工作中使用过的电路设计实例，可作为电路设计人员的参考用例。本书的总课时建议为 64 学时，其中教师理论讲解 24 学时，学生实际操作 40 学时。

由于篇幅的限制，软件中的许多内容不能进一步深度涉及，无法面面俱到地对 Protel DXP 软件进行介绍。这方面还有待于改进，也诚恳地希望使用本书的读者提出批评与建议。

编　者

2017 年 1 月

目　录

项目一　Protel DXP 基础

【项目导读】

电子设计自动化(Electronic Design Automation，EDA)是指将电路设计中的各种工作交由计算机来协助完成，如电路图(Schematic)的绘制、印刷电路板(PCB)文件的制作、电路仿真(Simulation)等。随着电子技术的发展，大规模、超大规模集成电路的使用，使电路板走线愈加精密和复杂，不利于电路的设计与仿真，因此电子线路CAD软件——Protel DXP 应运而生。Protel DXP 是 Altium 公司最新推出的电路板级设计系统，它提供了 Windows XP 风格的浏览器平台，有良好的用户界面和稳定的系统，使用户在计算机上完成电路设计与仿真等工作，操作更方便，学习更简单，设计更高效，堪称当今最优秀的 EDA 软件之一。

【任务目标】

1. 知识目标

- 了解 Protel DXP 2004 软件的安装与启动；
- 了解 Protel DXP 2004 的工作环境和设计界面；
- 理解 Protel DXP 2004 中 PCB 板设计的流程；
- 掌握 Protel DXP 2004 中原理图、PCB、元器件库及封装库的创建。

2. 技能目标

- 能正确安装 Protel DXP 2004 软件；
- 能按要求新建项目、原理图、PCB 文档、元器件库和封装库文档；
- 理解 Protel DXP 2004 中 Project 的含义及新建方法。

一、Protel DXP 的安装

Protel DXP 的安装

Protel DXP 是 Protel 99SE 的升级版本，功能更强大，但安装也更复杂，在下载好软件安装包后，具体的安装步骤如下：

(1) 将控制面板中的“区域和语言选项”、“区域选项”和“语言”选项都设置为“英语(美国)”。

(2) 打开软件安装包，双击 setup.exe，根据安装向导继续安装。

(3) 双击 DXP2004SP2 补丁.exe，安装 DXP2004SP2 补丁。

(4) 双击 DXP2004SP2_IntegratedLibraries.exe，安装库文件。

(5) 把 Protel2004_sp2_Genkey.exe 注册机复制到安装好的文件夹

下，再双击Protel2004_sp2_Genkey.exe，进行单机注册即可。

(6) 把区域和语言选项改回“中文(中国)”。

知识链接1.1 Protel DXP的产生及发展。

1985年，诞生了DSO版Protel。

1991年，诞生了Windows版Protel。

1998年，Protel 98面市，这个32位产品是第一个包含五个核心模块的EDA工具。

1999年，Protel 99面市，既实现了原理图的逻辑功能验证的混合信号仿真，又保证了PCB信号的完整性；电路分析的板级仿真，构成从电路设计到真实板分析的完整体系。

2000年，Protel 99SE产生，其性能进一步提高，对设计过程有了更大的控制力。

2002年，Protel DXP问市，它集成了更多工具，使用方便，功能更加强大。

知识链接1.2 Protel DXP的主要特点。

Protel DXP的主要特点如下：

(1) 通过设计文档的方式，将原理图编辑、电路仿真、PCB设计及打印这些功能有机地结合在一起，提供了一个集成开发环境。

(2) 提供了混合电路仿真功能，为验证原理图电路设计中某些功能模块的正确与否提供了方便。

(3) 提供了丰富的原理图组件库和PCB封装库，并且为设计新的器件提供了封装向导程序，简化了封装设计过程。

(4) 提供了层次原理图设计方法，支持“自上向下”的设计思想，使大型电路设计的工作组开发方式成为可能。

(5) 提供了强大的查错功能。原理图中的ERC(电气法则检查)工具和PCB的DRC(设计规则检查)工具能帮助设计者更快地查出和改正错误。

(6) 全面兼容Protel系列以前版本的设计文件，并提供了OrCAD格式文件的转换功能。

(7) 提供了全新的FPGA设计功能，这是以前的版本所没有的功能。

知识链接1.3 Protel DXP的基本功能组成。

Protel DXP包含四大设计模块：

原理图设计模块——主要用于电路原理图的设计，为印制电路板的制作做好准备工作。

原理图仿真模块——主要用于电路原理图的模拟运行，以检验电路在原理设计过程中是否存在意想不到的缺陷。

印制电路板(PCB)设计模块——主要用于印制电路板的设计，由它生成的PCB文件将直接应用到印制电路板的生产中。

可编程逻辑芯片(FPGA)设计模块——主要用于可编程逻辑器件的设计。

知识链接1.4 PCB板设计的工作流程。

PCB板设计的工作流程如下：

(1) 方案分析。该环节决定电路原理图如何设计，同时也影响到 PCB 板如何规划。在本环节中要根据设计要求进行各方案的比较与选择，以及元器件的选择等，这是开发项目过程中最重要的环节。

(2) 电路仿真。该环节在设计电路原理图之前。有时候会对某一部分电路设计并不十分确定，因此需要通过电路仿真来验证。电路仿真还可以用于确定电路中某些重要器件的参数。

(3) 设计原理图组件。Protel DXP 提供了丰富的原理图组件库，但不可能包括所有组件，必要时需动手设计原理图组件，建立自己的组件库。

(4) 绘制原理图。找到所有需要的原理组件后，开始原理图绘制。根据电路复杂程度决定是否需要使用层次原理图。完成原理图的绘制后，用 ERC (电气法则检查)工具查错。找到出错原因并修改原理图电路，重新查错到没有原则性错误为止。

(5) 设计组件封装。和原理图组件库一样，Protel DXP 也不可能提供所有组件的封装。必要时要自行设计并建立新的组件封装库。

(6) 设计 PCB 板。确认原理图没有错误之后，开始 PCB 板的绘制。首先绘出 PCB 板的轮廓，确定工艺要求(使用几层板等)。然后将原理图传输到 PCB 板中，在网络表、设计规则及原理图的引导下布局和布线，再用设计规则检查工具查错。该环节是电路设计时的另一个关键环节，它将决定该产品的实用性能。

(7) 文档整理。对原理图、PCB 图及器件清单等文件予以保存，以便以后维护、修改。

二、Protel DXP 环境设计

1. Protel DXP 的主工作面板

Protel DXP 启动画面如图 1.1 所示。

图 1.1　Protel DXP 启动画面

界面介绍及面板显示

1) *启动* Protel DXP

Protel DXP 启动后进入图 1.2 所示的 Protel DXP 设计管理器窗口。Protel DXP 的设计管理器窗口类似于 Windows 的资源管理器窗口，设有主菜单、主工具栏，左边为 Files Panels (文件工作面板)，右边对应的是主工作面板，最下面的是状态条。

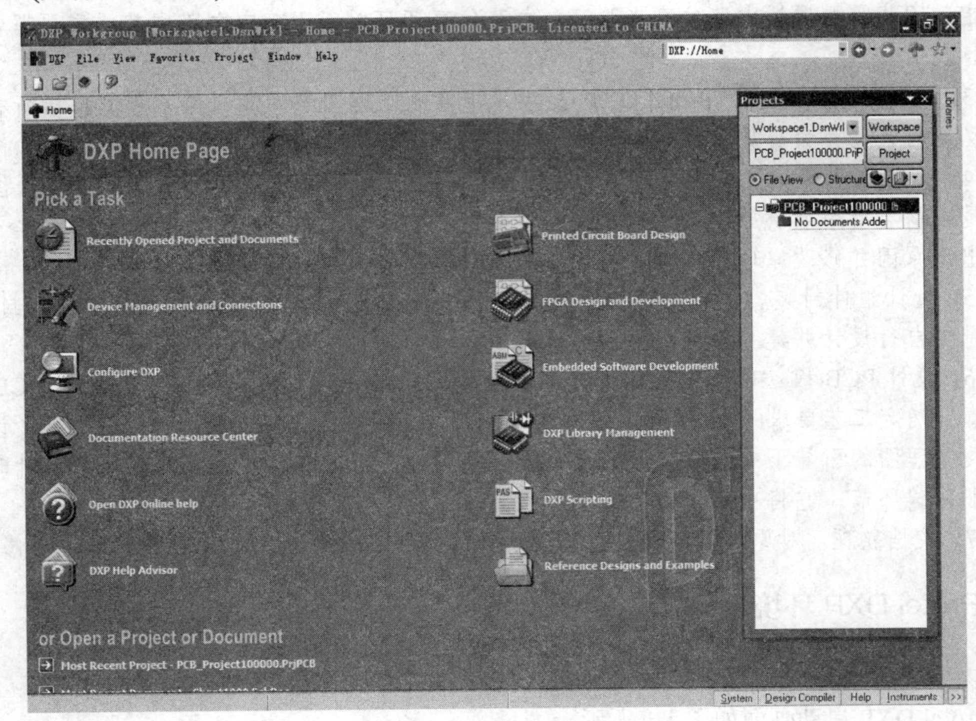

图 1.2　Protel DXP 设计管理器窗口

设计管理器页面分成如下几个区域：

(1) Pick a Task 选项区域。

Pick a Task 选项区域选项设置及功能如下：

- Create a new Board Level Design Project：新建一项设计项目。

Protel DXP 中以设计项目为中心，一个设计项目中可以包含多种设计文件，如原理图 SCH 文件、电路图 PCB 文件及各种报表，多个设计项目可以构成一个 Project Group(设计项目组)。因此，项目是 Protel DXP 工作的核心，所有设计工作均是以项目来展开的。

- Create a new FPGA Design Project：新建一项 FPGA 项目设计。单击 Create a new FPGA Design Project 选项，将弹出如图 1.3 所示的新建 FPGA 项目设计文档工作面板。

- Create a new Integrated Library Package：新建一个集成库。

- Display System Information：显示系统的信息。显示当前所安装的各项软件服务器，如 SCH 服务器，用于原理图的编辑、设计、修改和生成零件封装等。若安装了某项服务器，则能提供该项软件的功能。

- Customize Resources：自定义资源，包括定义各种菜单的图标、文字提示、更改快捷键，以及新建命令操作等功能。这可以使用户完全根据自己的爱好定义软件的使用接口。

• Configure License：配置使用许可证。可以看到当前使用许可的配置，用户也可以更改当前的配置，输入新的使用许可证。

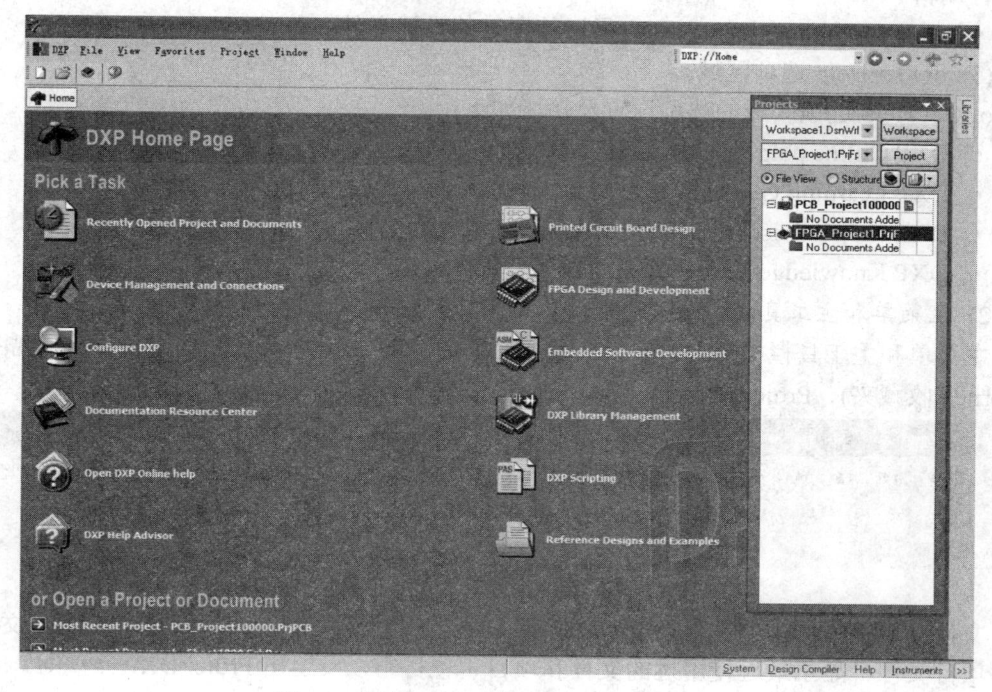

图 1.3　新建 FPGA 项目设计文档工作面板

(2) or Open a Project or Document 选项区域。

or Open a Project or Document 选项区域中的选项设置及功能如下：

• Open a Project or Document：打开一项设计项目或者设计文件。单击该选项，将弹出如图 1.4 所示的对话框。

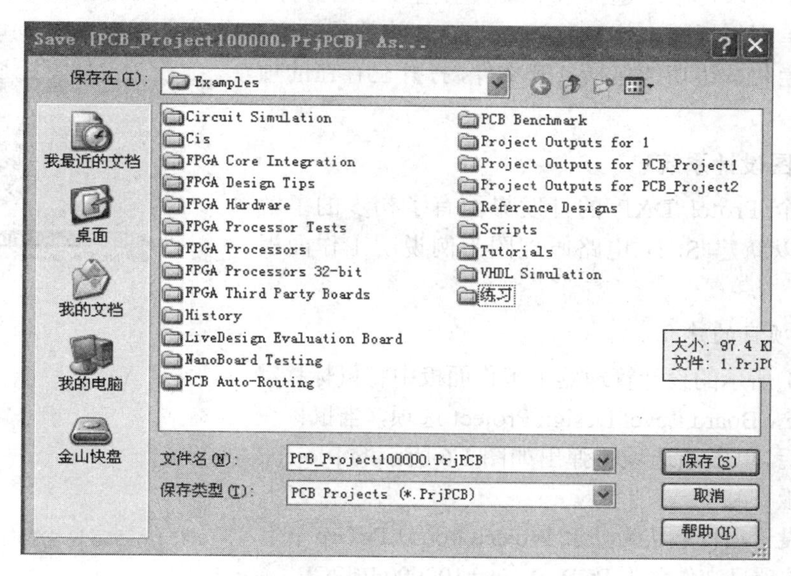

图 1.4　打开一个项目或者文件对话框

• Most recent project：列出最近使用过的项目名称。单击该选项，可以直接进入该项目进行编辑。

• Most recent document：列出最近使用过的设计文件名称。

(3) or Get Help 选项区域。

or Get Help 选项区域的选项设置及功能如下：

• DXP Online help：在线帮助。

• DXP Learning Guides：学习向导。

• DXP Help Advisor：DXP 帮助指南。

• DXP Knowledge Base：知识库。

2) 主菜单和主工具栏

主菜单和主工具栏如图 1.5 所示。Protel DXP 的主菜单栏包括 File (文件)、View (视图)、Favorites(收藏夹)、Project (项目)、Window (窗口)和 Help (帮助)等。

图 1.5　主菜单和主工具栏

文件菜单包括常用的文件功能，如打开文件、新建文件等，也可以用来打开项目文件、保存项目文件、显示最近使用过的文件和项目、项目组以及退出 Protel DXP 系统等。

视图菜单包括选择是否显示各种工具条、各种工作面板(Workspace Panels)、状态条以及是否使用接口的定制等。

项目菜单包括项目的编译(Compile)、项目的建立(Build)，以及将文件加入项目和将文件从项目中删除等功能。

窗口菜单可以使用户选择水平或者垂直显示当前打开的多个文件窗口。

帮助菜单则包括版本信息和 Protel DXP 的教程学习入口。

主工具栏的按钮功能包括打开文件，打开已存在的项目文件等。

2. 原理图设计系统

在对整个 Protel DXP 的开发界面有了初步的了解之后，下面以新建 SCH 电路原理图为例说明工作面板的使用。

1) 设计项目的建立

在图 1.3 所示的设计管理器主工作面板中将鼠标移动到 Create a new Board Level Design Project 选项，当鼠标变成手指形状后，单击该选项将弹出如图 1.6 所示的 Projects 文件工作面板。

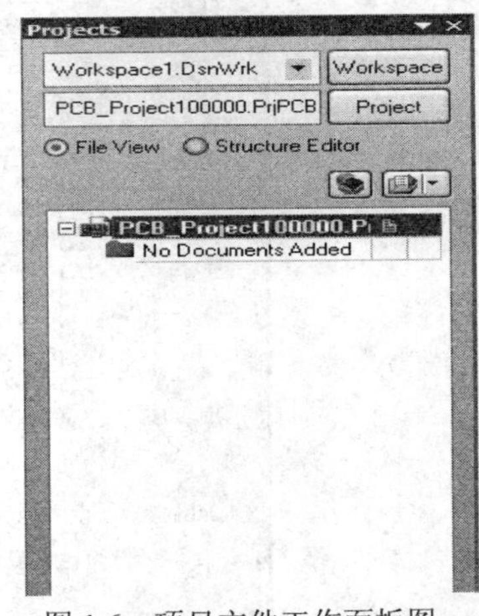

图 1.6　项目文件工作面板图

新建的设计项目默认为处于 ProjectGroup1.PrjGrp 工作组下，默认的项目文件名为 PCB_Project 100000.PrjPCB。

注意：Protel DXP 中，默认的工作组的文件名后缀为 .PrjGrp，默认的项目文件名后缀为 .PrjPCB。如果新建的是 FPGA 设计项目，建立的项目文件名后缀为 .PrjFpg。

2) 设计文档的建立和保存

在图 1.6 的文件工作面板中有两个按钮：Workspace 和 Project，先在下面用鼠标选中 PCB_Project100000.PrjPCB，然后单击 Workspace 按钮，将弹出如图 1.7 所示的菜单。

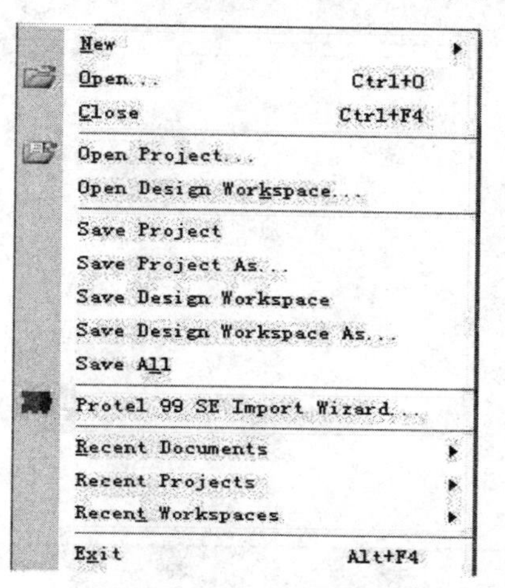

工程项目与文档管理

图 1.7　Group 菜单图

也可以用鼠标选中 PCB_Project100000.PrjPCB 选项右击，也将弹出如图 1.7 所示的右键菜单。

在图 1.7 中单击 New 子菜单，将弹出如图 1.8 所示的下一级菜单。

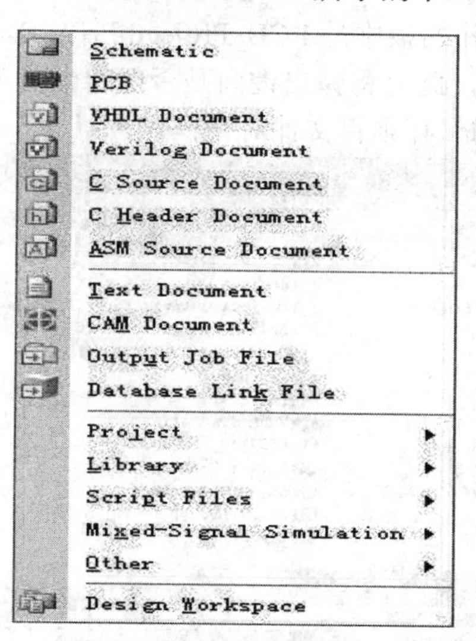

图 1.8　New 菜单的子菜单

其中可以新建 SCH 电路原理图、VHDL 设计文档、PCB 文档、SCH 原理图库、PCB 库、PCB 项目等。

在进入图 1.8 所示的子菜单后，选择 Schematic 选项，在当前项目 PCB_Project1.PrjPCB

下建立 SCH 电路原理图，默认文件名为 Sheetl.SchDoc，同时在右边的设计窗口中打开 Sheetl.SchDoc 的电路原理图设计界面，如图 1.9 所示。

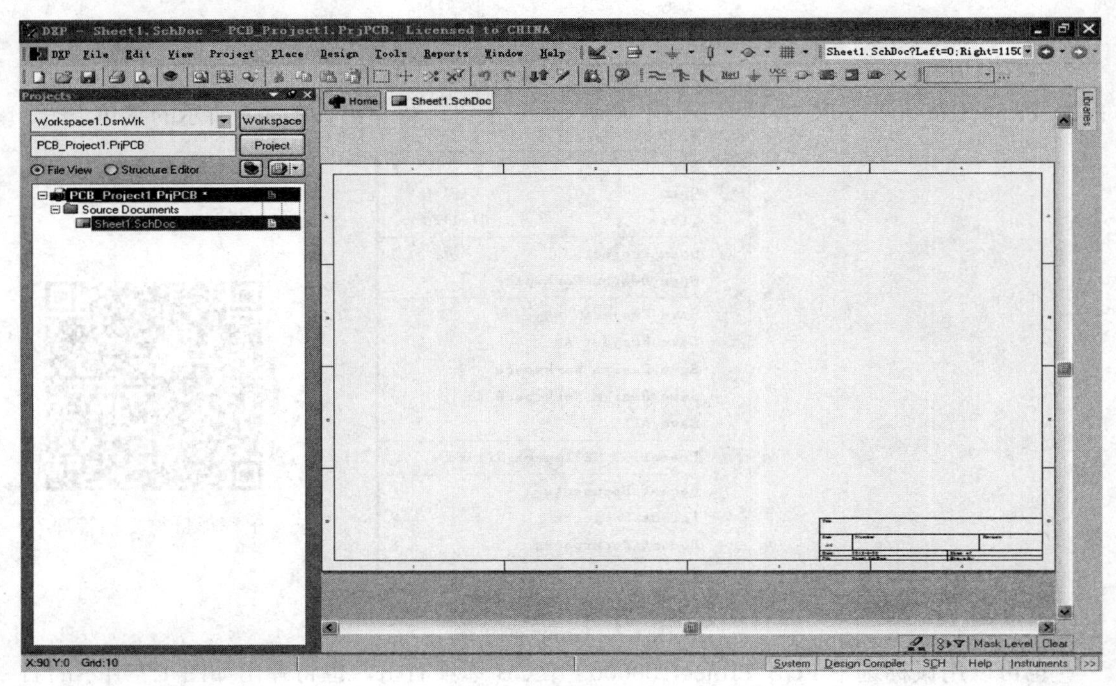

图 1.9　SCH 电路原理图编辑界面

3) 设计项目的打开和保存

选中图 1.9 所示文件工作面板中的 PCB_Projectl.PrjPCB，单击右键，在弹出的快捷菜单中选择 Close Project 选项，此时将弹出询问是否保存当前项文件的对话框，单击 Yes 按钮，将弹出如图 1.10 所示的保存项目文件对话框。

图 1.10　保存项目文件对话框

上机练习 1

在保存项目文件对话框中，用户可以更改设计项目的名称以及所保存的文件路径等，文件默认类型为 PCB Projects，后缀名为 .PrjPCB。

操作练习

1. 新建一个设计项目。
2. 打开已有的设计项目。
3. 关闭打开了的设计项目。
4. 在新建的设计项目中新建原理图文件。
5. 在新建的设计项目中新建 PCB 文件。
6. 在新建的设计项目中新建原理图元件库文件。
7. 在新建的设计项目中新建 PCB 封装库文件。

项目二　单管放大电路原理图设计

【项目导读】

本项目的学习目标包括认识电路原理图设计流程，绘制单管放大器电路原理图，用电气法则测试电路原理图，生成网络表与打印原理图。

【任务目标】

1. 知识目标

- 了解电路原理图设计的基本操作流程；
- 了解元件库的添加、工具栏和菜单的使用；
- 了解总线、总线分支线、网络标号的使用。

2. 技能目标

- 会添加元件库，放置元器件；
- 会连线，放置电气节点、电源和接地等操作；
- 了解层次电路的设计方法；
- 掌握绘图工具栏的使用。

任务1　原理图环境设置

原理图环境设置主要指图纸和游标设置。绘制原理图首先要设置图纸，如设置纸张大小、标题框、设计文件信息等，确定图纸的有关参数。图纸上的游标可帮助用户放置组件、连接线路。

快捷键

一、图纸大小设置

1. 打开图纸设置对话框

打开图纸设置对话框有以下两种方法。

(1) 在 SCH 电路原理图编辑接口下，执行菜单命令 Design→Options，将弹出 Document Options (图纸属性设置)对话框，如图2.1所示。

(2) 在当前原理图上单击右键，弹出右键快捷菜单，从弹出的右键菜单中选择 Document Options 选项，同样可以弹出如图2.1所示对话框。

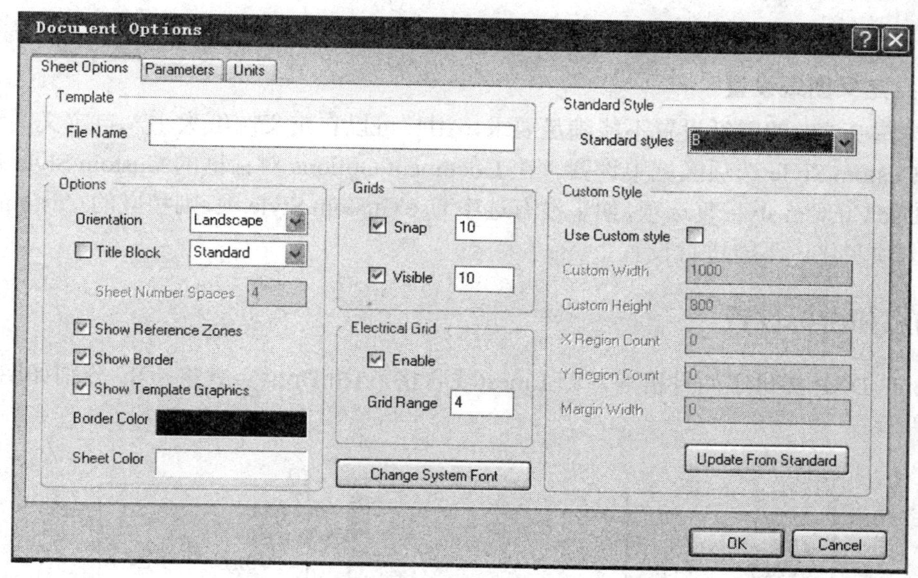

图 2.1　图纸属性设置对话框

2. 设置图纸大小

假如用户要将图纸大小更改成为标准 A4 图纸，可将鼠标移动到图纸属性设置对话框中的 Standard Style (标准图纸样式)，用鼠标单击下拉按钮，再选中 A4 选项，单击 OK 按钮确认，如图 2.2 所示。

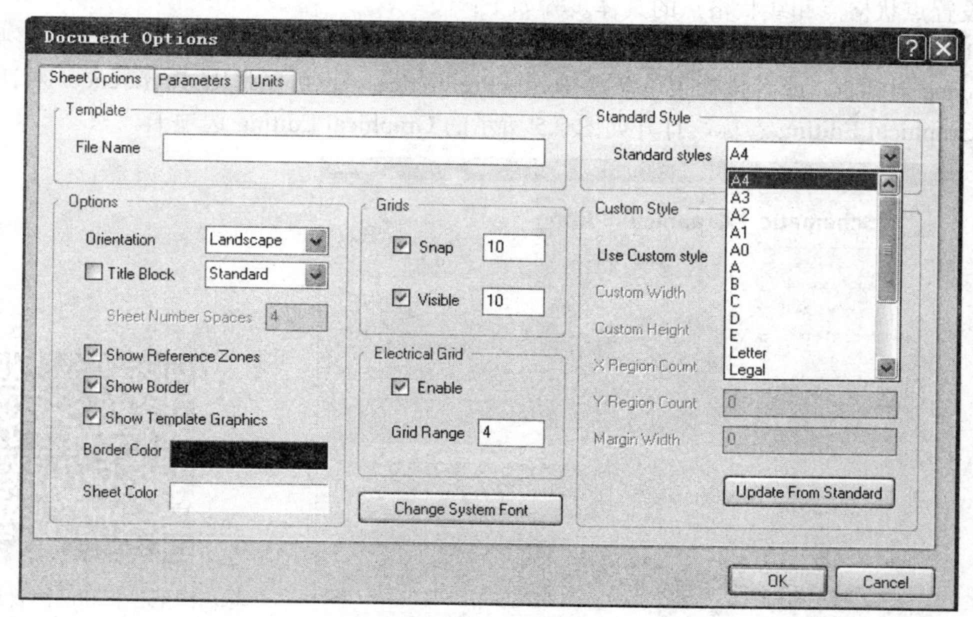

图 2.2　设置标准图纸样式

Protel DXP 所提供的图纸样式有以下几种：

- 美制：A0、A1、A2、A3、A4，其中 A4 最小。
- 英制：A、B、C、D、E，其中 A 型最小。

- 其他：Protel 还支持其他类型的图纸，如 Orcad A、Letter、Legal 等。

3. 自定义图纸设置

如果图 2.2 中的图纸设置不能满足要求，用户可以自定义图纸大小。自定义图纸大小可以在 Custom Style 选项区域中设置。在 Document Options 对话框的 Custom Style 选项区域选中 Use Custom style 复选项，如果没有选中 Use Custom Style 项，则相应的 Custom Width 等设置选项灰化，不能进行设置。

二、格点和游标设置

Protel DXP 提供了两种格点，即 Lines(线状格点)和 Dots(点状格点)，分别如图 2.3 和图 2.4 所示。

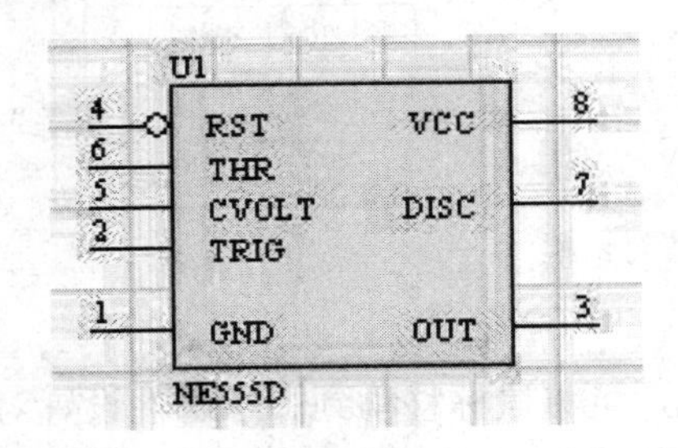

图 2.3　线状格点

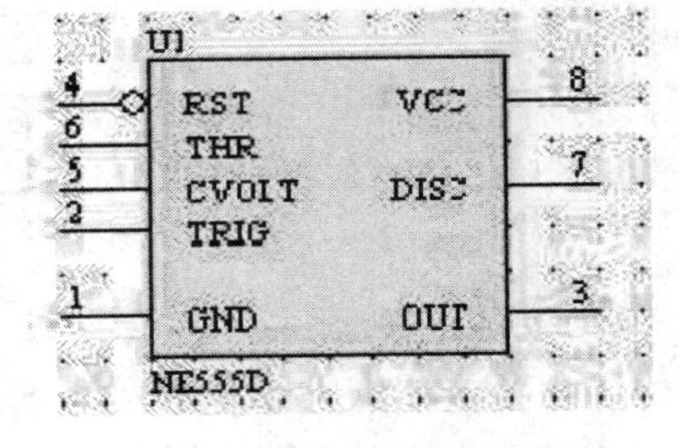

图 2.4　点状格点

设置点状格点和线状格点的具体步骤如下：

(1) 在 SCH 原理图上右击，在弹出的快捷菜单中选择 Preferences 选项，将弹出 Preference 对话框。或者执行菜单命令 Tool→Preferences，也可以弹出 Preferences 对话框。单击 Graphical Editing 卷标，打开如图 2.5 所示的 Graphical Editing 选项卡。

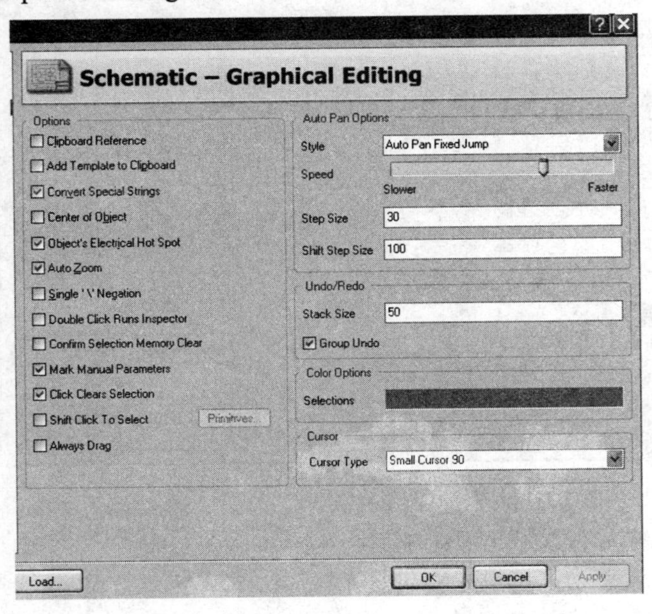

图 2.5　Graphical Editing 选项卡

图纸设置和画面管理

(2) 在 Cursor Grid Options 选项区域中的 Visible Grid 选项的下拉列表中有两个选项，分别为 Line Grid 和 Dot Grid。如选择 Line Grid 选项，则在原理图图纸上显示如图 2.3 所示的线状格点；如选择 Dot Grid 选项，则在原理图图纸上显示如图 2.4 所示的点状格点。

(3) 在 Color Options 选项中，Grid Color 项可以进行格点颜色设置。

知识链接 2.1　使用图纸属性设置对话框进行格点设置。

在 Document Options(图纸属性设置)对话框的 Sheet Options 选项卡中，设有 Grids 选项区域和 Electrical Grid 选项区域。

1. Grids 选项区域的设置

Grids 选项区域中包括 Snap 和 Visible 两个属性设置项。

• Visible：用于设置格点是否可见。在右边的设置框中键入数值可改变图纸格点间的距离。默认的设置为 10，表示格点间的距离为 10 个像素点。

• Snap：用于设置游标移动时的间距。选中此项表示游标移动时以 Snap 右边设置值为基本单位移动，系统的默认设置是 10。例如，移动原理图上的组件时，组件的移动是以 10 个像素点为单位进行移动。未选中此项，则组件的移动以一个像素点为基本单位移动，一般采用默认设置以便于在原理图中对齐组件。

2. Electrical Grid 选项区域的设置

Electrical Grid 选项区域设有 Enable 复选框和 Grid Range 文本框用于设置电气节点。如果选中 Enable，在绘制导线时，系统会以 Grid Range 文本框中设置的数值为半径，以游标所在位置为中心，向周围搜索电气节点；如果在搜索半径内有电气节点，游标会自动移到该节点上。如果未选中 Enable，则不能自动搜索电气节点。

知识链接 2.2　图纸属性设置对话框的其他设置。

在 Document Options 对话框中单击 Parameters 卷标，即可打开 Parameters 选项卡，如图 2.6 所示。该选项卡中提供的信息主要有：

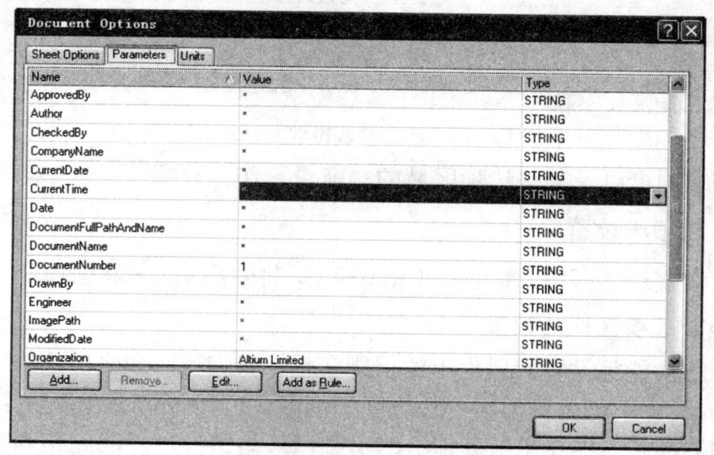

图 2.6　Parameters 选项卡设置

- Address1：第一栏图纸设计者或公司地址。
- Address2：第二栏图纸设计者或公司地址。
- Address3：第三栏图纸设计者或公司地址。
- Address4：第四栏图纸设计者或公司地址。
- ApprovedBy：审核单位名称。
- Author：绘图者姓名。
- DocumentNumber：文件号。

三、Protel DXP 系统参数设置

在 Protel DXP 原理图上右击鼠标，选择 Preferences 选项，打开系统参数设置对话框。

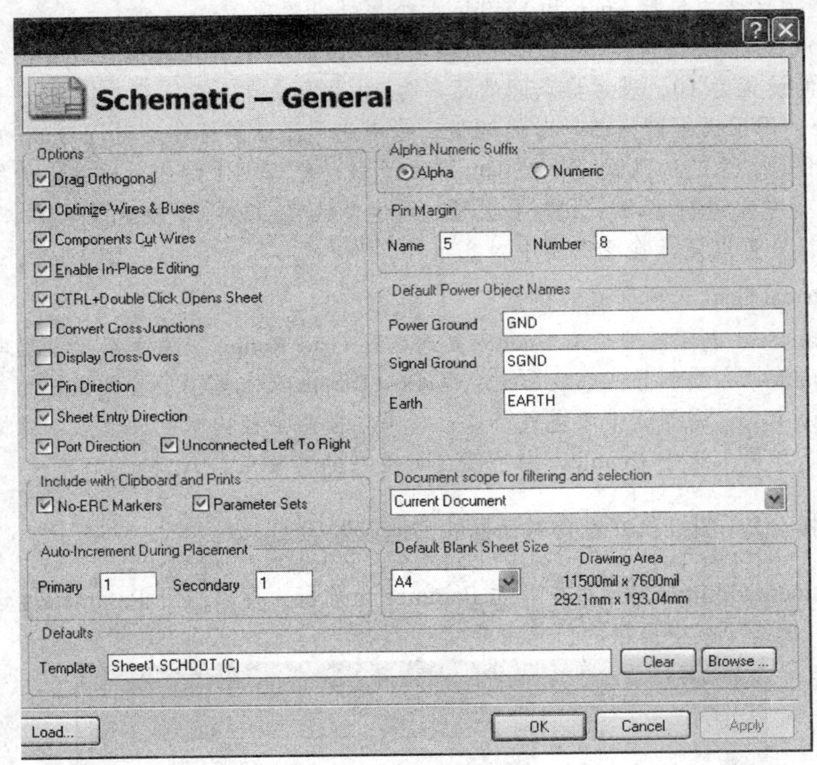

图 2.7　系统参数设置对话框

下面对某些选项卡以及某些选项区域的功能设置作一介绍。

1. General 选项卡设置

在系统参数设置对话框中，单击 General 标签，将弹出 General 选项卡，如图 2.7 所示。

1) Pin Margin 选项区域的设置

该选项区域的功能是设置元器件上的引脚名称、引脚号码和组件边缘间的间距。其中 Pin Name Margin 设置引脚名称与组件边缘间的间距，Pin Number Margin 用于设置引脚符号与组件边缘间的间距。图 2.8 中分别给出引脚符号与组件边缘的间距和引脚名称与组件边缘的间距。

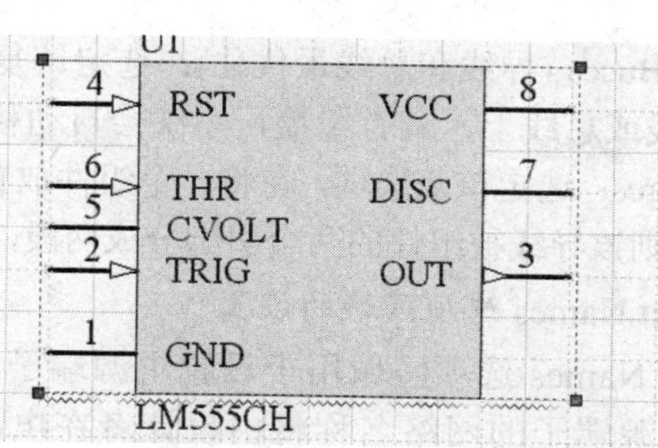

图 2.8　组件引脚符号、名称的位置设置

2) Alpha Numeric Suffix 选项区域的设置

该选项区域用于设置多组件的组件标识后缀的类型。有些组件内部是由多组组件组成的，例如 74 系列器件，Sn7404 就是由 6 个非门组成，为将这些非门区分，需要给它们加上不同的后缀。

选择 Alpha 单选项则后缀以字母表示，如 A、B 等。选择 Numeric 单选项则后缀以数字表示，如 1、2 等。下面以组件 Sn7404 为例，原理图图纸出现一个非门，如图 2.9 所示，而不是实际所见的双列直插器件。

在放置组件 Sn7404 时设置组件属性对话框，假定设置组件标识为 U1，由于 Sn7404 是由 6 路非门组成的，在原理图上可以连续放置 6 路非门(如图 2.10 所示)。此时可以看到组件的后缀依次为 U1A、U1B 等，按字母顺序递增。

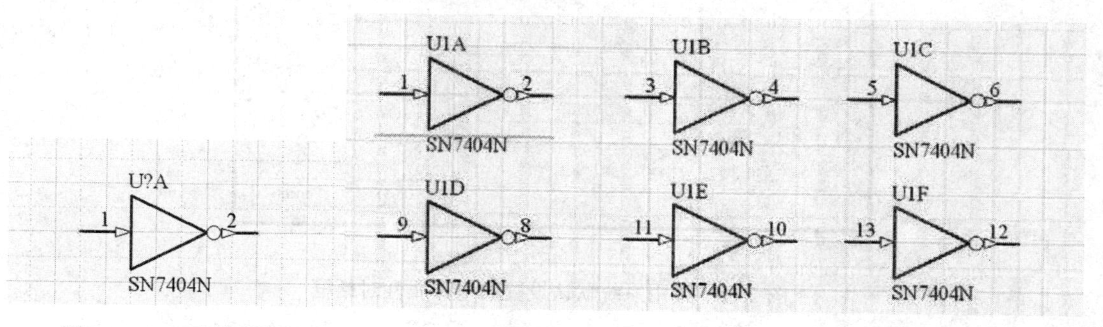

图 2.9　7404 原理图　　　　图 2.10　选择 Alpha 后的 Sn7404 原理图

在选择 Numeric 的情况下，放置 Sn7404 的 6 路非门后组件后缀依次为 U11、U12 等。

3) Options 选项区域的设置

Options 选项主要用来设置连接导线时的一些功能，分别介绍如下：

(1) Auto Junction(自动放置节点)：选定该复选项，在绘制导线时，只要导线的起点或终点在另一根导线上(T 形连接)，系统会在交叉点上自动放置一个节点。如果是跨过一根导线(十字形连接)，系统在交叉点处不会放置节点，必须手动放置节点。

(2) Drag Orthogonal(直角拖动)：选定该复选项，当拖动组件时，被拖动的导线将与组件保持直角关系。不选定，则被拖动的导线与组件不再保持直角关系。

(3) Enable In-Place Editing(编辑使能)：选定该复选项，当游标指向已放置的组件标识、文本、网络名称等文本文件时，单击鼠标可以直接在原理图上修改文本内容。若未选中该选项，则必须在参数设置对话框中修改文本内容。

(4) Optimize Wires & Buses (导线和总线最优化)：选定该复选项，可以防止不必要的导线、总线覆盖在其他导线或总线上，若有覆盖，系统会自动移除。

(5) Components Cut Wires：选定该复选项，在将一个组件放置在一条导线上时，如果该组件有两个引脚在导线上，则该导线被组件的两个引脚分成两段，并分别连接在两个引脚上。

4) Default Power Object Names 选项区域的设置

Default Power Object Names 选项区域用于设置电源端子的默认网络名称，如果该区域中的输入框为空，电源端子的网络名称将由设计者在电源属性对话框中设置，具体设置如下：

(1) Power Ground：表示电源接地。系统默认值为 GND。在原理图上放置电源和接地符号后，打开电源和接地属性对话框，如图 2.11 所示。如果此处设置为空，那么在原理图上放置电源和接地符号后，打开电源和接地属性对话框，如图 2.12 所示。注意在 Net 栏的名称区别。

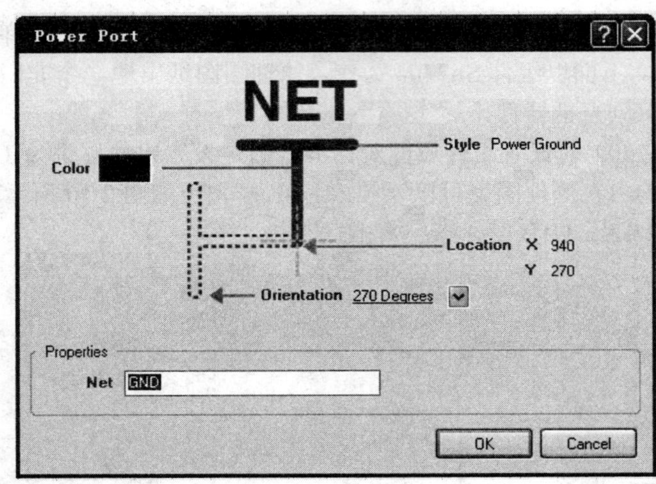

图 2.11　采用系统默认设置的电源属性对话框

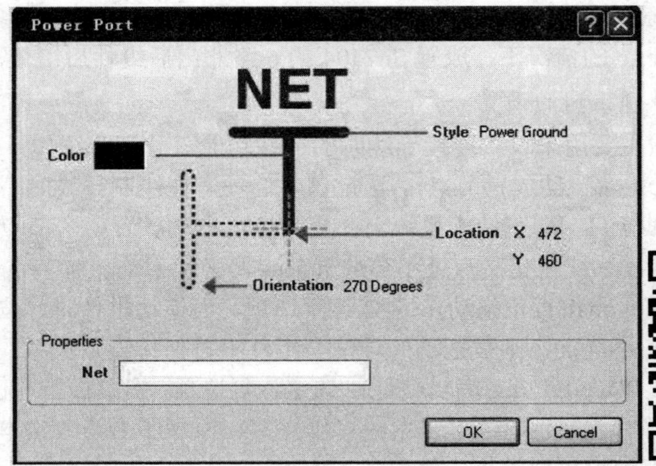

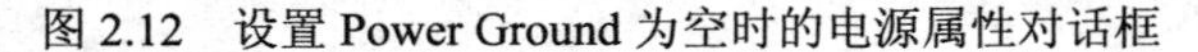

图 2.12　设置 Power Ground 为空时的电源属性对话框

上机练习 2

(2) Signal Ground：表示信号接地，系统默认设置为 SGND。

(3) Earth：表示接地，系统默认设置为 EARTHA。

2. Graphical Editing 选项卡设置

在系统参数设置对话框中，单击 Graphical Editing 标签，将弹出 Graphical Editing 选项卡，如图 2.13 所示。

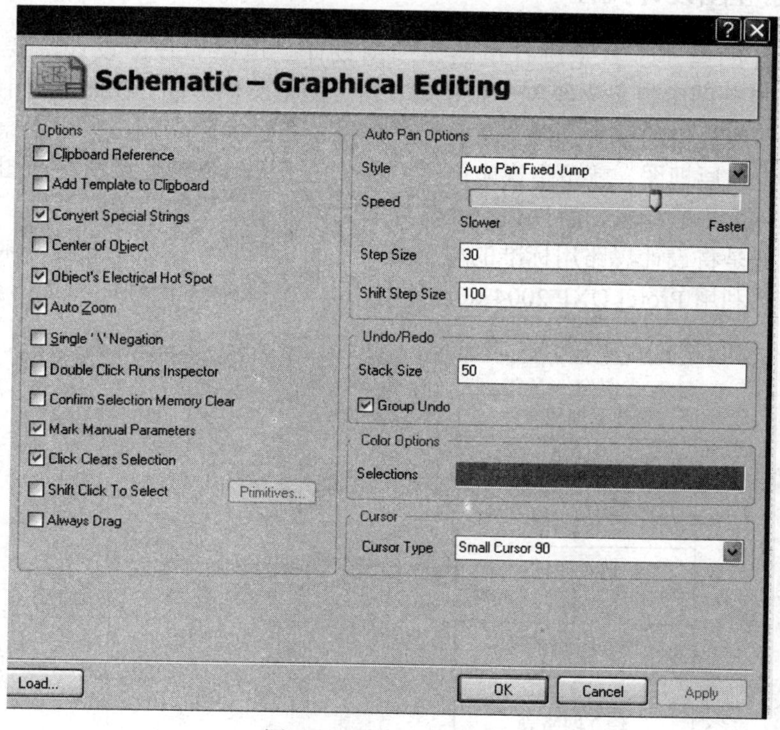

图 2.13 Graphical Editing 选项卡

操作练习

1. 建立一个原理图文件，命名为“页面设置”，并完成以下设置：

(1) 将页面设置成 A3 号图纸。

(2) 设置边框为红色，图纸为淡黄色 213。

(3) 设置点状栅格。

(4) 选择光标为 45 度。

(5) 设置栅格大小为 20，光标移动间距为 10。

(6) 取消标题栏。

2. 在“项目.PrjPCB”中创建名为“LX2.Sch”的原理图文件。自定义图纸大小：宽度为 900，高度为 600，水平放置，工作区域颜色为 199 号色。网格设置：Snap 为 6，Visible 为 9。字体设置：系统字体为宋体，字号为 8 号，字形为斜体。去掉标题栏。

图纸设置课堂练习

任务 2　绘制单管放大器电路原理图

一、电路原理图设计流程

电路设计的第一步就是进行电路原理图设计。电路原理图设计主要是利用 Protel DXP2004 的原理图编辑器来绘制一张正确、精美的电路原理图。在此过程中，要充分利用原理图编辑器所提供的各种绘图工具、元件库以及各种编辑功能，来实现原理图的绘制。

所谓“电路原理图”就是指说明电路中各个电子元器件的连接情况的图纸，它不涉及元器件的具体大小、形状，而只关心元器件的类型和相互之间的连接关系。绘制电路原理图的过程，就是将设计思路用标准的电子元器件图形符号在图纸上表达出来的过程。

在电脑上利用 Protel DXP 2004 来设计电路原理图的基本流程如图 2.14 所示。

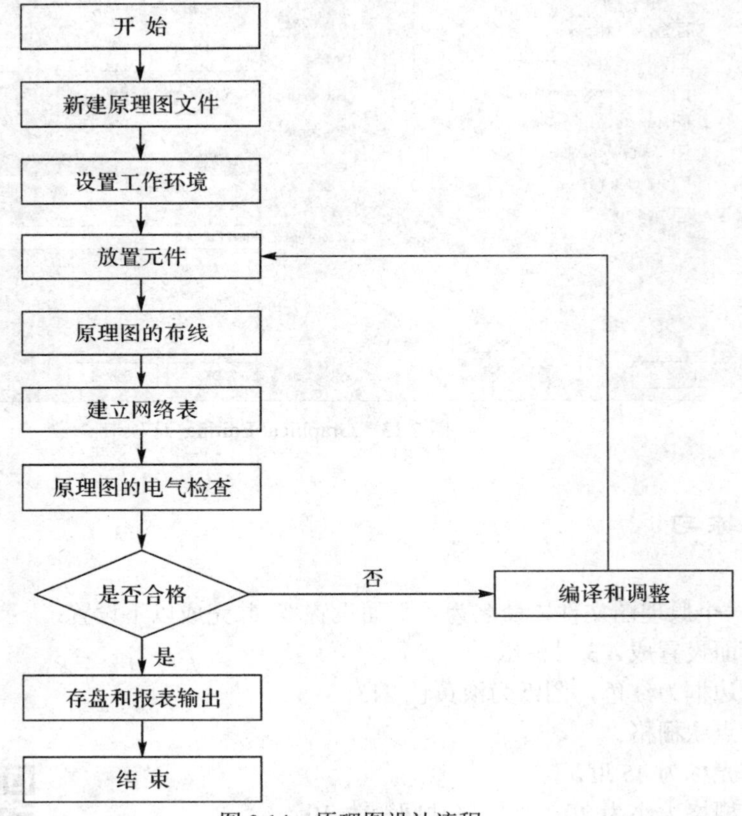

图 2.14　原理图设计流程

(1) 启动 Protel DXP 2004，新建项目和原理图文件，进入电路原理图编辑器。

(2) 设置工作环境。根据实际电路的复杂程度来设置图纸的大小。在电路设计的整个过程中，图纸的大小都可以不断地调整，设置合适的图纸大小是完成原理图设计的第一步。

(3) 放置组件。从组件库中选取组件，布置到图纸的合适位置，并对组件的名称、封装进行定义和设定，根据组件之间的走线等联系对组件在工作平面上的位置进行调整和修改，使得原理图美观而且易懂。常用的元件库有 Miscellaneous Devices.IntLib 分立元件库、Miscellaneous Connectors.IntLib 分立插接元件库等。

(4) 原理图的布线。根据实际电路的需要，利用 SCH 提供的各种工具、指令进行布线，将工作平面上的器件用具有电气意义的导线、符号连接起来，构成一幅完整的电路原理图。

(5) 建立网络表。完成上面的步骤以后，就可以看到一张完整的电路原理图了，但是要完成电路板的设计，还需要生成一个网络表文件。网络表是电路板和电路原理图之间的重要纽带。

(6) 原理图的电气检查。当完成原理图布线后，需要设置项目选项来编译当前项目，利用 Protel DXP 提供的错误检查报告修改原理图。

(7) 编译和调整。原理图通过电气检查后，其设计就完成了。对于较大的项目而言，通常需要对电路进行多次修改才能够通过电气检查。

(8) 存盘和报表输出：Protel DXP 提供了各种报表工具用于生成不同的报表(如网络表、组件清单等)，同时可以对设计好的原理图和各种报表进行存盘和输出打印，为印刷板电路的设计做好准备。

绘制简单原理图

二、绘制单管放大电路原理图

1. 创建一个新项目

(1) 单击设计管理窗口顶部的 File→New→Project→PCB Project，如图 2.15 所示，将弹出 Projects 工作面板。

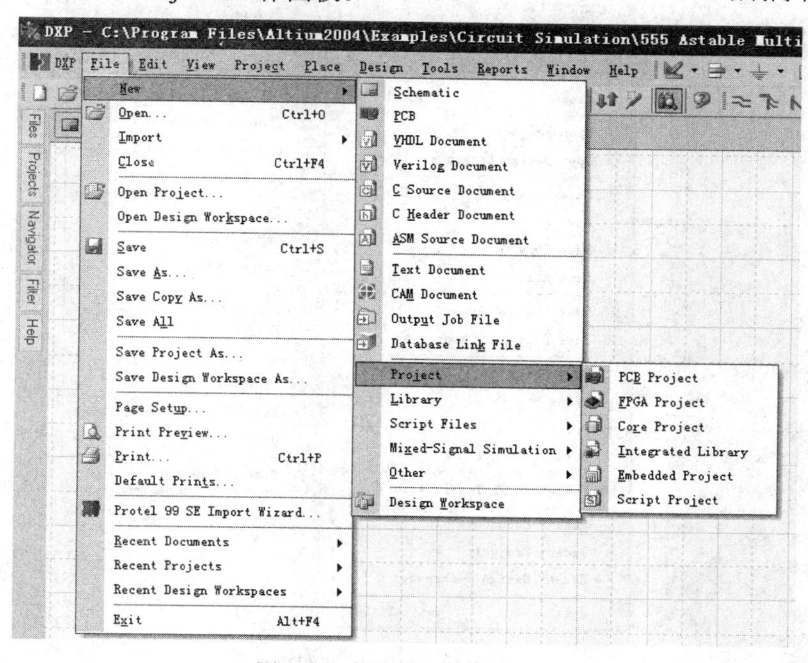

图 2.15 新建项目面板

(2) 建立了一个新的项目后，执行菜单命令 File→Save Project，将新项目重命名为

“myProject1.PriPCB”，保存该项目到合适位置，如图 2.16 所示。

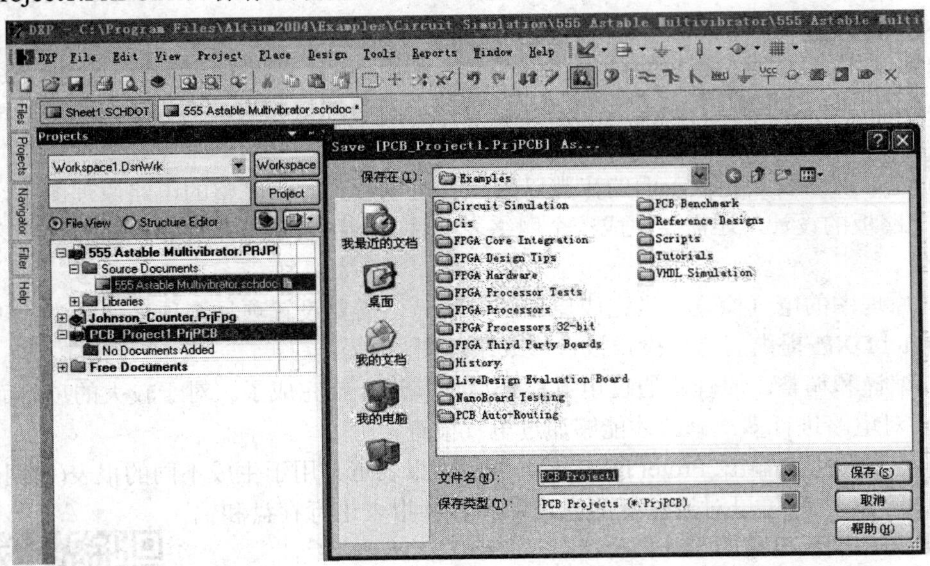

图 2.16　保存项目对话框

2. 创建新的原理图图纸

(1) 执行菜单命令 File→New→Schematic，如图 2.17 所示，创建一张新的原理图文件。

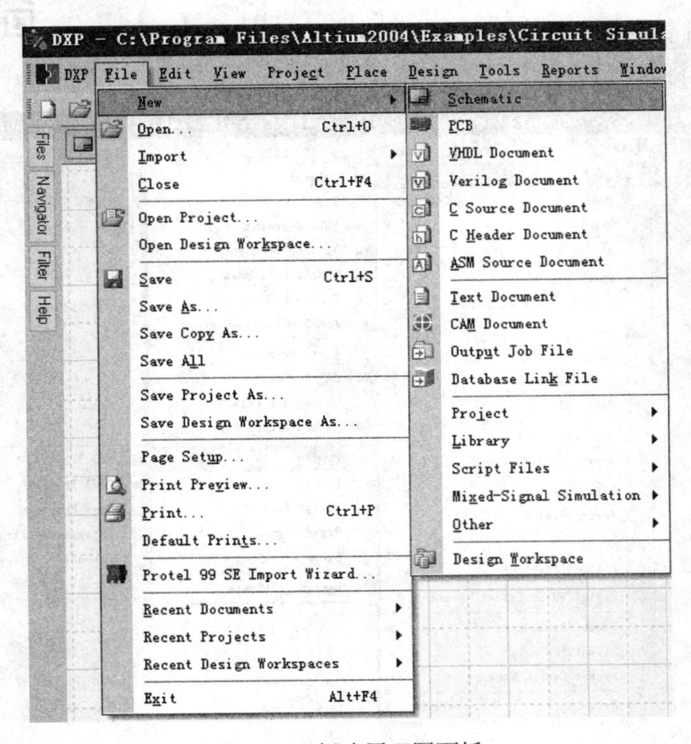

图 2.17　新建原理图面板

在图 2.17 中可以看到 Sheetl.SchDoc 的原理图文件，同时原理图文件夹自动添加到项目中。

(2) 执行菜单命令 File→Save，将新原理图文件保存在用户指定的位置。同时可以改变原理图文件名为“单管放大器电路.SchDoc”。此时可看到一张空白电路图纸，打开原理图图纸设置对话框即可进行设置。

(3) 对于本例而言，没有特殊要求，只需要设置成 A4 图纸就可以了。单击原理图设置对话框的 OK 按钮完成页面设置。原理图工作环境采用默认设置即可。

3. 添加或删除组件库

表 2.1 给出了单管放大电路所需的元件列表。由表 2.1 可见，所有的元件都来自于 Miscellaneous Devices.IntLib 和 Miscellaneous Connectors.IntLib 两个设计数据库文件。所以我们必须先装入这两个设计数据库文件(实际上就是添加元件库)。

表 2.1　单管放大电路所需的元件列表

元件名称	所在组件库	编号	元件属性
RES2	Miscellaneous Devices.Intlib	R1、R2、R3、R4、R5、R6	47 k、20 k、2.7 k、1 k、82 k、4.7 k
Cap pol2	Miscellaneous Devices.Intlib	C1、C2、C3	10μF
2N3904	Miscellaneous Devices.Intlib	Q1	NPN 三极管
Header 2	Miscellaneous Connectors.Intlib	J1	插件

(1) 在如图 2.17 所示对话框中单击右侧面板中的 Libraries 按钮，弹出如图 2.18 所示对话框，其中 Installed 列表框中主要说明当前项目中安装了哪些组件库。

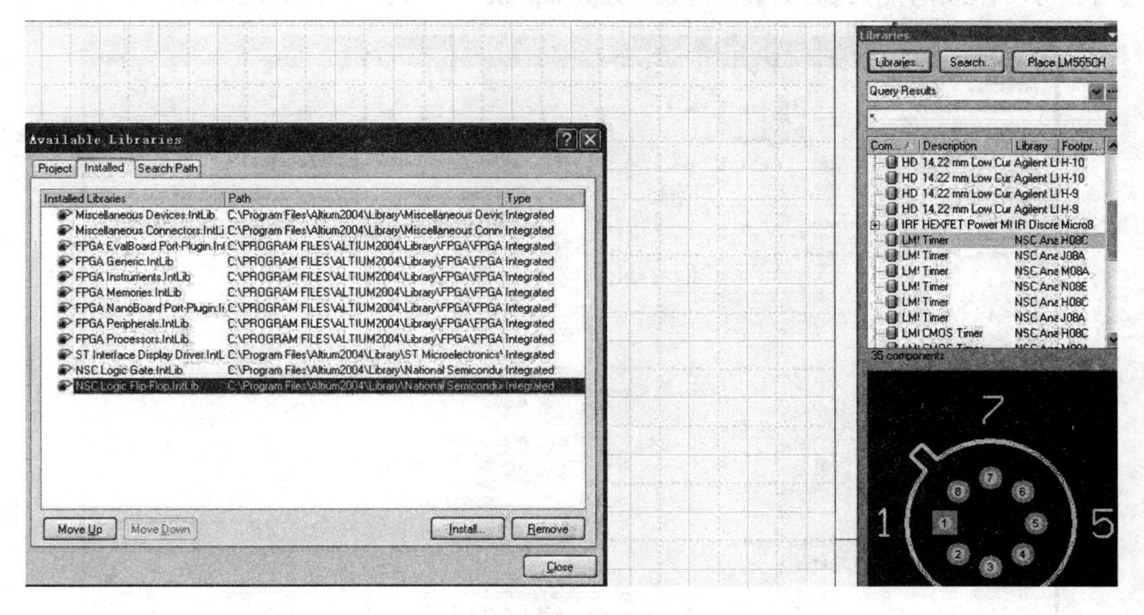

图 2.18　添加、删除组件库

(2) 添加组件库。单击图 2.18 中 Install…按钮，将弹出查找文件夹对话框，用来选择安装 Protel DXP 组件库的路径。然后根据项目需要决定安装哪些库就可以了。例如本例中安装了 Miscellaneous Devices.IntLib、Miscellaneous Connectors.Intlib 等。在当前组件库列表中选中一个库文件，单击 Move Up 按钮可以使该库在列表中的位置上移一位，Move Down 则相反。组件库在列表中的位置影响了组件的搜索速度，通常是将常用组件库放在较高位置，以便对其先进行搜索。

(3) 删除组件库。当添加了不需要的组件库时，可以选中不需要的库，然后单击 Remove 按钮就可以删除不需要的库。

4. 在原理图中放置组件

在当前项目中添加了组件库后，就要在原理图中放置组件，下面以放置 2N3904 为例，说明放置组件的步骤。

(1) 执行菜单命令 View→Fit Document，或者在图纸上右击鼠标，在弹出的快捷菜单中选择 Fit Document 选项，使原理图图纸显示在整个窗口中。可以按 Page Down 和 Page Up 键缩小和放大图纸视图。或者右击鼠标，在弹出的快捷菜单中选择 Zom in 和 Zom out 选项，同样可以缩小和放大图纸视图。

(2) 在组件库列表下拉菜单中选择 Miscellaneous Devices.IntLib 使之成为当前库，同时库中的组件列表显示在库的下方，找到组件 2N3904。

(3) 使用过滤器快速定位需要的组件。默认通配符(*)列出当前库中的所有组件，也可以在过滤器栏键入 2N3904，这样就避免了在当前库很多组件中进行查找的困难。

(4) 选中 2N3904 选项，单击 Place 2N3904 按钮或双击组件名，光标变成十字形，游标上悬浮着一个 2N3904 的轮廓，按下 Tab 键，将弹出 Component Properties (组件属性)对话框，可以进行组件的属性编辑，如图 2.19 所示。在 Designator 框中键入 Q1 作为组件符号。可以看到组件的 PCB 封装，为右下方 Footprint 一栏设置的 BCY-W3/E4。

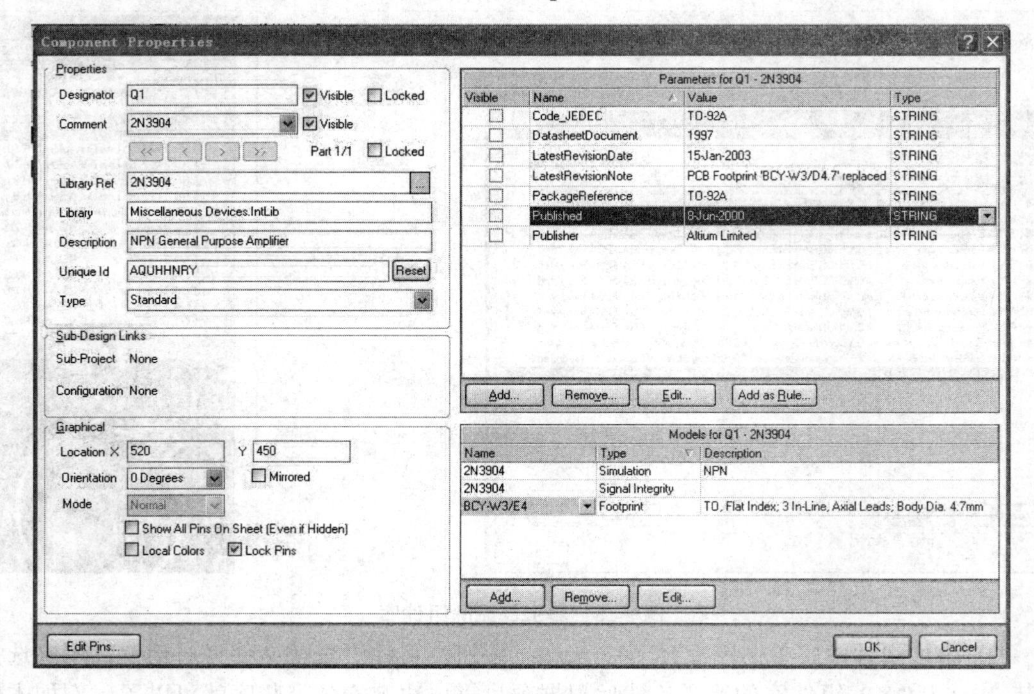

图 2.19　组件属性对话框

(5) 移动光标到原理图中放置组件的合适位置，单击鼠标把 2N3904 放置在原理图上。按 PageDown 和 PageUp 键缩小和放大视图，便于观看组件放置的位置是否合适，按空格键使组件旋转，每按一下旋转 90°，调整组件方向，至合适位置。

(6) 放置完组件后，右击鼠标或者按 Esc 键退出组件放置状态，游标恢复为标准箭头。

下面放置六个电阻、三个电容和一个插件(Header 2)，具体设置步骤如下：

(1) 电阻组件在 Miscellaneous Devices.IntLib 中，在库对话框中选中 Miscellaneous Devices. IntLib 作为当前库。

(2) 在库对话框的过滤器一栏中键入 Res2，将在组件列表中显示相关组件。选中 Res2 组件，然后单击 Place Res2 按钮，此时电阻悬浮在游标上，按 Tab 键，在打开的组件属性对话框中设置组件符号和组件属性的值，在 Designator 文本框中键入 R1，在 Value 一栏键入标称值 47 k，单击 OK 按钮完成电阻 R1 的属性设置。

全局编辑

(3) 移动游标到电路图中合适位置，单击鼠标完成电阻 R1 的放置。

(4) 同时移动游标到其他位置，单击鼠标依次放置组件 R2～R6(系统自动增加组件序号)。

(5) 在过滤器栏中键入 Cap Pol2，选择电容元件。放置电容 C1、C2、C3 的方法与放置电阻的方法相同。

(6) 在库对话框中选中 Miscellaneous Connectors.Intlib 作为当前库，在过滤栏中键入 Header 2，在组件列表中显示其符号，单击 Place Header 2 按钮使组件处于选取状态，打开组件属性对话框，在 Designator 中键入 J1 然后旋转方向即可。

(7) 放置完所有的组件后，单击右键退出组件放置模式，此时图纸上已经有了全部的组件，如图 2.20 所示。

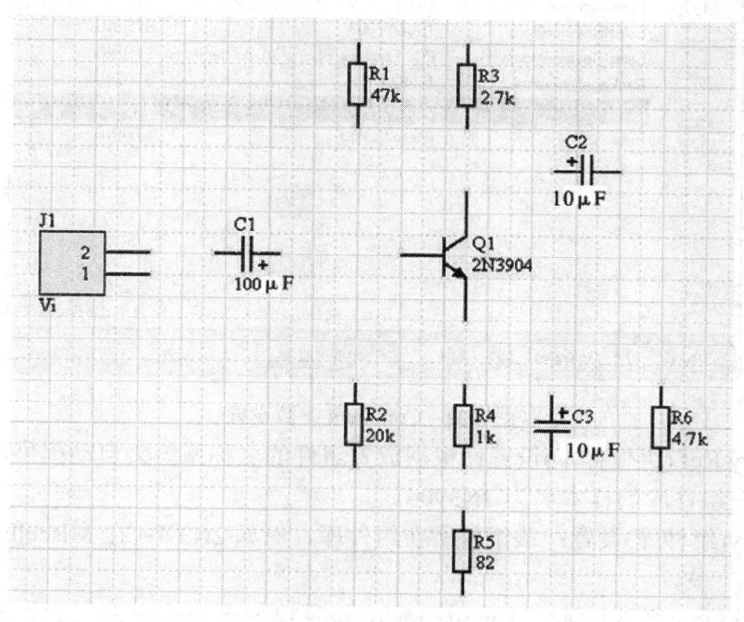

图 2.20　组件放置完成后的图纸

5. Properties (组件属性)选项区域的设置

双击相应的组件打开 Component Properties 对话框， 可以对组件标识和注释等进行设置，分别介绍如下：

(1) Designator (组件标识)的设置：在 Designator 文本框中键入组件标识，如 U1、R1 等。Designator 文本框右边的 Visible 复选项用于设置组件标识在原理图上是否可见，如果选定 Visible 复选项，则组件标识 U1 出现在原理图上，如果不选中，则组件序号被隐藏。

(2) Comment(注释)的设置：单击注释下拉按钮，弹出图 2.21 所示对话框，其中 Published 是指组件出厂时间；Publisher 是指销售厂商。Comment 命令栏右边的 Visible 复选项是设置 Comment 的命令在图纸上是否可见，如果选中 Visible 选项，则 Comment 的内容会出现在原理图图纸上。在组件属性对话框的右边可以看到与 Comment 命令栏的对应关系，如图 2.22 所示。Add…、Remove…、Edit…、Add as Rule…按钮是实现对 Comment 参数的编译，在一般情况下，没有必要对组件属性进行编译。

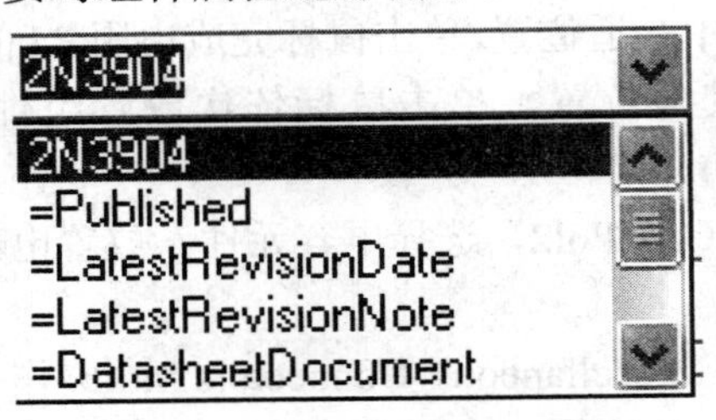

图 2.21　Comment 的下拉菜单

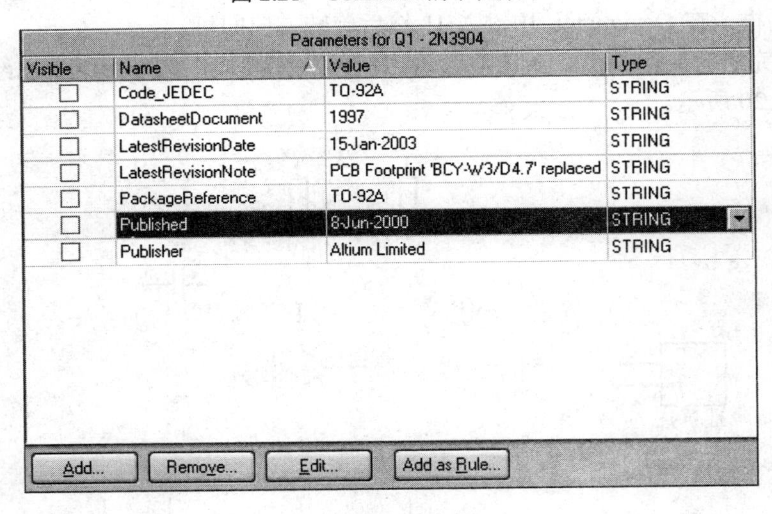

图 2.22　Comment 参数设置

(3) Library Ref (组件样本)设置：根据放置组件的名称系统会自动提供，不允许更改。例如 2N3904 在组件库的样本名为 2N3904。

(4) Library(组件库)设置：该组件所在组件库。例如 2N3904 在 Miscellaneous Devices .IntLib 库中。

(5) Description(组件描述)、Unique Id(Id 符号)、Sub-Design Links 设置：一般采用默认设置，不做任何修改。

6. Graphical(组件图形属性)选项区域的设置

Graphical 选项主要包括组件在原理图中的位置、方向等属性的设置，分别介绍如下：

(1) Location(组件定位)设置：设置组件在原理图中的坐标位置，但是一般只需通过移动鼠标找到合适的位置即可。

(2) Orientation(组件方向)设置：设置组件的翻转，改变组件的方向。

(3) Mirrored(镜像)设置：使组件翻转 180°。

(4) Show All Pins On Sheet(显示隐藏引脚)：显示组件隐藏的引脚。2N3904 不存在隐藏的引脚，但是 TTL 器件一般隐藏了组件的电源和地的引脚。例如非门 74LS04 等门电路的原理图符号就省略了电源和接地引脚。

(5) Mode(封装)设置：编辑组件属性。在组件属性对话框的右边可以看到与 Mode 命令栏的对应关系，如图 2.23 所示。Add…、Remove…、Edit…按钮用于实现对 Mode 参数的编译，在一般情况下，没有必要对组件属性进行编译。

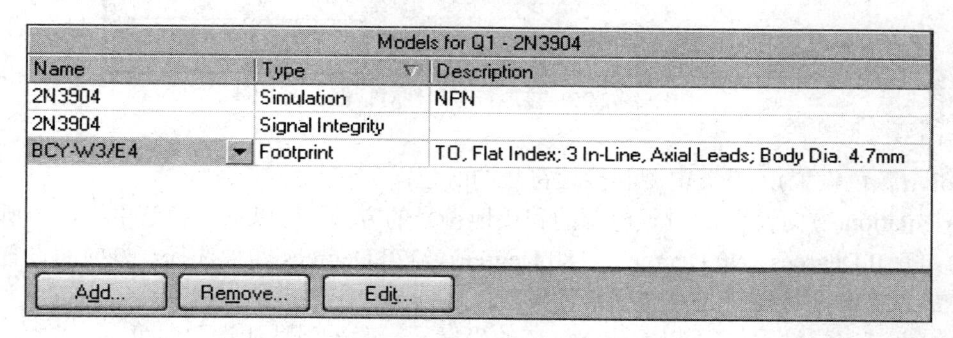

图 2.23　Mode 参数设置

按以上的方法可以对电路中所有元件的各种参数进行设置，一般情况下，对于组件属性设置，只需要设置组件标识和 Comment 参数，其他采用默认设置即可。

7. 放置电源和接地符号

单管放大电路有一个 VCC 电源和一个接地符号，下面以接地符号为例，说明放置电源和接地符号的基本操作步骤。放置电源和接地符号的方法主要有两种：单击绘制电路图工具栏中的图示；执行主菜单命令 Place→Power Port。

放置接地符号的基本操作步骤如下：

(1) 执行菜单命令 Place→Power Port，将弹出如图 2.24 所示的 Power Object (电源符号图标)。

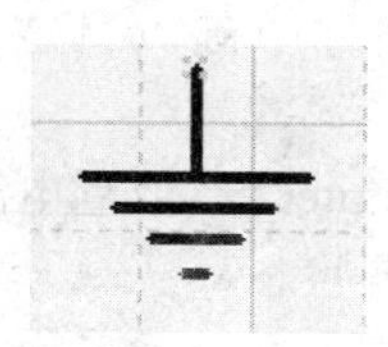

图 2.24　电源符号图标

(2) 选中接地符号，出现十字游标，同时游标上悬浮着接地符号的轮廓，此时按 Tab 键，出现 Power Port(接地符号属性)对话框，如图 2.25 所示。

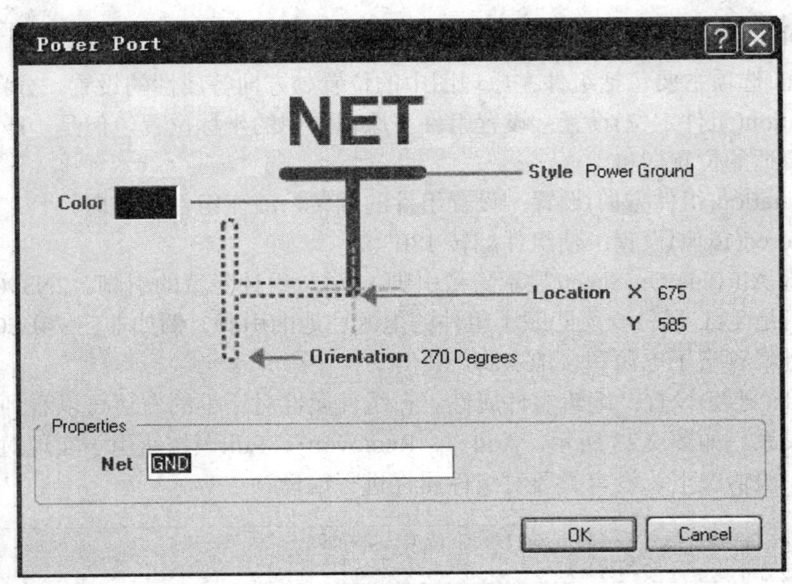

图 2.25　接地符号属性对话框

其中：

Color(颜色设置)：设置电源和接地符号的颜色；

Orientation(方向设置)：设置电源的和接地符号的方向。可以从下拉菜单中选择所需要的方向，有 0 Degrees、90 Degrees、180 Degrees、270 Degrees 四种选择。方向的设置可以通过在放置电源和接地符号时按空格键实现，每按一次空格键就变化 90°。

Location(定位设置)：可以定位 X、Y 的坐标，一般采用默认设置即可。

Style(电源接地符号类型)：单击电源接地符号类型的下拉菜单按钮，会出现多种不同的电源接地符号类型，如图 2.26 所示。这和电源与接地工具栏中的图示存在一一对应的关系。读者不妨自己看一下相互的对应关系。

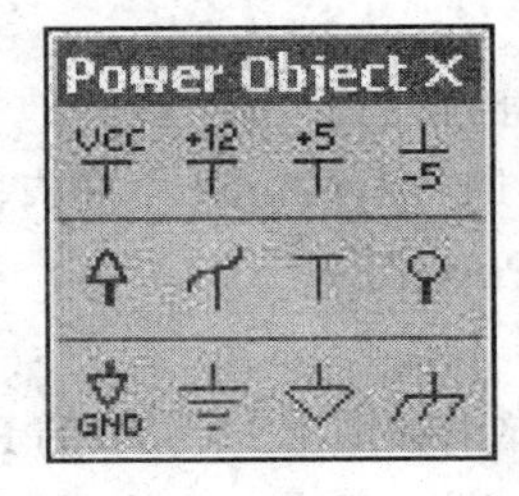

图 2.26　电源接地符号选项

原理图的其他编辑功能

Properties(属性设置)：在网络名称中键入自定义的名字，如 GND、VCC 等。

(3) 在适合的位置单击鼠标或按 Enter 键，放置电源和接地符号。

(4) 右击鼠标退出电源和接地放置状态。

8. 连线操作

完成元件放置及位置调整操作后，就可以进行连线、放置电气节点等操作。在 Protel DXP 原理图编辑器中，原理图绘制工具，如导线、总线、总线分支、电气节点、网络标号等均集中存放在画线工具(Wiring)中，如图 2.27 所示，不必通过 Place 菜单下相应的操作命令放置画线工具。当屏幕上没有画线工具时，可执行 View 菜单下的 Toolbars→Wiring 命令打开画线工具窗(栏)，然后直接单击画线工具中的具体工具进行相应的操作，以提高原理图的绘制速度。

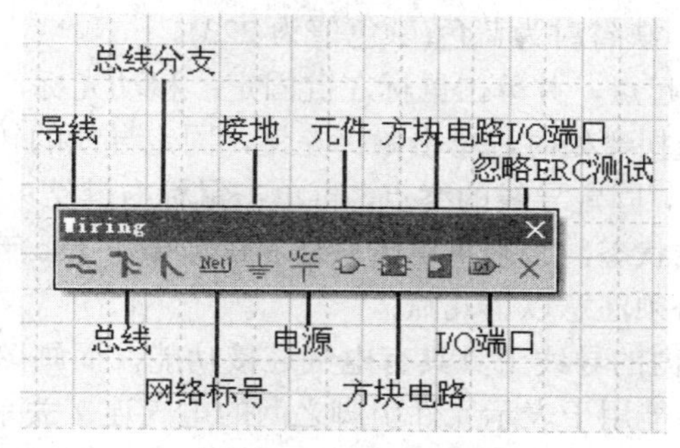

图 2.27　画线工具条

单击画线工具中的导线工具，原理图编辑器即处于连线状态，将光标移到元件引脚的端点、导线的端点以及电气节点附近时，光标下将出现一个十字交叉线(表示电气节点所在位置)，如图 2.28 所示。

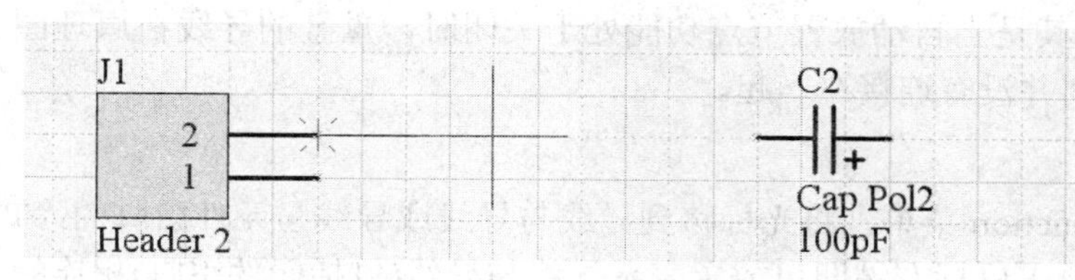

图 2.28　电气节点处光标下出现的红色交叉线

上机练习 3

连线过程如下：

(1) 单击导线工具。

(2) 必要时按下 Shift + 空格键切换连线方式。Protel DXP 提供了 Any angle(任意角度)、45 Degree Start(45° 开始)、45 Degree End(45° 结束)、90 Degree Start (90° 开始)、90 Degree End (90° 结束)和 Auto Wire(自动)六种连线方式。一般选择“任意角度”外的任一连线方式。

(3) 当需要修改导线属性(宽度、颜色)时，按 Tab 键调出导线属性设置对话窗，如图 2.29 所示。

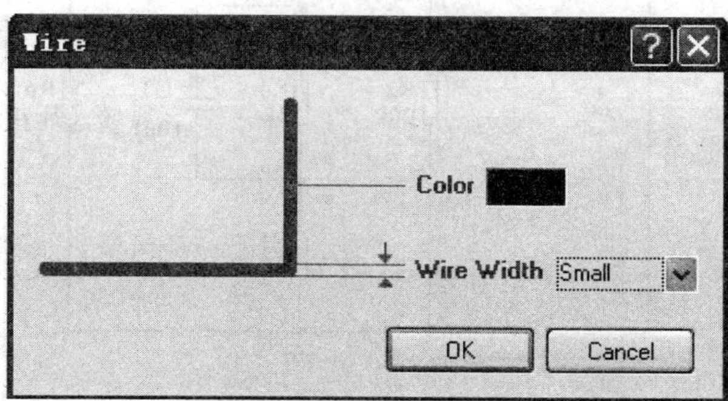

图 2.29　导线属性对话框

导线属性设置选项包括导线宽度、导线颜色等，其中：

Wire Width：导线宽度，缺省时为 Small。SCH 提供了 Smallest、Small、Medium、Large 四种导线宽度。当需要改变导线宽度时，可单击导线宽度列表的下拉按钮，指向并单击相应规格的导线宽度即可。一般情况下，选择 Small(即细线)，以便与总线相区别。

Color：导线的颜色，缺省时为蓝色(颜色值为 223)。

(4) 将光标移到连线起点，并单击鼠标左键固定；移动光标，即可观察到一条活动的连线，当光标移动到导线拐弯处时，单击鼠标左键，固定导线的转折点；当光标移动到连线终点时，单击鼠标左键，固定导线的终点，再单击鼠标右键结束本次连线(但仍处于连线状态，如果需要退出连线状态，必须再单击鼠标右键或按下 Esc 键)。

在连线操作过程中必须注意以下几点：

• 只有画线工具栏内的导线工具具有电气连接功能，而画图工具栏内的直线、曲线等均不具有电气特性，不能用于表示元件引脚之间的电气连接关系。同样也不能用画线工具栏内的总线工具连接两个元件的引脚。

• 从元件引脚(或导线)的端点开始连线，不要从元件引脚、导线的中部连线。

• 元件引脚之间最好用一条完整的导线连接，尽量不使用多段完成元件引脚之间的连接，否则可能造成无法连接的现象。

• 连线不能重叠，尤其是当自动放置节点功能处于关闭时，重叠的导线在原理图上不易发现，但它们彼此之间并没有连接在一起。

9. 放置电气节点

单击 Place→Manual Junction 菜单，将光标移到导线与导线或导线与元件引脚的“T”形或“十”字交叉点上，单击鼠标左键即可放置表示导线与导线(包括元件引脚)相连的电气节点，如图 2.30 所示。

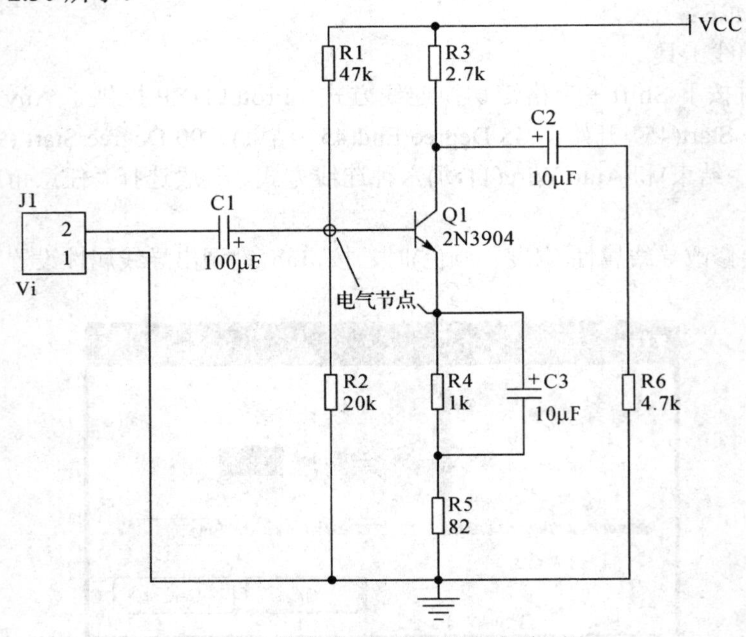

图 2.30　放置了电气节点的电路原理图

在放置电气节点操作过程中，单击放置电气节点工具后，必要时也可以按下 Tab 键激活电气节点属性设置对话框，在电气节点选项属性设置窗内，选择节点大小、颜色等。

删除电气节点的方法有二：一，将鼠标移到某一电气节点上，单击鼠标左键，选中需要删除的电气节点，再按 Del 键即可；二，执行 Edit 菜单下的 Delete 命令后，将光标移到待删除的对象上，单击鼠标左键，也会迅速删除光标下的对象。

10. 放置网络标号

单击连线工具条上的 NET 图标，跟随光标会出现一个悬浮的网络标号，此时按下键盘上的 Tab 键，弹出如图 2.31 所示的网络标号属性对话框，用于设置网络标号的颜色、坐标、角度和名称等。

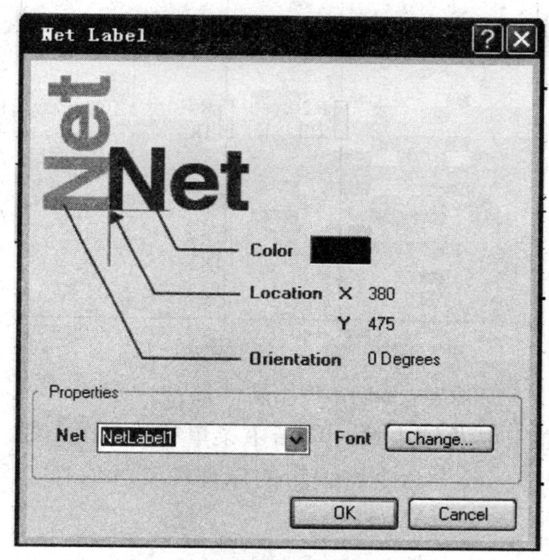

图 2.31　网络标号属性对话框

设置好属性后点击 OK，然后移动鼠标至需要放置网络标号的导线旁，光标下将出现一个红色十字交叉线(表示电气节点所在位置)，如图 2.32 所示。

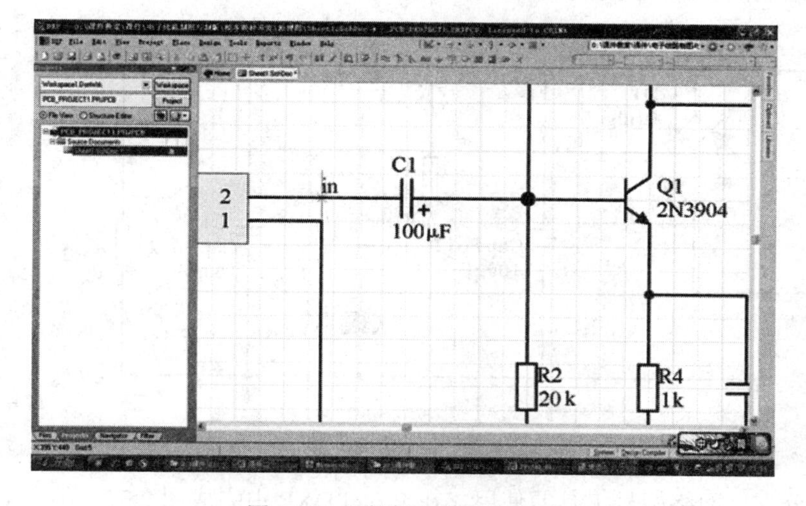

上机练习 4

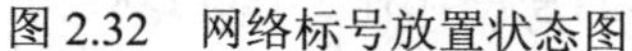

图 2.32　网络标号放置状态图

完成连线并放置网络标号后，“单管放大电路”的绘制就基本完成了，结果如图 2.33 所示。

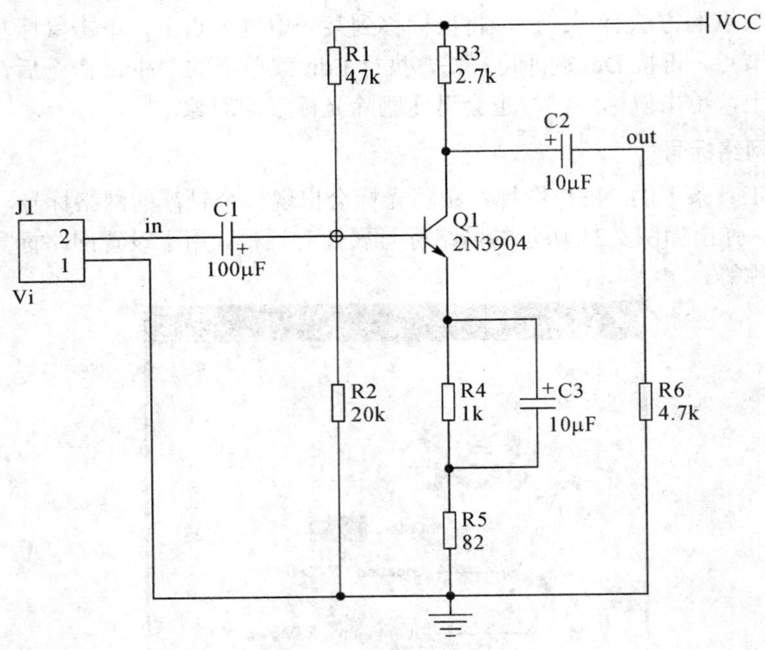

图 2.33　完成原理图编辑后的结果

在原理图编辑的过程中以及结束后，单击主菜单栏内的 或“File”(文件)菜单下的“Save”命令将编辑的原理图文件保存。

上机练习 5

操作练习

1. 在 Protel DXP 中绘制图 2.34 所示整流稳压电源电路。

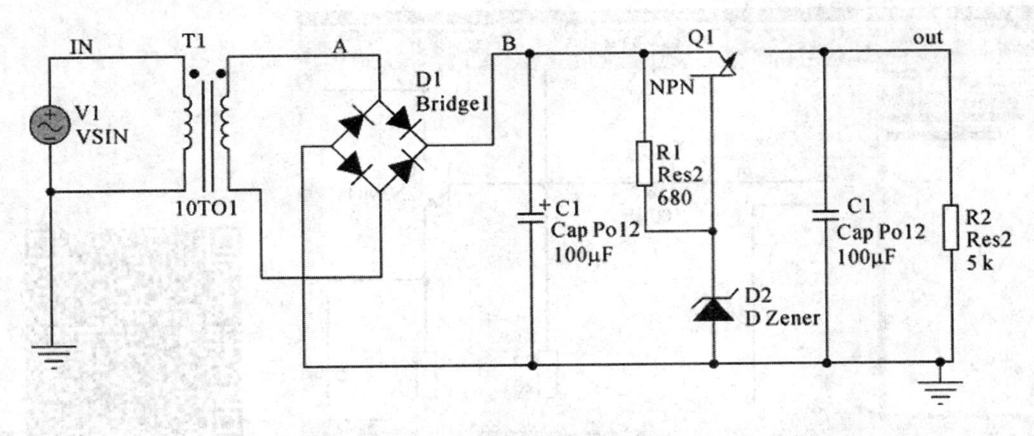

图 2.34　整流稳压电源电路图

2. 练习总线、总线分支、网络标号工具的使用，在 Protel DXP 中完成图 2.35。

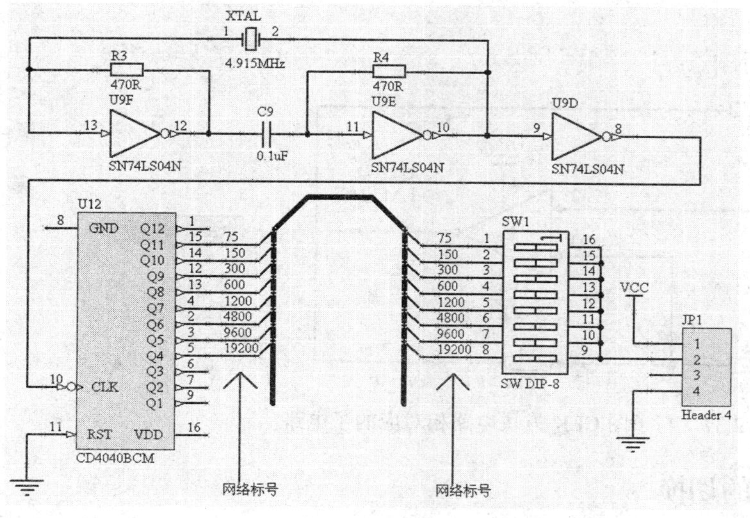

图 2.35　练习实例

绘制具有复合元件和总线结构的原理图

任务 3　层次原理图设计

如果把一个比较复杂的电路画在一张图纸上，可能会出现一张图纸难以容纳全部电路的情况，而且很难清晰地把各功能单元区分开来。原理图的层次化设计解决了这一问题，它既可以使读者更好地把握电路整体结构，又能很方便地查看各单元电路内容。

一、层次原理图的结构

1. 主电路图

主电路图如图 2.36 所示。

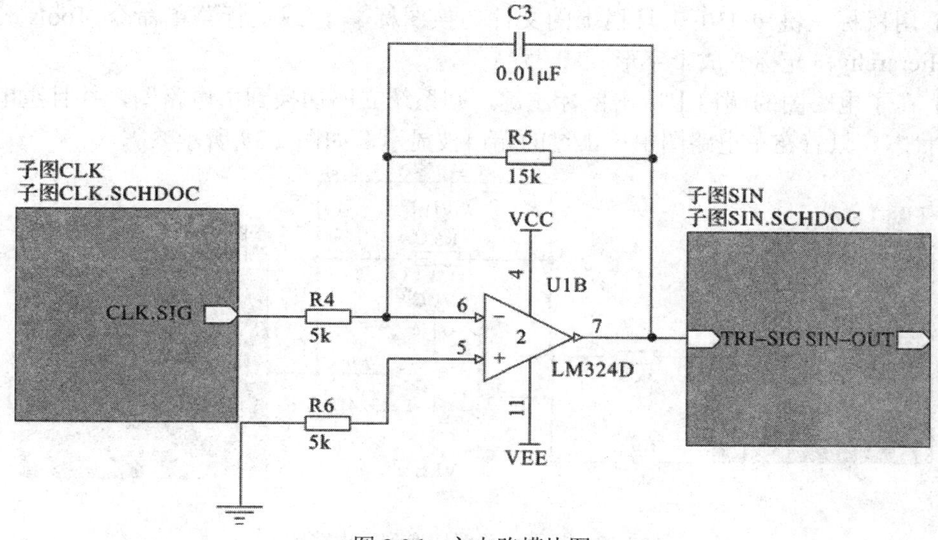

图 2.36　主电路模块图

2. 子电路图

子电路图如图 2.37 所示。

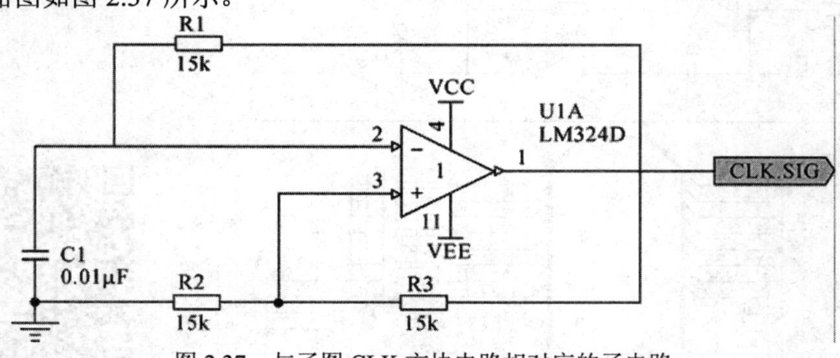

图 2.37 与子图 CLK 方块电路相对应的子电路

二、不同层次电路之间的切换

1. 从主电路图中的方块图查看对应的子电路图

要求：从图 2.36 所示的主电路图直接切换到与子图 CLK 方块图对应的子电路图。

(1) 打开如图 2.36 所示的主电路图文件。

(2) 用鼠标左键单击主工具栏上的文件切换图标，或执行菜单命令 Tools→Up→Down Hierarchy，光标变成十字形。

(3) 在准备查看的方块图上单击鼠标左键，则系统立即切换到该方块图对应的子电路图上。

(4) 单击鼠标右键，退出切换状态。

2. 从子电路图查看对应的主电路图

要求：从图 2.37 所示的子电路图直接切换到图 2.36 所示的主电路图。

(1) 打开子电路图文件。

(2) 用鼠标左键单击主工具栏上的文件切换图标，或执行菜单命令 Tools→Up→Down Hierarchy，光标变成十字形。

(3) 在子电路图的端口上单击鼠标左键，则系统立即切换到主电路图，并且主电路图呈掩膜状态，只有在子电路图中单击过的端口被显示，如图 2.38 所示。

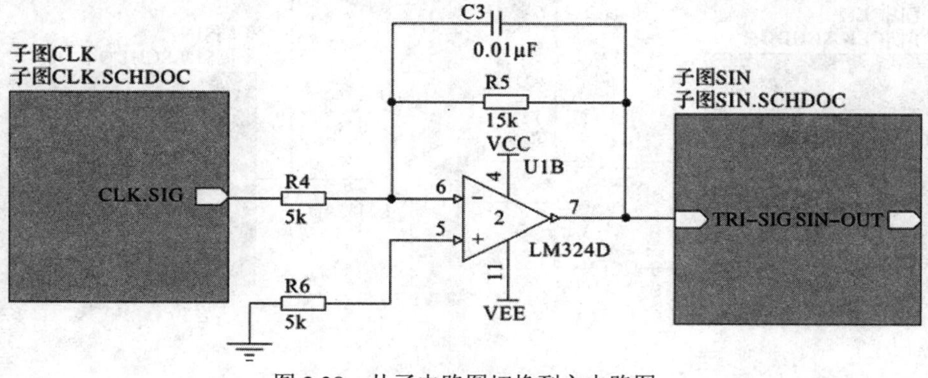

图 2.38 从子电路图切换到主电路图

三、用两种方法实现主电路图和子电路图

要求：用两种方法创建图 2.36 所示的主电路图和图 2.37 所示的子电路图。

方法一：自顶向下层次原理图设计。

(1) 准备工作。

① 创建一个工程项目文件并保存。

② 在工程项目中创建一个原理图文件并将其命名为主图 TRI.schdoc，然后保存。

(2) 设计主电路图。

① 放置方块图。

a. 单击 Wiring 工具栏中的放置方块图图标，或执行菜单命令 Place→Sheet Symbol，光标变成十字形，并且十字光标上带着一个与前次绘制相同的方块图形状。

b. 按 Tab 键，系统弹出 Sheet Symbol 对话框，双击已放置好的方块图，也可弹出 Sheet Symbol 对话框，如图 2.39 所示。

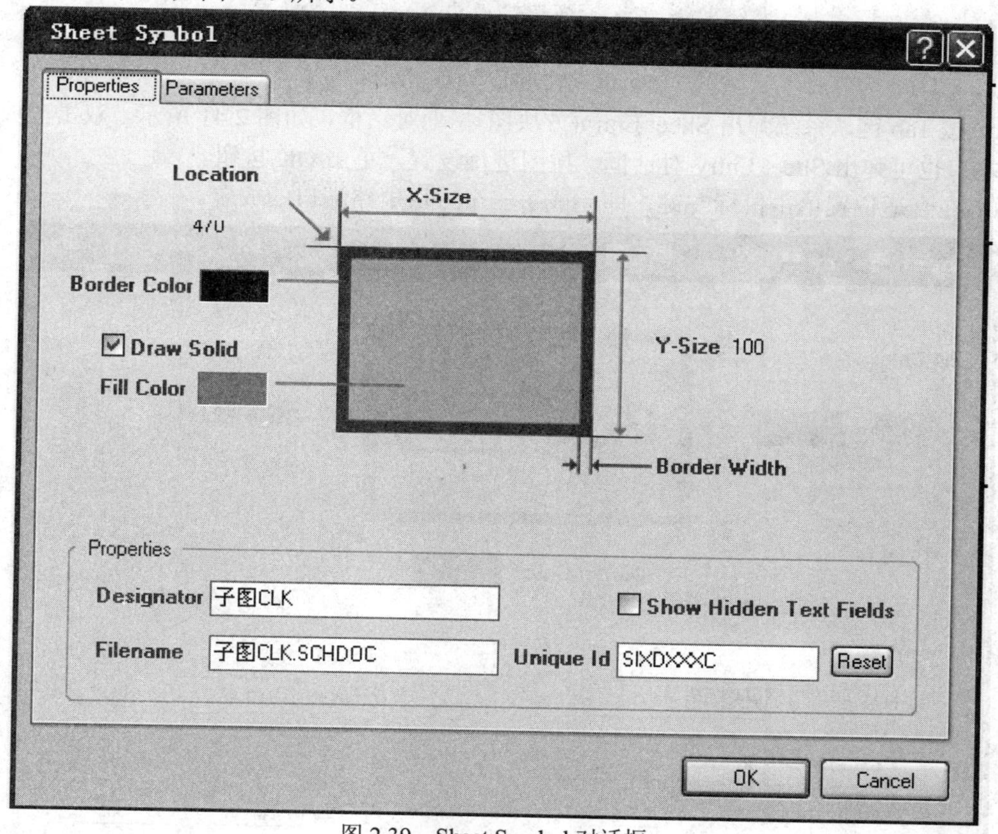

图 2.39　Sheet Symbol 对话框

c. 在 Designator 文本框中输入该方块图的名称，如“子图 CLK”，方块图名称最好与子电路图的文件名相同；在 Filename 文本框中输入该方块图对应的子电路图文件名，如“子图 CLK.SCHDOC”。

d. 在方块图的对角线位置分别单击鼠标左键，则放置好一个方块图。

e. 此时仍处于放置方块图状态，可重复以上步骤继续放置，也可单击鼠标右键，退出放置状态。

② 放置方块图中的电路端口。

a. 单击 Wiring 工具栏中的放置方块图中端口图标，或执行菜单命令 Place→Add Sheet Entry，光标变成十字形。

b. 将十字光标移到方块图上单击鼠标左键，出现一个浮动的方块电路端口，如图 2.40 所示，此端口随光标的移动而移动。

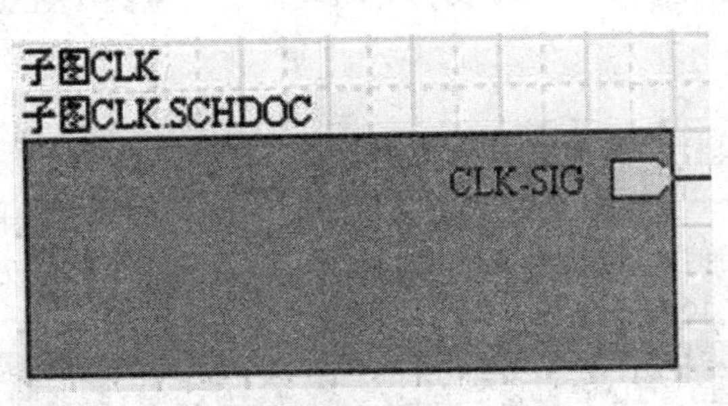

图 2.40 浮动的方块电路端口

c. 按 Tab 键，系统弹出 Sheet Entry(方块图端口)对话框，如图 2.41 所示。双击已放置好的端口也可弹出 Sheet Entry 对话框。按图进行设置，单击 OK 按钮。

d. 在合适位置单击鼠标左键，即完成了一个方块电路端口的放置。

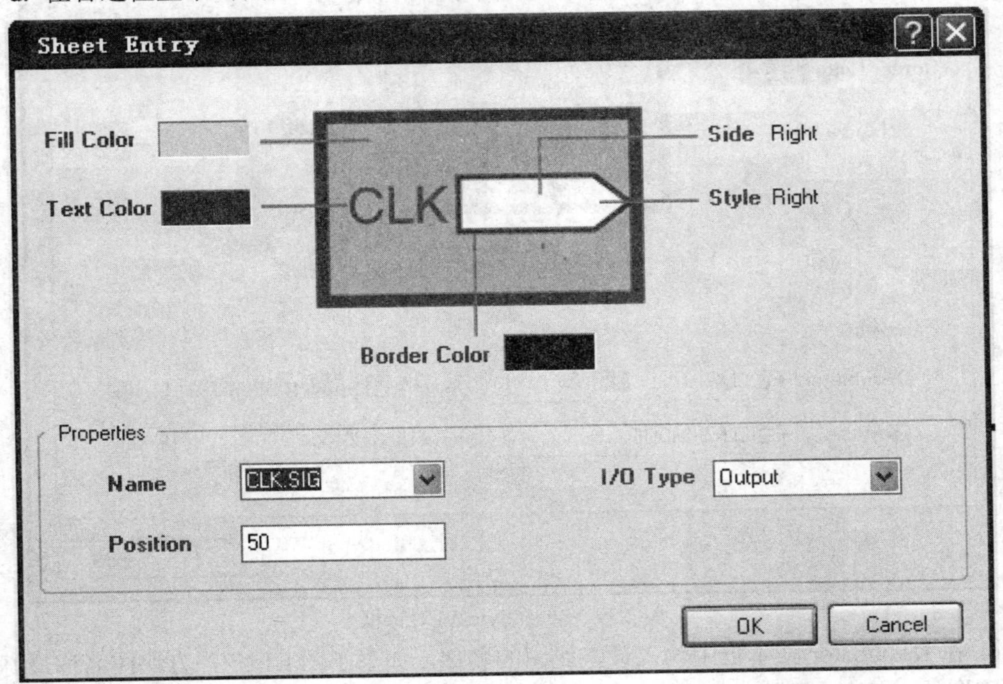

图 2.41 Sheet Entry(方块图端口)对话框

③ 连接各电路。

在所有的方块电路及端口都放置好以后，用导线(Wire)或总线(Bus)进行连接。

(3) 设计子电路图。

① 在主电路图中执行菜单命令 Design→Create Sheet From Symbol，光标变成十字形。

② 将十字光标移到名为“子图 CLLK”的方块电路上，单击鼠标左键，系统弹出 Confirm 对话框，如图 2.42 所示，要求用户确认端口的输入/输出方向。

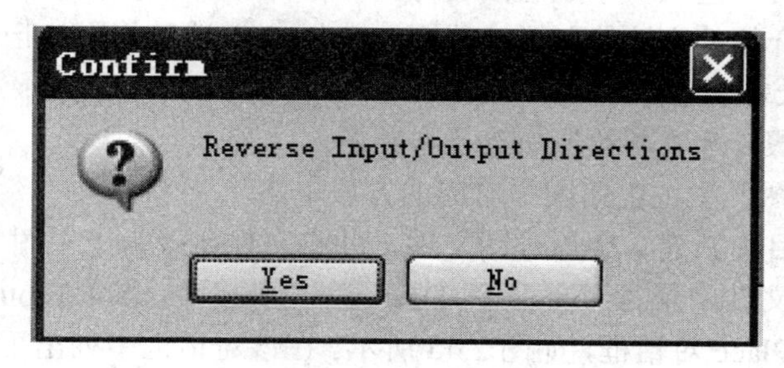

图 2.42　Confirm 对话框

③ 单击 No 按钮后，系统自动生成名为“子图 CLK”的子电路图，并且自动切换到“子图 CLK.SCHDOC”的子电路图界面，如图 2.43 所示。

图 2.43　自动生成的子图 CLK 的子电路图

④ 在该原理图中绘制子图 CLK 模块的内部电路。

重复上述步骤，使子图 SIN 都出现在子图 SIN.SchDoc 的电路图中，如图 2.44 所示。

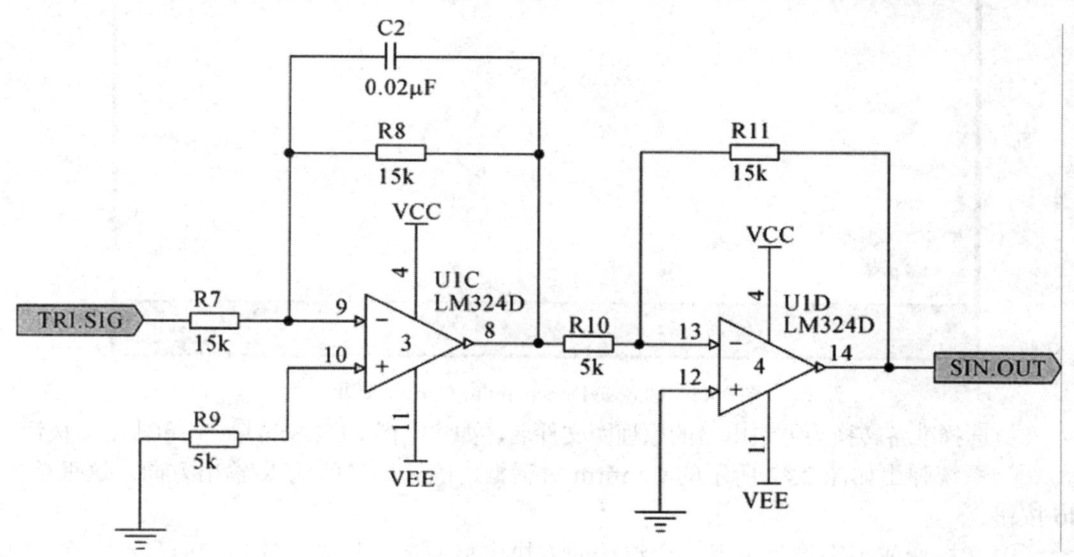

图 2.44　子图 SIN.SchDoc

方法二：自底向上层次原理图设计。

首先创建一个工程项目文件并保存。

(1) 设计子电路图。

① 在该工程项目中建立一个原理图文件，保存时将文件名改为子图 CLK.SchDoc。

② 利用任务二介绍的方法绘制子电路图，其中，I/O 端口使用 Wiring 工具栏中的“放置 I/O 端口”图标进行绘制。

③ 重复以上步骤，建立并绘制所有子电路图。

(2) 根据子电路图产生主电路图中对应的方块电路。

① 在该工程项目中新建一个原理图文件，并将文件名改为“主图 TRI.SchDoc”。

② 在该原理图文件中执行菜单命令 Design→Create Symbol From Sheet，系统弹出 Choose Document to Place 对话框，如图 2.45 所示。在该对话框中列出了当前目录中所有原理图文件名。

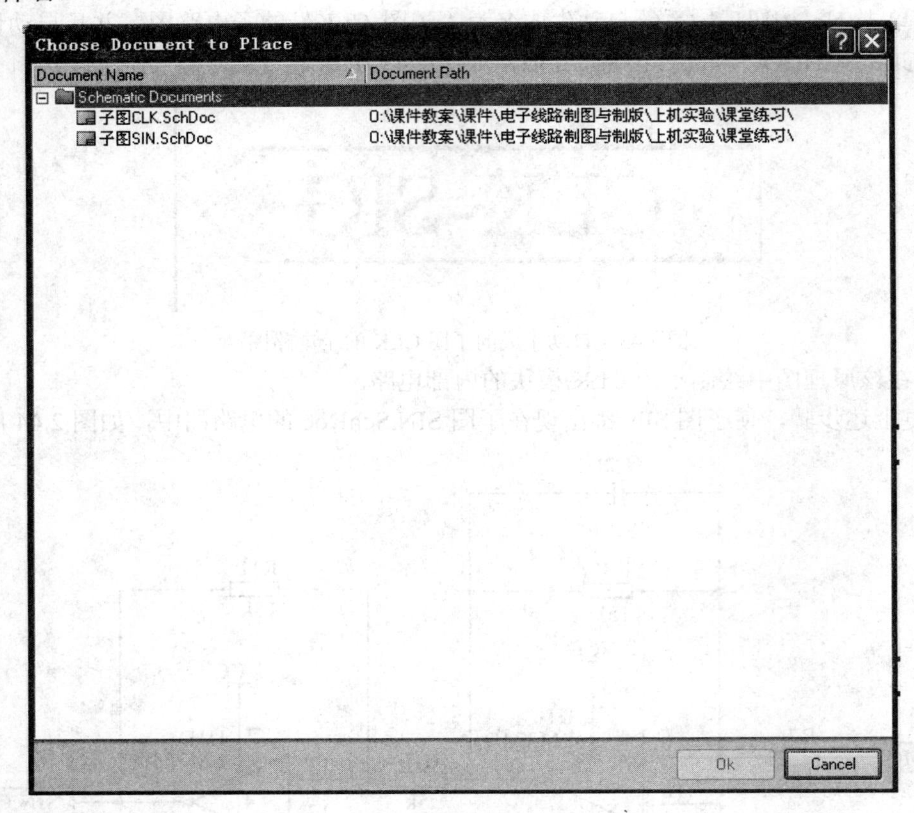

图 2.45　Choose Document to Place 对话框

③ 选择准备转换为方块电路的原理图文件名，如“子图 CLK.SchDoc”，单击 OK 按钮。

④ 系统弹出如图 2.42 所示的 Confirm 对话框，确认端口的输入/输出方向。这里单击 No 按钮。

⑤ 光标变成十字形且出现一个浮动的方块电路图形，随光标的移动而移动，在合适的位置单击鼠标左键，即放置好与子图 CLK.SchDoc 对应的方块电路，如图 2.46 所示。在该方块图中已包含子图 CLK.SchDoc 中所有的 I/O 端口，无需自己再进行放置。

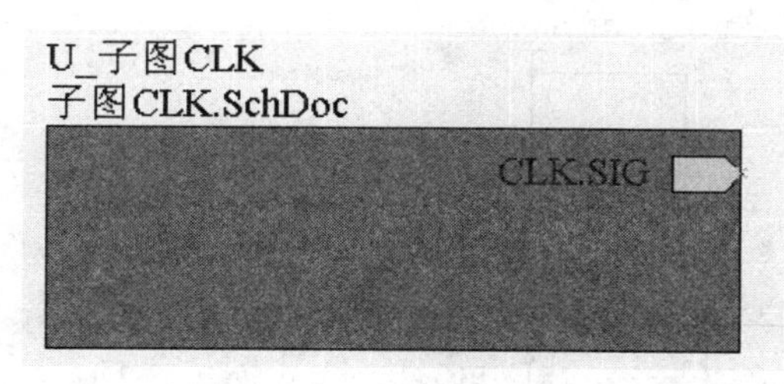

图 2.46　与子图 CLK.SchDoc 对应的方块电路

⑥ 重复以上步骤，可放置与所有子电路图对应的方块电路。

⑦ 按照连线需要移动方块电路中端口的位置，而后用导线或总线等工具进行连线即可。

层次原理图的设计

操作练习

分别采用自上而下和自下而上的方法绘制如图 2.47、2.48、2.49 所示的电路。

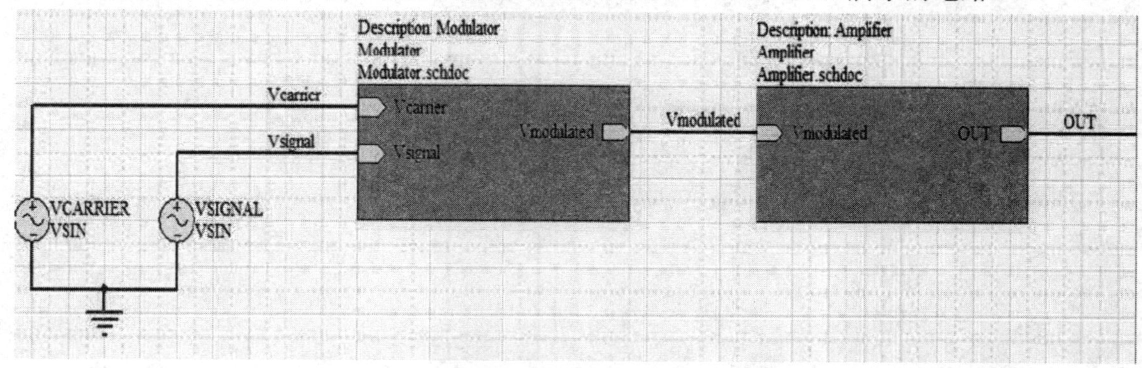

图 2.47　主控模块(Amplified Modulator.SchDoc)

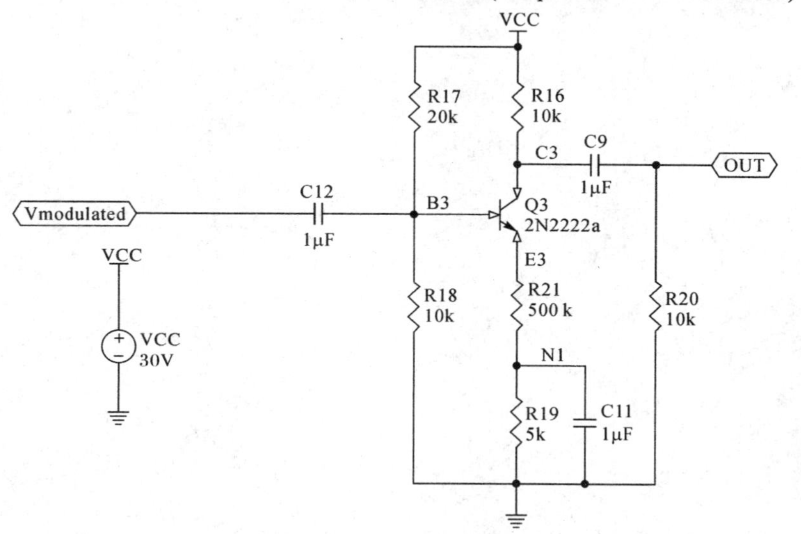

图 2.48　调制器电路(Modulator.SchDoc)

上机练习 6

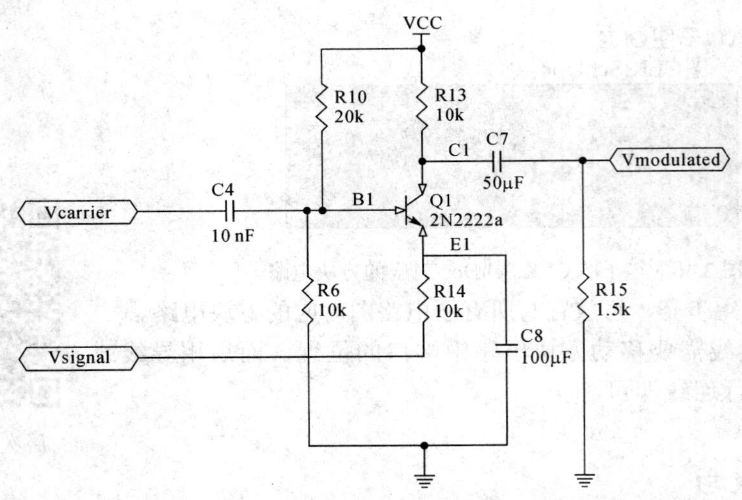

图 2.49　放大器电路(Amplifier.SchDoc)

项目三　编译与检错及报表的生成

【项目导读】

SCH 除了可生成原理图以外，将原理图转化成各种报表文件也是 SCH 的一个重要功能。报表相当于原理图的档案，它存放的是原理图的各种信息，包括原理图里各个元件的名称、引脚，各引脚之间的连接情况等。

【任务目标】

1. 知识目标

- 了解 ERC 检测的电气规则及设置；
- 理解 ERC 表的错误报告并能够修正；
- 能创建网络表、元件列表的报表。

2. 技能目标

- 能合理设置 ERC 电气规则；
- 能根据 ERC 表检测并修正错误；
- 掌握网络表、元件列表等的创建。

任务 1　ERC 表

一、设置 ERC 表

ERC 表也就是电气规则检查表，用于检查电路图是否有问题，即判断电路中是否有电气性质不一致的情况，以便找出人为的错误。

进行 ERC 检查之前应先执行菜单命令 Project→Project Options(此命令的执行应在某个项目下操作)，屏幕上出现如图 3.1 所示的项目设置对话框，其中涉及电路原理图检查的有 Error Reporting (错误报告)和 Connection Matrix (连接矩阵)两个。

后面的 Report Mode 栏中列出了对应的报告类型，共有以下 4 种报告类型：

Fatal error：重大错误；

Error：错误；

Warning：警告；

No Report：无报告(即无错误)。

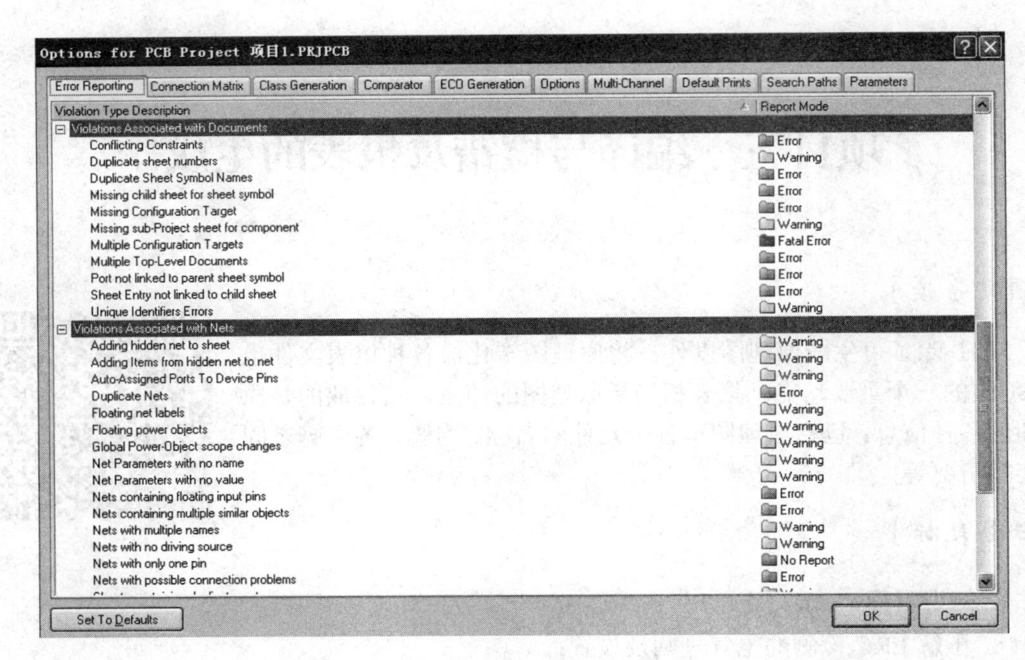

图 3.1　项目设置对话框

二、设置检测规则

Connection Matrix 标签页如图 3.2 所示，主要用于设置检测规则。

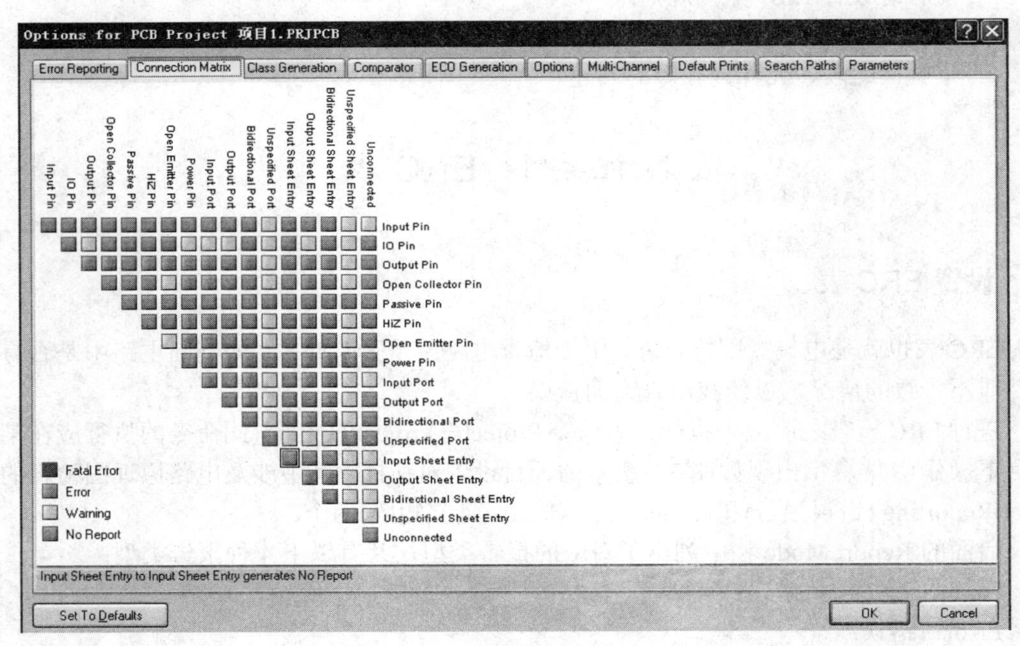

图 3.2　检测规则设置界面

当设置好检测规则后就可以对原理图进行检查了。Protel 中的电气检查是通过编译项目实现的。

电气检查的操作步骤如下：

(1) 打开需要编译的项目，然后选择 Project→compile PCB Project 命令。

(2) 当项目被编译时，任何已经启动的错误均将显示在设计窗口的 Messages 面板中，如图 3.3 所示。

(3) 若电路绘制正确，Messages 面板应该是空白的。如果有错误报告，则可根据给出的错误信息来检查电路并修正。

Messages

Class	Document	Source	Message	Time	Date	No.
[Warning]	原理图纠错实例.SC...	Compiler	Unconnected line (440,500) To (470,500)	22:45:14	2009-11-2	1
[Warning]	原理图纠错实例.SC...	Compiler	Floating Power Object +10V	22:45:14	2009-11-2	2
[Warning]	原理图纠错实例.SC...	Compiler	Floating Net Label OUT	22:45:14	2009-11-2	3
[Warning]	原理图纠错实例.SC...	Compiler	Adding items to hidden net GND	22:45:14	2009-11-2	4
[Warning]	原理图纠错实例.SC...	Compiler	Adding hidden net	22:45:14	2009-11-2	5
[Warning]	原理图纠错实例.SC...	Compiler	Bus index out of range on A Index = 3	22:45:14	2009-11-2	6
[Error]	原理图纠错实例.SC...	Compiler	Duplicate Component Designators C1 at 545,350 and 665,400	22:45:14	2009-11-2	7
[Error]	原理图纠错实例.SC...	Compiler	Duplicate Component Designators Rb1 at 560,430 and 560,300	22:45:14	2009-11-2	8
[Error]	原理图纠错实例.SC...	Compiler	Duplicate Component Designators Re at 610,430 and 610,300	22:45:14	2009-11-2	9
[Error]	原理图纠错实例.SC...	Compiler	Net NetU1_1 contains floating input pins (Pin U1-1)	22:45:14	2009-11-2	10
[Warning]	原理图纠错实例.SC...	Compiler	Unconnected Pin U1-1 at 410,390	22:45:14	2009-11-2	11
[Error]	原理图纠错实例.SC...	Compiler	Net NetU1_2 contains floating input pins (Pin U1-2)	22:45:14	2009-11-2	12
[Warning]	原理图纠错实例.SC...	Compiler	Unconnected Pin U1-2 at 430,390	22:45:14	2009-11-2	13
[Warning]	原理图纠错实例.SC...	Compiler	Nets Element[4]: A has multiple names (Net Label A3,Net Label A4)	22:45:14	2009-11-2	14
[Warning]	原理图纠错实例.SC...	Compiler	Net NetU1_1 has no driving source (Pin U1-1)	22:45:14	2009-11-2	15
[Warning]	原理图纠错实例.SC...	Compiler	Net NetU1_2 has no driving source (Pin U1-2)	22:45:14	2009-11-2	16
[Error]	原理图纠错实例.SC...	Compiler	Duplicate Net Names Wire NetC1_1	22:45:14	2009-11-2	17
[Error]	原理图纠错实例.SC...	Compiler	Duplicate Net Names Wire NetC1_2	22:45:14	2009-11-2	18

图 3.3　Messages 面板中的错误显示

原理图检查常见错误如下：

(1) 重复的元件标号。报告会给出标号重复的元件在图中所处的坐标位置。此错误会同时导致标号重复的元件引脚的网络名称重复。下面为 Messages 面板中给出的重复元件标号错误提示的一个例子：

Duplicate Component Designators C1 at 525,280 and 405,230

Duplicate Net Names Wire NetC1_1

(2) 悬浮的网络标号。Messages 面板中给出的错误提示如下：

Floating Net Label

(3) 悬浮的电源接地元件。Messages 面板中给出的错误提示如下：

Floating Power Object

(4) 总线标号超出规定范围。例如某总线标号设置为 A[0..2]，而在总线进出点上放置一个网络标号 A3，则 A3 超出规定范围而报错。Messages 面板中给出的错误提示如下：

Bus index out of range on A Index = 3

(5) 总线标号格式错误。总线网络标号的格式为：name[0..nl]，其中 name 是总线名，[ ]内为总线上连接的导线数。一般容易将总线连接导线起止数目中间的符号标错。

(6) 同一网络上有多个网络名称。Messages 面板中给出的错误提示如下：

Nets Element[4]: A has multiple names (Net Label A3,Net Label A4)

(7) 图中所用的元件存在隐藏的电源或接地(即 IO 特性为 POWER)引脚，会导致以下两个错误报告，但是此报告可忽略：

Adding items to hidden net GND
Adding hidden net

ERC 及报表的生成

(8) 输入型引脚未连接或没有信号出入。Messages 面板中给出的错误提示如下：

Net NetU1_2 has no driving source (Pin U1-2)

Net NetU1_1 contains floating input pins (Pin U1-1)
Unconnected Pin U1-1 at 250,330

任务 2　网 络 表

一、网络表的作用

网络表的作用如下：

(1) 网络表是描述电路元件的编号、封装和元件管脚之间连接关系的列表。

(2) 网络表是电路板自动布线的灵魂，也是原理图设计与印制电路板设计之间的接口。

(3) 网络表可以直接从电路原理图转化而来，也可以在印制电路设计 PCB 中从已布线的电路中获得。

二、生成网络表

生成网络表的步骤如下：

(1) 打开需要生成网络表的原理图。

(2) 执行菜单命令 Design→Netlist For Projects→Protel，生成整个项目的网络表；

执行菜单命令 Design→Netlist For Document→Protel，则生成单个原理图的网络表。

(3) 在左边的 Project 管理器中找到“Generated”，单击其前面的“+”，双击“*.NET 文件”即可打开网络表。

知识链接 3.1　网络表格式。

标准的 Protel 网络表文件是一个简单的 ASCII 码文本文件，在结构上大致可分为元件定义和网络定义两部分。

(1) 元件定义。

下面是一个元件定义实例：

```
[              ; 元件定义开始
Re             ; 元件序号
AXIAL-0.3      ; 元件封装
Res2           ; 元件注释
]              ; 元件定义结束
```

元件的序号来自元件的序号栏(Designator)。元件的封装名取自原理图中元件的

Footprint 栏，在进行 PCB 布线时所加载的元件封装就是根据这部分信息来加载的。元件注释的内容来自原理图中元件的名称 Comment 栏。

元件名称的下 3 行为空，是系统自留的，没有用途。

(2) 网络定义。

下面是一个网络定义实例：

```
(         ；网络定义开始
GND       ；网络名称
Ce-2      ；元件序号及元件引脚号
J1-1      ；元件序号及元件引脚号
Rb1-1     ；元件序号及元件引脚号
Re-1      ；元件序号及元件引脚号
)         ；网络定义结束
```

网络定义以“(”开始，以“)”结束。

操作练习

在“项目.PrjPCB”中创建名为“振荡器和积分器电路.SchDoc”的原理图文件，如图 3.4 所示，对所画原理图进行 ERC 检查，并修改错误，生成网络表。

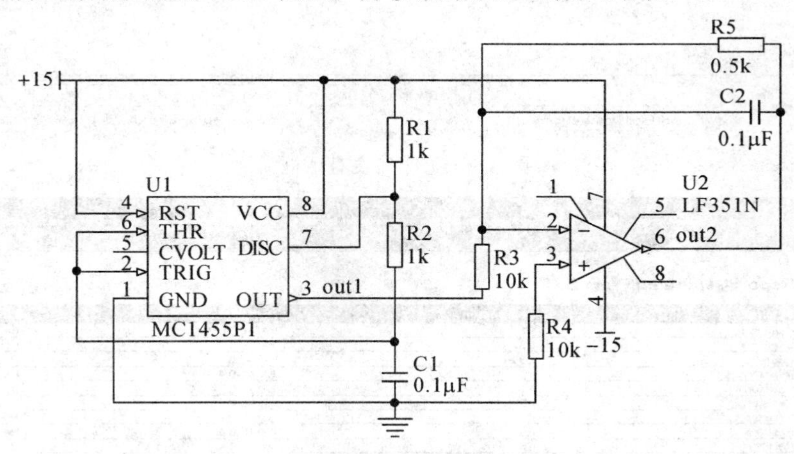

图 3.4　振荡器和积分器电路

任务 3　其 他 报 表

一、元件列表

元件列表主要用于整理一个电路或一个项目文件中的所有元件。它主要包括元件的名称、标注、封装等内容。

生成原理图元件列表的基本步骤如下：

方法一：

(1) 打开原理图文件，执行菜单命令 Report→Bill of Materials。

(2) 执行菜单命令后，会出现如图 3.5 所示的对话框。用鼠标左键单击图中右下角的 Report…按钮，系统又将弹出如图 3.6 所示的对话框。

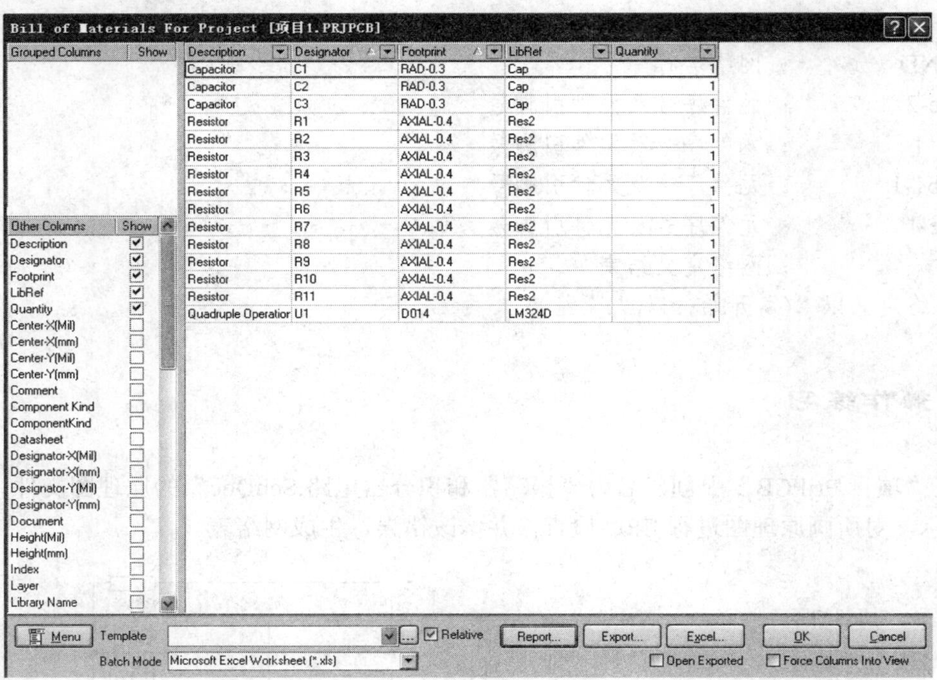

图 3.5　元件列表对话框

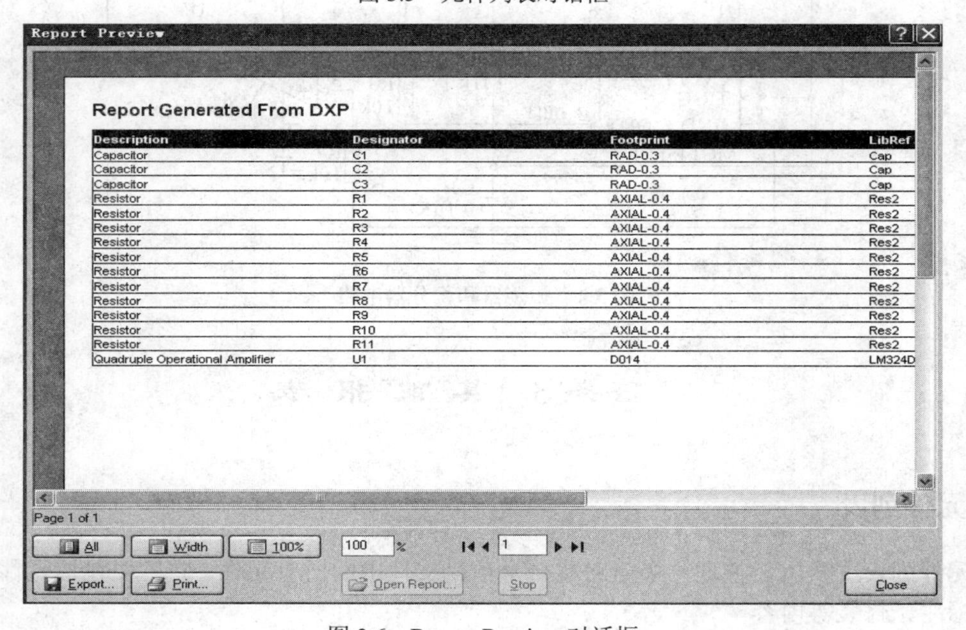

图 3.6　Report Preview 对话框

(3) 单击图 3.5 中的 Export…按钮，则会弹出输出对话框； 单击图 3.5 中的 Excel…按钮，则会启动 Excel 来打开该报表，如图 3.7 所示。注：图 3.5 中 Excel…按钮下面的 Open Exported 选项必须选中才能打开报表。

Microsoft Excel - 项目1

A1　Description

Description	Designator	Footprint	LibRef	Quantity
Capacitor	C1	RAD-0.3	Cap	1
Capacitor	C2	RAD-0.3	Cap	1
Capacitor	C3	RAD-0.3	Cap	1
Resistor	R1	AXIAL-0.4	Res2	1
Resistor	R2	AXIAL-0.4	Res2	1
Resistor	R3	AXIAL-0.4	Res2	1
Resistor	R4	AXIAL-0.4	Res2	1
Resistor	R5	AXIAL-0.4	Res2	1
Resistor	R6	AXIAL-0.4	Res2	1
Resistor	R7	AXIAL-0.4	Res2	1
Resistor	R8	AXIAL-0.4	Res2	1
Resistor	R9	AXIAL-0.4	Res2	1
Resistor	R10	AXIAL-0.4	Res2	1
Resistor	R11	AXIAL-0.4	Res2	1
Quadruple Operatio	U1	D014	LM324D	1

图 3.7　Excel 打开的元件列表

方法二：

(1) 打开原理图文件，执行菜单命令 Report→Component Cross Reference。

(2) 执行菜单命令后，也可以生成元件列表，弹出如图 3.8 所示的对话框。与前面生成的元件列表不同的是，这里生成的元件列表中元件按照所在的原理图分组显示。

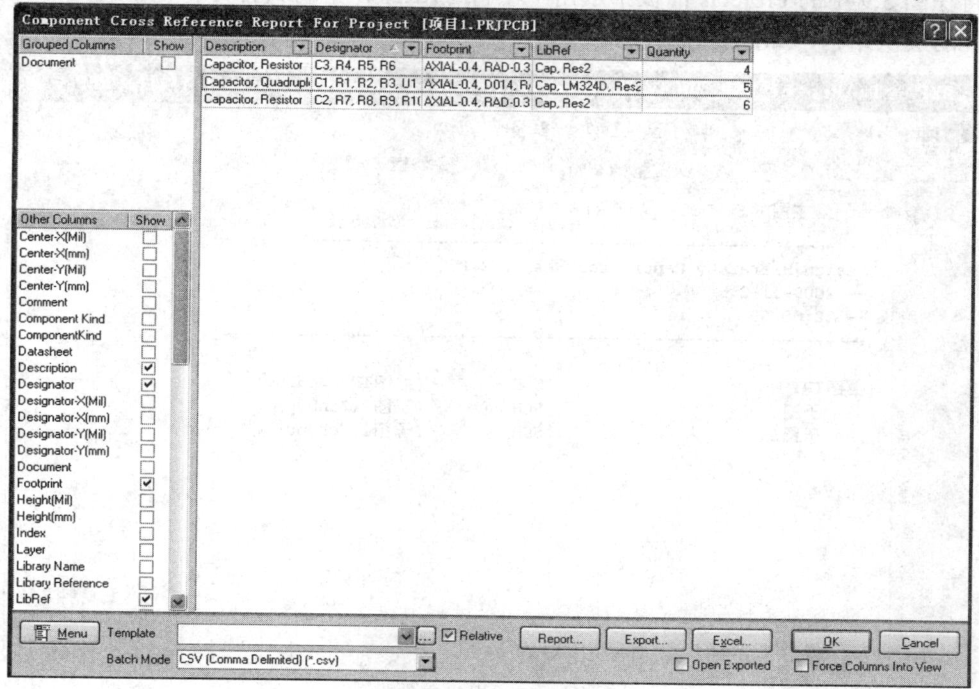

图 3.8　另外一种元件列表

二、工程层次结构列表

编译一个层次原理图设计的工程，然后执行菜单命令：Report→Report Project Hierarchy，系统会在该工程下自动添加一个报告文件，如图 3.9 所示。

图 3.9　生成的报告文件

再在图 3.9 中的 Projects 面板中双击“项目 1.REP”，可将其打开。该报告文件主要记录工程的层次结构，如图 3.10 所示。

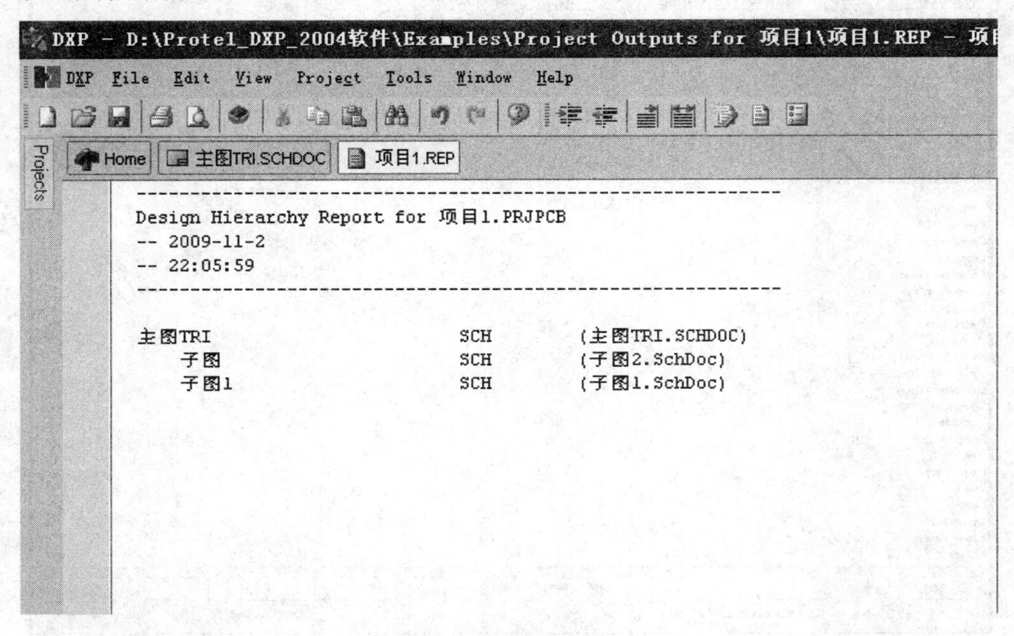

图 3.10　报告文件

操作练习

在“项目.PrjPCB”中创建名为“光敏二极管应用电路.SchDoc”的原理图文件。尝试画出如图 3.11 所示电路图，并对所画原理图进行 ERC 检查，修改错误，生成网络表、元器件列表。

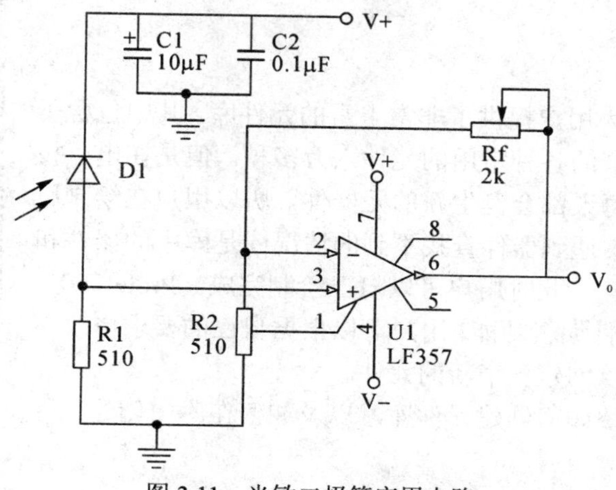

图 3.11　光敏二极管应用电路

项目四　编辑、创建原理图元器件

【项目导读】

Protel DXP 2004 为用户提供了非常丰富的元件库，其中包含了世界著名的大公司生产的各种常用的元件六万多种。但是在电子技术日新月异的今天，每天都会诞生新的元器件，所以用户在绘制原理图的过程中，会经常遇到器件查找不到的情况或是库中的器件和需要的元件外观不一样。此时用户可以自己绘制完成。Protel DXP 2004 提供了强大的元件编辑功能，用户可以根据自己的要求修改系统提供的元件，也可以创建一个新的元件。

下面通过实例介绍如何创建元件库，以及如何在库中创建元件。

【项目目标】

1. 知识目标

- 掌握原理图元件的基本组成；
- 掌握修改以及制作原理图元件的操作方法；
- 掌握使用自己绘制的元件符号的方法。

2. 技能目标

- 能修改以及制作原理图元件；
- 对制作的元件能进行放置和属性设置；
- 能使用自己绘制的元件符号。

任务 1　认识原理图元件及元件编辑器

Protel DXP 2004 中包含原理图元件及印刷电路板元件(PCB 元件)两大类。原理图元件只适用于原理图绘制，只可以在原理图编辑器中使用，PCB 元件用于 PCB 设计，只可以在 PCB 编辑器中使用，二者不可混用。

因原理图元件为实际元件的电气图形符号，有时也称原理图元件为电气符号，所以对于原理图元件库，又可以相应地称为电气符号库。

尽管可以通过搜索来查找元件，但是对于初学者而言，元件在库中的名称本身通常就已经是一个拦路虎，即便顺利搜索到该名称的元件，但是由于外观及引脚属性的原因，若不做修改地直接使用，绘图效果往往难尽人意。这种情况对于简单的分立元器件一般说来尚可接受，但对于引脚甚多的集成元件，问题就显得非常突出。

针对这种实际情况，电子工程师在设计电路时，为更恰当确切地表达设计，增强图纸的可读性，常常需要将相关的引脚进行绘制，甚至将不用的引脚隐藏，这时直接采用库元件显然是无法满足要求的。掌握 Protel DXP 2004 元件的制作以及修订方法，可以降低甚至摆脱对自带库的依赖，极大地增强设计的灵活性。

一、创建原理图元件库文件

要求：在工程项目中建立原理图元件库文件，了解原理图元件库文件界面。

启动 DXP2004 软件，新建或打开一个工程项目文件。创建原理图元件库文件的方法有两种。

方法一：执行菜单命令 File→New→Library→Schematic Library。如图 4.1 所示。

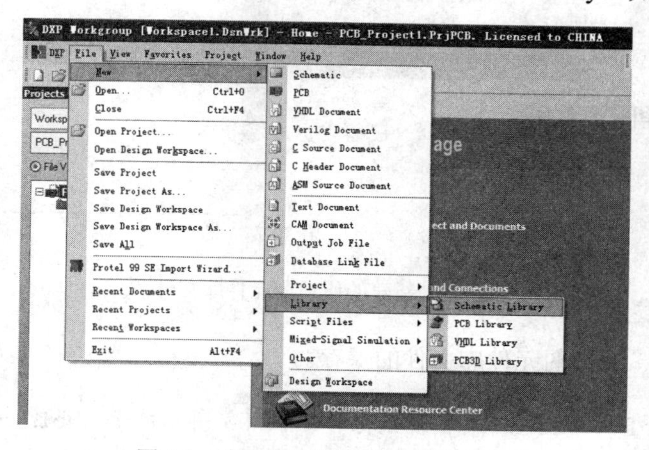

图 4.1　直接新建原理图元件库文件

方法二：在工程项目的工作面板中，将鼠标移到项目文件处，单击鼠标右键，在弹出的快捷菜单中选择 Add New to Project→Schematic Library，如图 4.2 所示。

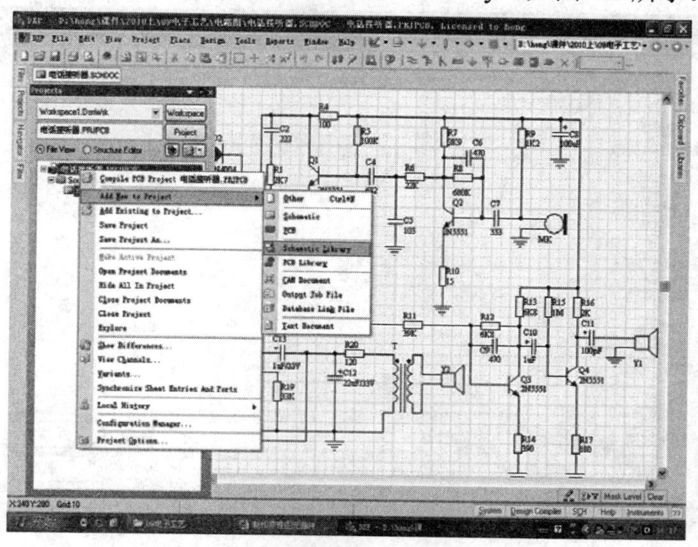

图 4.2　创建原理图元件库文件到项目

此时，则在左边的 Projects(项目)工作面板中出现了 Schlib1.SchLib 的文件名，同时在右边打开了一个原理图元件库文件。如图 4.3 所示。

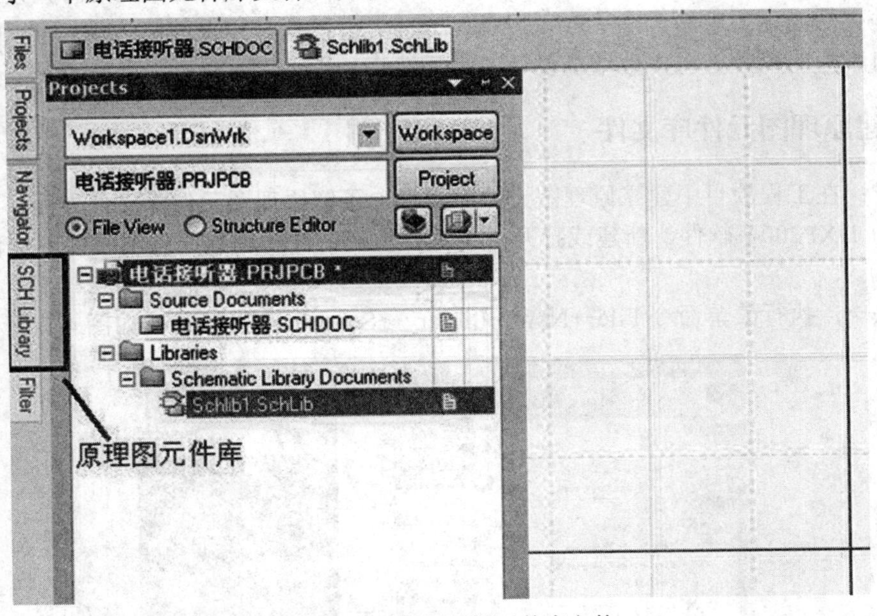

图 4.3　新建的原理图元件库文件

知识链接 4.1　原理图元件库文件的保存。

执行菜单命令 File→Save，或者将鼠标移到图 4.3 所示的 Schlib1.SchLib 处，单击鼠标右键，在弹出的快捷菜单中选择 Save (保存)，系统将弹出保存对话框，如图 4.4 所示。选择工程项目文件所在文件夹，将文件命名为“MYLIB”(也可采用默认文件名)，单击保存按钮，就可以完成文件的保存。

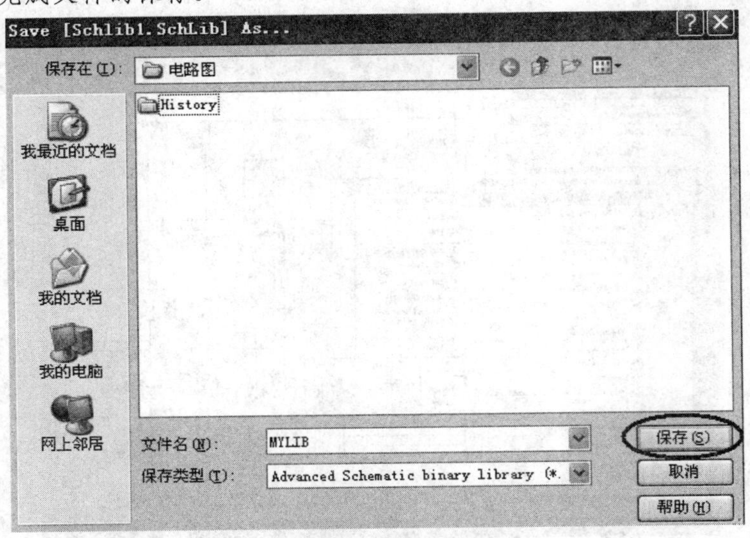

图 4.4　原理图元件库文件保存对话框

二、原理图元件库编辑管理器

要打开原理图元件库编辑管理器，可以点击图 4.3 所示左侧的 SCH Library 按钮，或者执行菜单 View→WorkSpace Pannels→SCH→SCH Library 命令。下面分别对原理图元件库编辑管理器的各个主要部分作简要介绍。

1. 工作窗口

原理图元件库文件的工作窗口中间显示一个十字形，即坐标原点在十字中心。原理图元件的创建、复制、修改都必须在这个元件库编辑器下进行。编辑器的界面如图 4.5 所示。

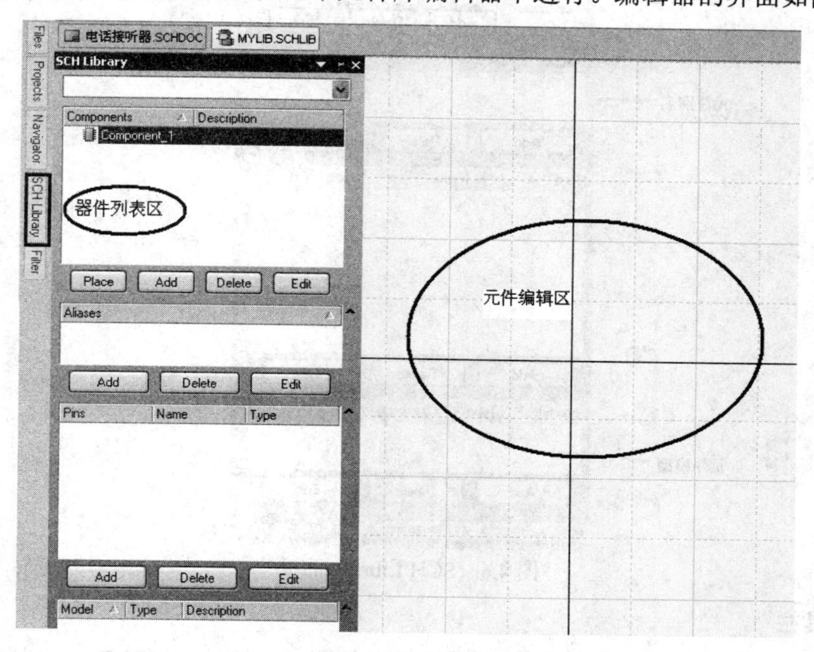

图 4.5　原理图元件库编辑器界面

从图 4.5 中可看到，此时系统将自动生成一个名为“Component_1”的空白元件。在元件列表区内可对该元件进行改名、复制、粘贴等功能的操作。同时，在元件编辑区内可进行对具体某个元件形状的绘制以及图形的修改等操作。

2. SCH Library 面板

SCH Library 面板是元件库管理器，主要作用是管理该文件中的元件符号。SCH Library 面板打开与关闭的操作是执行菜单命令 View→Workspace Pants→SCH→SCH Library 或在屏幕右下角用鼠标左键单击 SCH 标签后选择 SCH Library。

在该面板中共有四个区域，如图 4.6 所示，它们的主要功能分别如下：

(1) Components 区域(元件列表区)。其主要功能是管理元件，如查找、增加新的元件符号，删除元件符号，将元件符号放置到原理图文件中，编辑元件符号等。

(2) Aliases 区域(元件别名区)。主要功能是设置元件符号的别名。

(3) Pins 区域(元件引脚区)。其主要功能是在当前工作窗口中显示元件符号引脚列表，以及显示引脚信息。

(4) Model 区域(元件模型区)。主要功能是指定元件符号的 PCB 封装、信号完整性或仿真模式等。

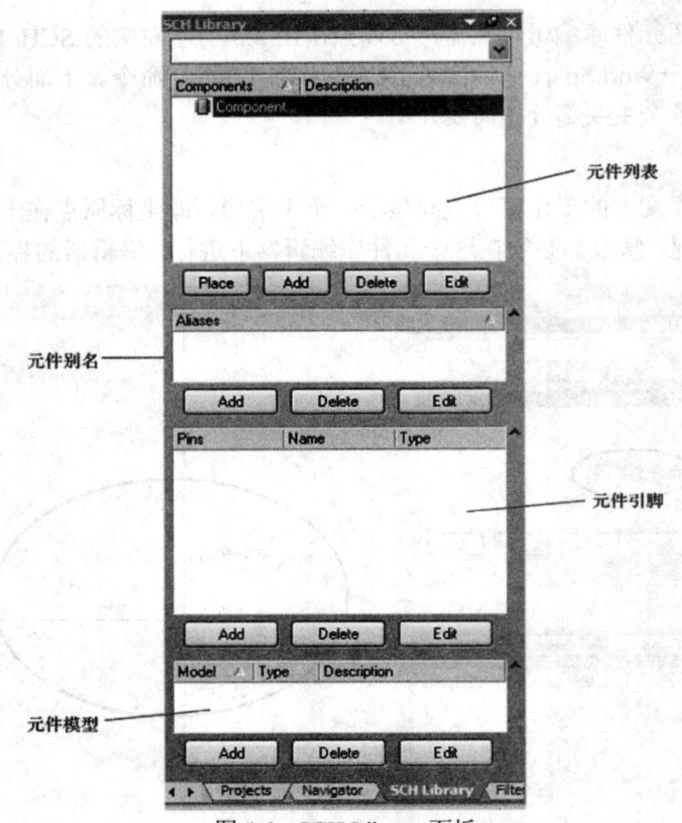

图 4.6　SCH Library 面板

3. 工具栏

除了主工具栏以外，元件库编辑界面提供了如图 4.7 所示的 IEEE 工具栏和绘图工具栏两个重要的工具栏。

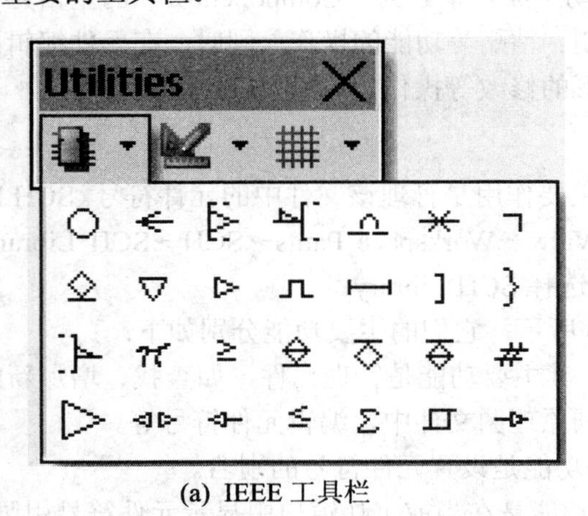

(a) IEEE 工具栏 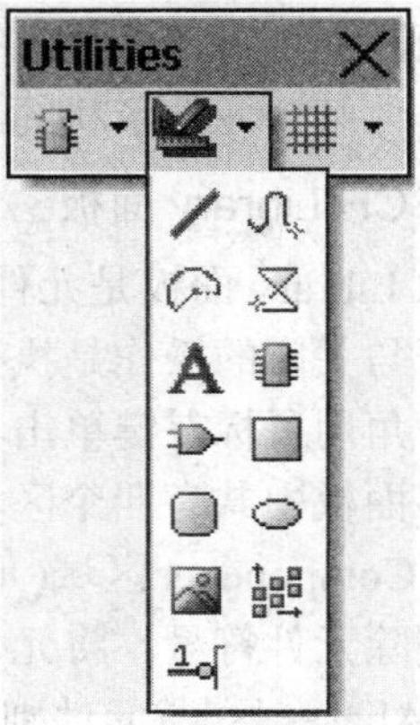　　　　(b) 绘图工具栏

图 4.7　两个重要工具栏

1) IEEE 工具栏

IEEE 符号工具面板中包含了 IEEE(Institute of Electrical and Electronic Engineers，国际电气电子工程师学会)制订的一些标准的电气图元符号，在 Protel DXP 中，这些符号较多地用于较为复杂的集成电路或必要信息的图形化描述，但更多的是描述引脚的功能或性质。

对于元件的引脚属性(放置元件引脚时设置)的图形化描述包含了这些符号中的绝大多数，但和 IEEE 符号工具面板上的图符相比，前者由编辑器自动地放置在该引脚附近，而后者可以允许放置在电气符号的任何位置(尽管可能不恰当或不合理)。IEEE 符号工具面板如图 4.7(a)所示。

单击菜单 Place→IEEE Symbols 命令或单击实用工具栏(Utilities)中的按钮，可得到 IEEE 电气符号。不同的 IEEE 符号代表着该元件不同的电气特性。IEEE 符号的具体功能说明如下：

- “Dot”(○)符号：低电平触发符号。
- “Right Left Signal Flow”(←)符号：左右方向信号流符号。
- “Clock”(▷)符号：上升沿触发时钟脉冲符号。
- “Active Low Input”()符号：低电平触发输入符号。
- “Analog Signal In”()符号：模拟信号输入符号。
- “Not Logic Connection”(✕)符号：无逻辑性连接符号。
- “Postponed Output”(¬)符号：延时输出符号。
- “Open Collector”()符号：集电极开路输出符号。
- “Hiz”(▽)符号：高阻抗状态符号。
- “High Current”(▷)符号：高输出电流符号。
- “Pulse”()符号：脉冲符号。
- “Delay”(⊢⊣)符号：延时符号。
- “Group Line”(])符号：多条输入输出线组合符号。
- “Group Binary”(})符号：二进制组合符号。
- “Active Low Output”()符号：低电平触发输出符号。
- “Pi Symbol”(π)符号：π 符号。
- “Greate Equal”(≥)符号：大于等于符号。
- “Open Collector PullUp”()符号：有上拉电阻的集电极开路输出符号。
- “pen Emitter”()符号：射极开路输出符号。
- “Open Emitter PullUp”()符号：有上拉电阻的射极开路输出符号。
- “Digital Signal In”(#)符号：数字信号输入符号。
- “Invertor”(▷)符号：反相器符号。
- “Input Output”(◁▷)符号：输入/输出双向信号符号。
- “Shift Left”()符号：数据左移符号。
- “Less Equal”(≤)符号：小于等于符号。
- “Sigma”(Σ)符号：求和符号。
- “Schmit”()符号：施密特触发信号符号。
- “Shiht Right”()符号：数据右移符号。

2) 绘图工具栏

原理图元件绘图工具面板如图 4.7(b)所示。

其中的绘制线段、绘制贝塞尔曲线等和原理图编辑器中的绘图工具完全一致，这里不再赘述。

阵列式粘贴工具的目的在于提高工作效率，但和原理图编辑器中的阵列式粘贴相比，实用价值并不高，本书不再介绍。

此外，在库元件编辑器的工具菜单(Tools)中，包含有新建元件、移除元件、元件重命名等选项，这是一些简单的操作，并且一般有各种方式可以实现同样的效果，这里不再赘述。另外还包含一些系统设置项，每项都是系统的默认设置，可以满足设计的需要，在一定程度上体现了 Protel DXP 2004 的用户友好性。除非设计者对此非常熟悉或有特殊要求，否则建议不要随便对设置项进行改动。

普通元器件符号的绘制

添加元件库：添加 Miscellaneous Connectors .ddb 和 Miscellaneous Devices.ddb，删除不要的元件库。

任务 2　制作元件图形符号

一、制作普通元件图形符号

要求：根据前面任务一中介绍的方法创建元件库文件，默认文件名为“Schlib1.SchLib”，并在该元件库文件中按照以下描述绘制如图 4.8 所示的 74LS74 双 D 触发器的电路符号。

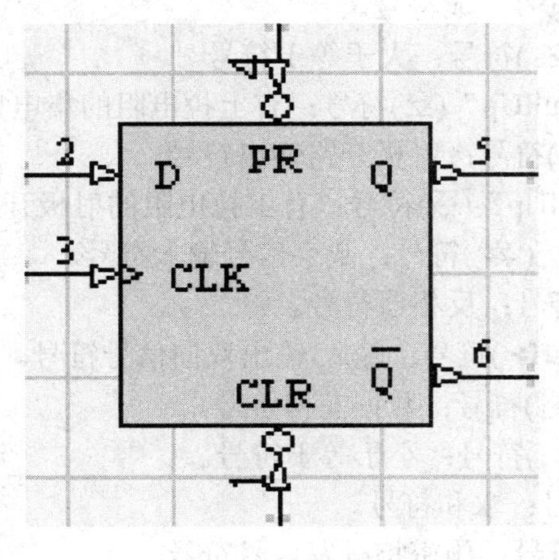

图 4.8　74LS74 元件符号

该元件共包含 7 个引脚，各引脚 I/O 属性如下：1 引脚是复位引脚；2 、4 引脚是 input 引脚；3 引脚是时钟信号引脚；5、6 是 output 引脚；7 是 power 引脚，属性为隐藏。

矩形尺寸为 11 格 × 9 格，元件名称为 74LS74。

创建元件库文件的步骤如下：

(1) 打开库文件的编辑界面。

在左侧的 Projects(项目)工作面板中，将鼠标移到已创建的项目文件处，单击鼠标右键，在弹出的快捷菜单中选择 Add New to Project→Schematic Library 命令，系统打开元件库编辑界面，默认文件名为“Schlib1.SchLib”。

在工作窗口上浮动着一个名为 SCH Library 的工作面板，该面板的主要功能是对原理图元件库中的元件进行管理。如图 4.9 所示。该面板中具体每个区域的功能在任务 1 中已经介绍过了。

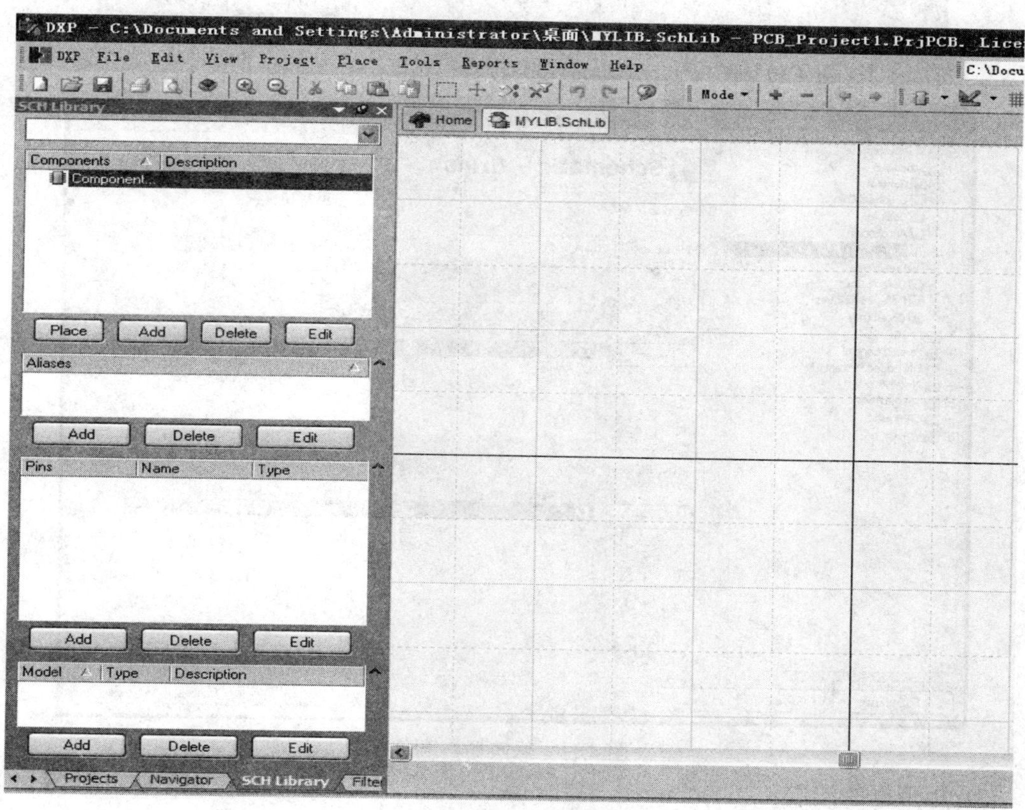

图 4.9　SCH Library 面板

(2) 页面设置。

① 设置锁定栅格尺寸。执行菜单命令 Tools→Document Options，系统弹出 Library Editor Workspace 对话框，如图 4.10 所示，将 Snap 的值改为“5”，其他可采用默认设置。

② 放大画面。按 Page Up 键放大屏幕，直到屏幕上出现栅格。

③ 设置栅格颜色。执行菜单命令 Tools→Schematic Preferences，系统弹出 Preferences 对话框，如图 4.11 所示。在该对话框左侧的 Schematic 下一级选择 Grids，在对话框右侧的 Grid Options 区域中用鼠标左键单击 Grid Color 右侧的颜色块，从中选择所需颜色。

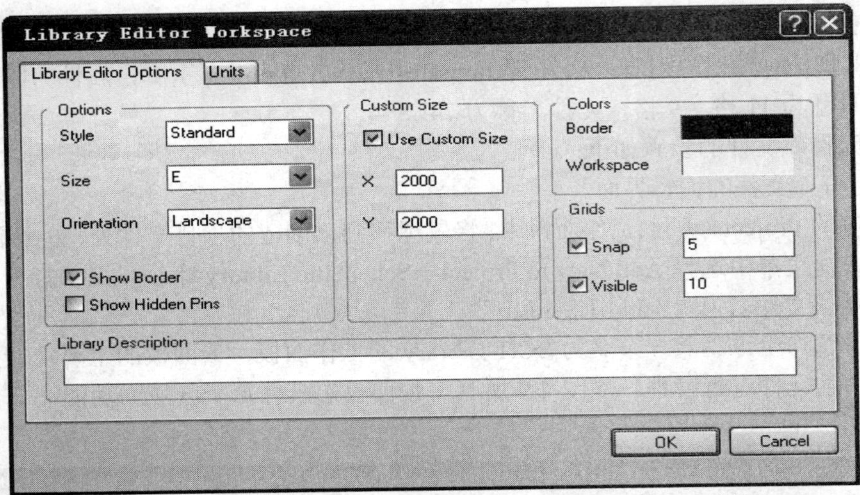

图 4.10　在 Library Editor Workspace 对话框中修改 Snap 的值

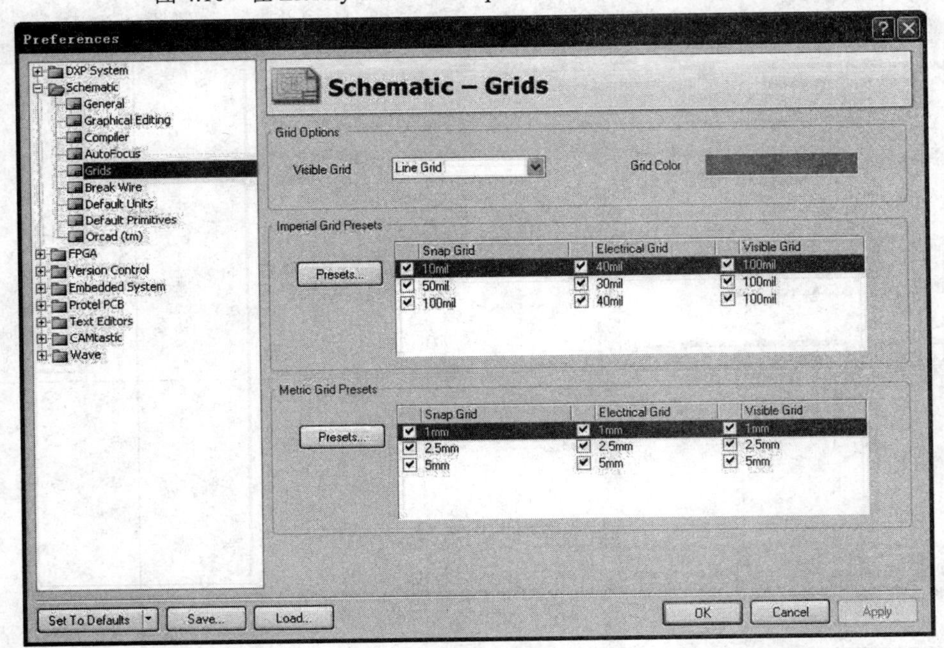

图 4.11　修改栅格颜色

(3) 矩形框的绘制。

在图纸上绘制 74LS74 的矩形框。

单击 Utilities 工具栏(实用工具栏)上的图标旁的下拉箭头，在工具栏中单击 Place Rectangle(放置矩形)图标，如图 4.12 所示。此时指针上多了一个大“十”字符号及一个有色矩形框，表示系统处于放置矩形状态。

按顺序按“E”、“J”、“O”三个键(相当于执行 Edit→Jump→Origin 菜单命令)使鼠标指向图纸的原点(图纸的十字中心)，或者直接移动鼠标到图纸的参考点上，在第四象限的原点(十字中心)处单击鼠标确定矩形的左上角点。然后拖动光标画出一个矩形，尺寸为 11 格 × 9 格，再次单击确定矩形的右下角点，就绘制了一个如图 4.13 所示的矩形。

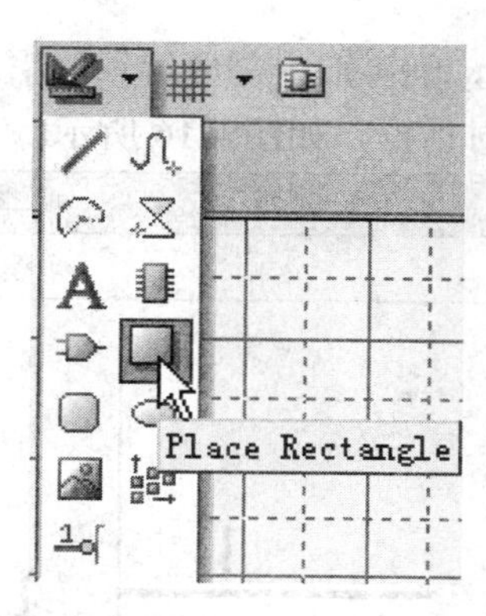

图 4.12　单击 Place Rectangle(放置矩形)图标

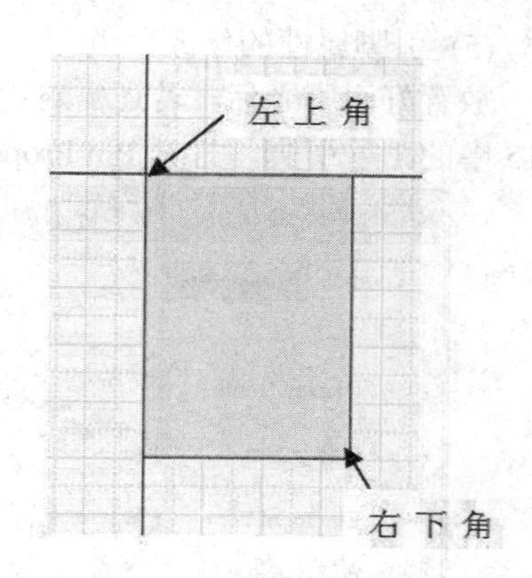

图 4.13　矩形框

双击矩形框，可以打开它的属性对话框，可以在其中修改矩形框的“边缘色”和“边框宽”，还可以改变矩形框的“填充色”，决定其是否“透明”。矩形框的大小可以通过修改左下角点和右上角点的坐标来精确调整。

(4) 引脚的放置。

单击 Utilities 工具栏中的图标旁的下拉箭头，在工具栏中单击 Place Pin(放置引脚)图标，如图 4.14 所示。

此外还可单击菜单 Place→Pin 命令或按快捷键 Alt + (P+P)，这时光标会变成十字形，并且伴随着一个引脚的浮动虚影，表示系统处于放置引脚状态。

若在此时按下 Tab 键，系统将弹出 Pin Properties(引脚属性)对话框，可对该引脚的属性进行编辑(也可以在放置好引脚之后，再对准引脚双击打开引脚的属性对话框。引脚具体属性的设置将在步骤 5 中介绍)。然后将光标移动到目标位置，单击就可以将该引脚放置到图纸上。需要注意的是，在放置引脚时，要把引脚端的一个符号(数字)放在矩形内，有米字形电气捕捉标志的一端应该是朝外的。对照图 4.8，分别放置 6 根引脚，如图 4.15 所示。

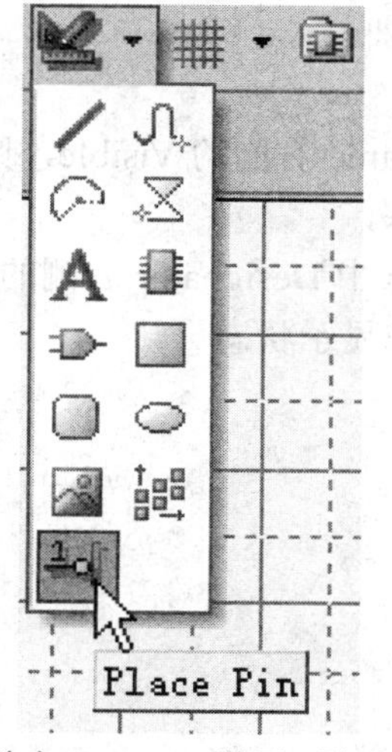

图 4.14　单击 Place Pin(放置引脚)图标

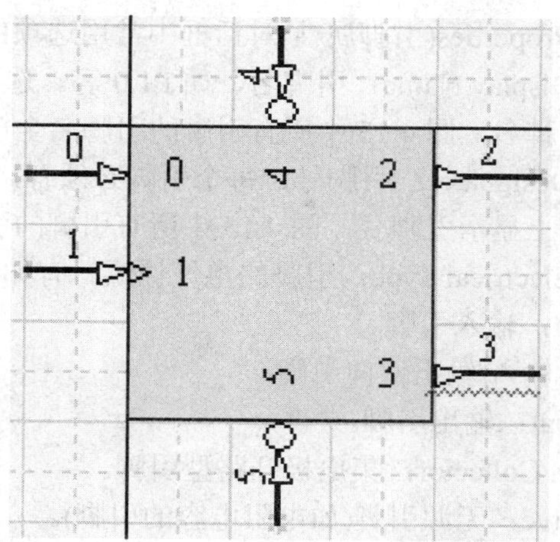

图 4.15　放置引脚后的图形

在放置过程中可以按空格键旋转引脚。

(5) 引脚属性的修改。

放置好引脚之后，若还需对引脚属性进行修改，则可双击需要编辑的引脚，如双击图 4.15 中的 1 号引脚，打开 Pin Properties(引脚属性)对话框，如图 4.16 所示。

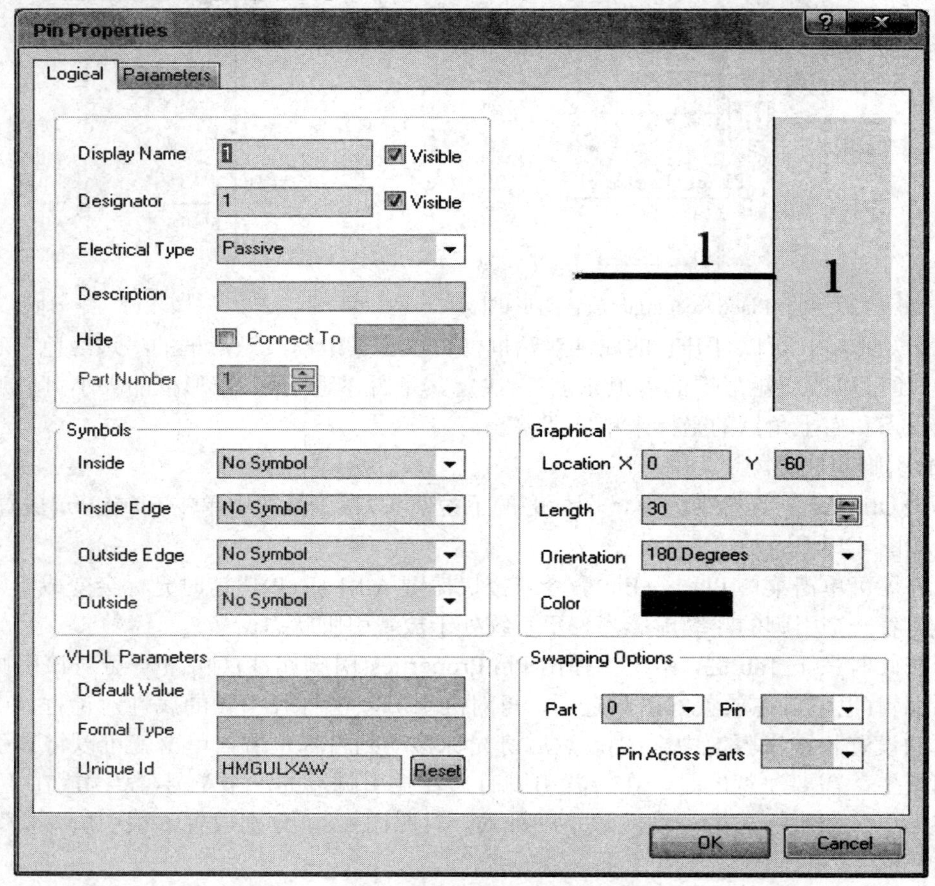

图 4.16　Pin Properties(引脚属性)对话框

Pin Properties(引脚属性)对话框中常用选项的含义如下：

① Display Name：引脚名，如 P1.0 等。选中 Display Name 右侧的 Visible，则在引脚上显示引脚名，图 4.15 中所有引脚的引脚名全部为显示状态。

② Designator：引脚号，每个引脚必须有，如 12 等。选中 Designator 右侧的 Visible，则在引脚上显示引脚号，图 4.15 中所有引脚的引脚号全部为显示状态。

③ Electrical Type：引脚的电气性质。有如下选项：

Input：输入引脚。

IO：输入/输出双向引脚。

Output：输出引脚。

Open Collector：集电极开路型引脚。

Passive：无源引脚(如电阻电容的引脚)。

HiZ：高阻引脚。

Emitter：射极输出。

Power：电源(如 VCC 和 GND)。

④ Location X、Location Y：引脚的位置。

⑤ Length：引脚长度，修改 Length 的值可以改变引脚长度。

下面我们以图 4.15 中的 1 引脚、3 引脚为例，具体介绍引脚属性的设置。

a. 将鼠标对准 1 引脚双击，可以打开该引脚所对应的 Pin Properties(引脚属性)对话框。对该引脚的具体设置如下：将 Display Name (名称)原内容“1”改为“CLK”；将 Designator (引脚号)原内容“1”改为“3”(若引脚号不需要显示，则需要将 Designator 右侧的 Visible 选项前的“√”去掉)；将 Electrical Type (电气类型)原内容“Passive”改为“Input”；在 Symbols 属性选项区域中，将 Inside Edge 原内容“No Symbol”改为“Clock”；将 Outside 原内容“No Symbol”改为“Right Left Signal Flow”；将 Length 原内容“30”改为“20”。然后单击确定按钮即可。修改结果如图 4.17 所示。

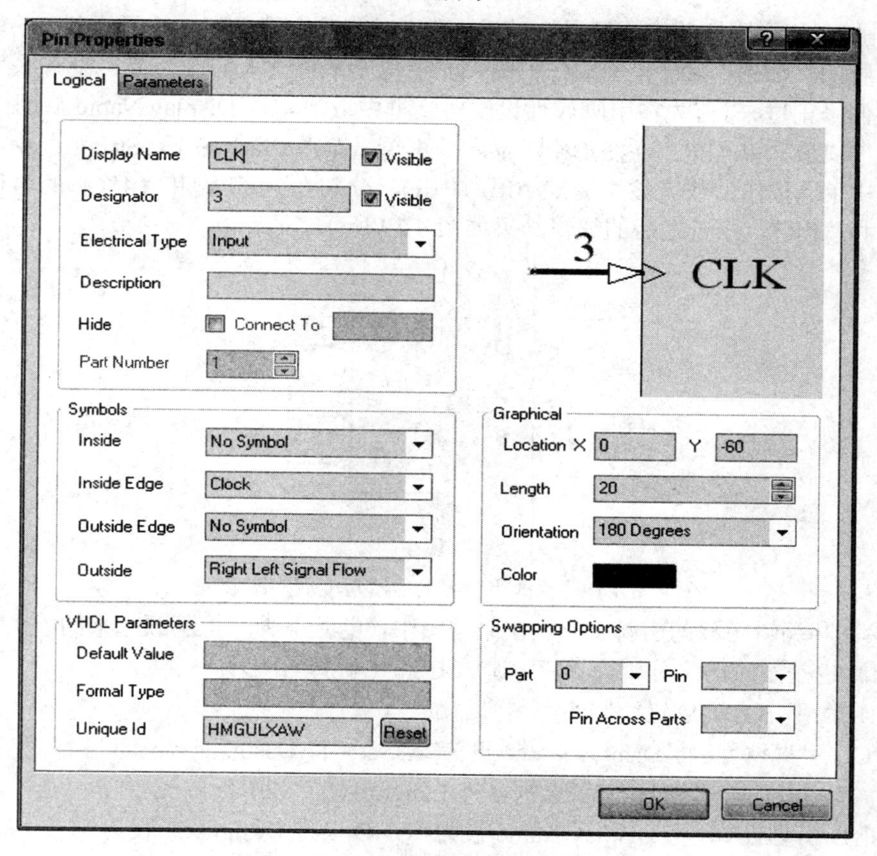

图 4.17　编辑后的引脚属性设置对话框

b. 将鼠标对准 3 引脚双击，打开引脚的属性对话框，由于这个引脚的引脚名上有反向标志，此时应注意引脚名的正确输入。将 Display Name 设为“Q\”(若是由多个字符所组成的标识，则需在每个字符后面均输入一个反斜杠“\”)，反斜杠是一种反向标志(这种表示反向的方法，只在 Display Name 中有效)。将 Designator 设为“6”；将 Electrical Type 设为“Output”；将 Outside 设为“Left Right Signal Flow”；将 Length 设为“20”。然后单击确定按钮即可。

c. 用上面同样方法，可编辑其余 4 个引脚。编辑结果如图 4.18 所示。

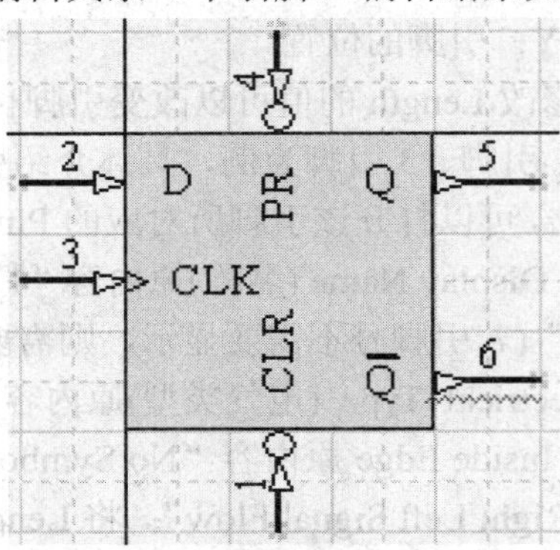

图 4.18　编辑引脚后的图形

d. 引脚全部放置好并修改好属性以后，还可以修改个别引脚名的显示角度。在图 4.18 中，“1”脚的“CLR”和“4”脚的“PR”显示角度不符合人们的习惯，没有水平放置，现要把它们修正过来。首先在引脚属性设置对话框中取消勾选 Display Name 后面的 Visible 复选框让“CLR”和“PR”在图形中不显示。再单击菜单 Place→Text String 命令或单击绘图工具栏中的**A**按钮，或者按快捷键 Alt + (P+T)，分别在“1”脚和“4”脚的名称端放置“CLR”和“PR”。修正之后的编辑结果如图 4.19 所示。

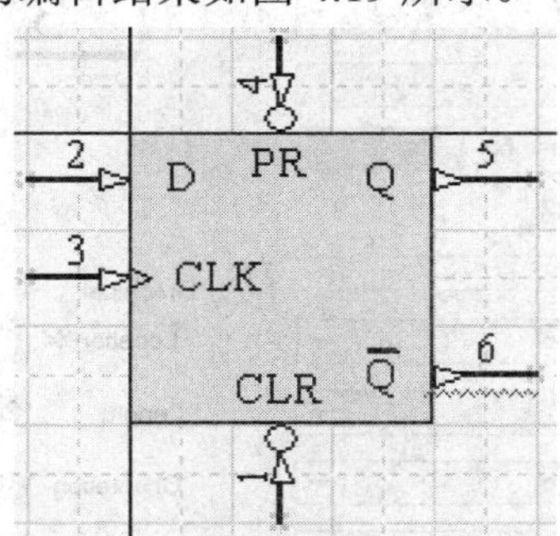

图 4.19　修改引脚名的显示角度后的图形

e. 绘制和编辑隐藏的引脚。一般在原理图中，电源引脚都是隐藏起来的。在本例中两个电源引脚也是隐藏的，分别为 14 引脚 VCC 和 7 引脚 GND。

首先在图形中合适位置绘制两个引脚。

• VCC 引脚设置：将 Display Name 设为“VCC”，将 Designator 设为“14”，将 Electrical Type 设为“Power”，选择 Hide 复选框，将 Length 设为“20”。

• GND 引脚设置：将 Display Name 设为“GND”；将 Designator 设为“7”；将 Electrical Type 设为“Power”，选择 Hide 复选框，将 Length 设为“20”。

当引脚处于放置的悬浮状态时，按下 Tab 键，将打开它的属性对话框。可以在其中对它的属性进行修改。当需要连续放置多个编号连续的引脚时，这种方法比较快捷。因为它的编号会自动增 1，而其他属性不变。

在设计一个元件的过程中，要特别注意每个引脚的属性。尤其是电气特性等属性一定要和元件的具体情况相符合，否则在其后的 ERC 检查或仿真过程中，可能会产生各种各样的错误。

(6) 74LS74 元件属性的设置。

单击 SCH Library 工作面板上的 Edit (编辑)按钮，也可以单击菜单 Tools→Component Properties 命令或按快捷键 Alt + (T+I)，系统将弹出如图 4.20 所示的元件属性设置对话框。

在该对话框中，将 Default Designator (元件的默认编号)设置为“U?”，将 Comment (注释)设置为“74LS74”。对话框下方的 Library Ref (库参考)、Description (描述)、Type (类型)、Mode (模式)等设置可以采用默认形式，参照图 4.20。然后单击“OK”(确定)就可以了。

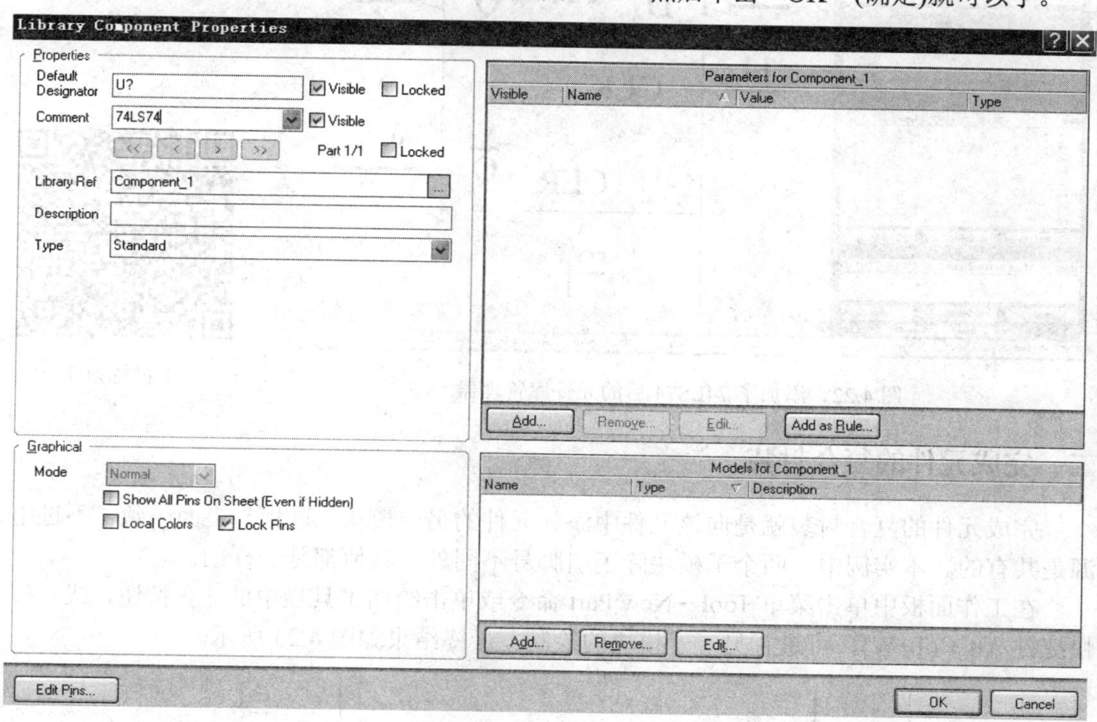

图 4.20　元件属性设置对话框

(7) 修改元件符号名称。

执行菜单命令 Tools→Rename Component 命令或按快捷键 Alt + (T+Y)，系统将弹出如图 4.21 所示的 Rename Component 元件命名对话框，将其中的元件名称修改为 74LS74。

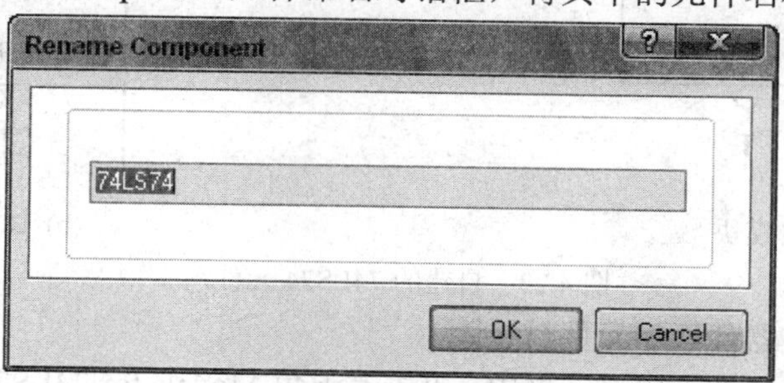

图 4.21　元件命名对话框

(8) 保存。

将新建元件名称改为“74LS74”后，单击 File→Save 命令，即可将新建元件 74LS74 保存到当前元件库“Schlib1.SchLib”文件中，如图 4.22 所示。

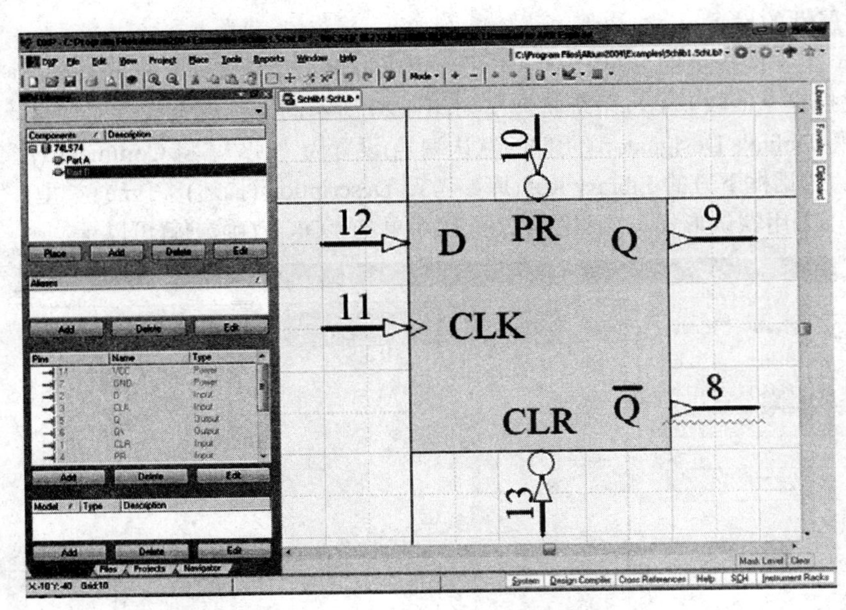

上机练习 7

图 4.22　添加了 74LS74 后的元件库管理器

二、完成元件的复合封装

完成元件的复合封装就是向该元件中添加元件的另一模块，过程与上面一致，不过电源是共有的。本实例中，两个子模块除了引脚号不同外，其他都是一样的。

在工作面板中单击菜单 Tool→New Part 命令或单击绘图工具栏中的按钮，或者按快捷键 Alt + (T+W)，可进行另一子模块的绘制。最终结果如图 4.23 所示。

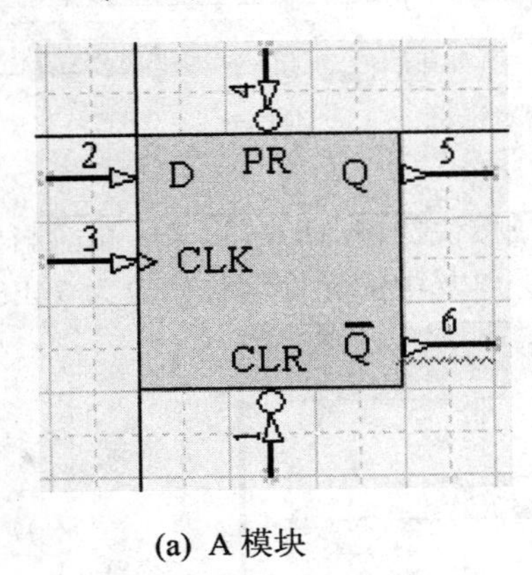

(a) A 模块

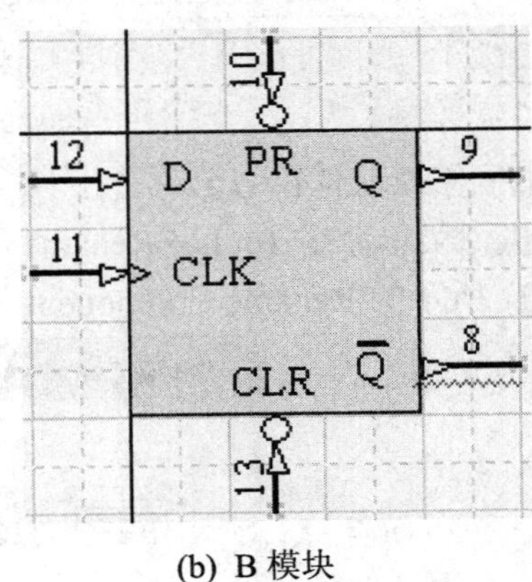

(b) B 模块

图 4.23　自建的 74LS74 元件图

接下来可以为该器件添加元件封装。

在第 8 步的元件属性设置对话框中，单击右下角 Models for 74LS74 区域的 Add 按钮，系统将弹出如图 4.24 所示的添加新模式对话框。对话框中有“Footprint”(PCB 封装)、“Simulation”(仿真)、“PCB 3D”(3D 模式)和“Signal Integrity”(信号完整性)共四种模式可供选择。

选取PCB封装，单击OK按钮，系统将弹出如图4.25所示的PCB封装对话框。

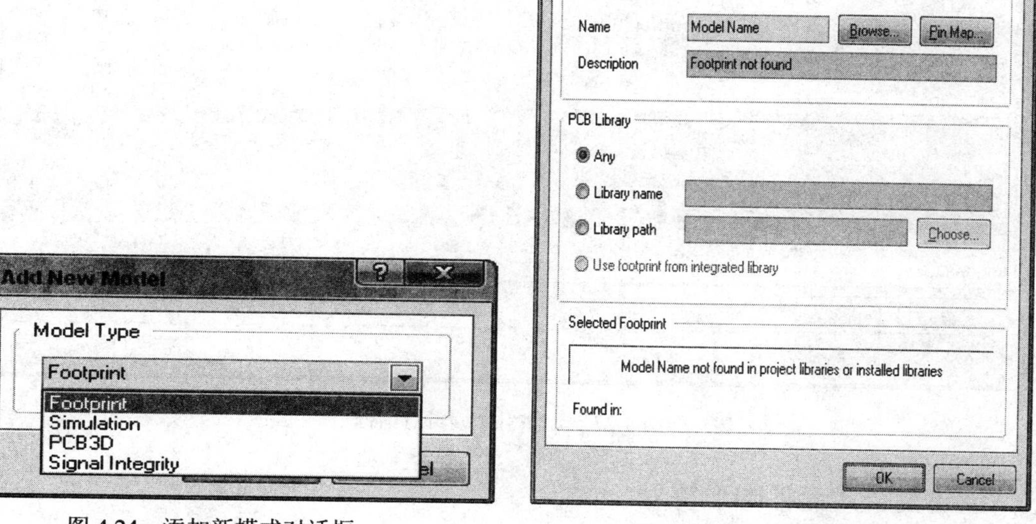

图4.24　添加新模式对话框　　图4.25　PCB封装对话框

单击Browse...按钮，打开PCB封装库浏览对话框(文件名为.PcbLib)，再利用…及按钮Find...查找SO-G14，结果如图4.26所示。再单击OK按钮，即可给自制的74LS74元件添加上封装。

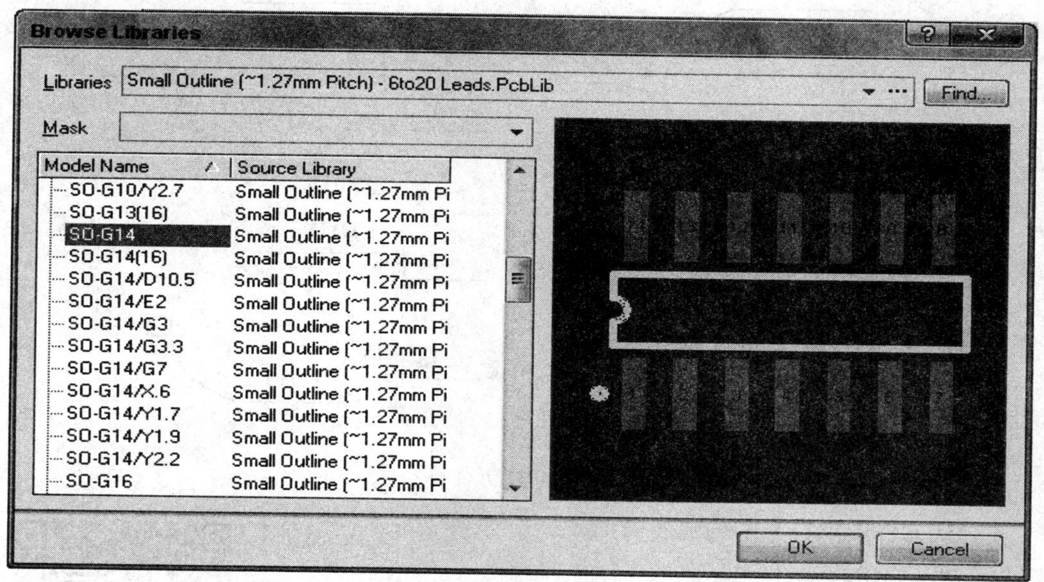

图4.26　在PCB封装库浏览对话框中查找SO-G14

最后，还可以对引脚作集成编辑：

单击图4.22中Edit按钮，系统将弹出如图4.27所示的元件引脚编辑对话框，此时可对所有元件引脚进行集中编辑。

Component Pin Editor

D...	Na...	Desc	SO-G14	SO-G14	SO-G14	SO-G14	SO-G14	Model N...	Type	Ow...	Show	Number	Name
1	CLR		1	1	1	1	1	1	Input	1	☑	☑	☑
2	D		2	2	2	2	2	2	Input	1	☑	☑	☑
3	CLK		3	3	3	3	3	3	Input	1	☑	☑	☑
4	PR		4	4	4	4	4	4	Input	1	☑	☑	☑
5	Q		5	5	5	5	5	5	Output	1	☑	☑	☑
6	Q\		6	6	6	6	6	6	Output	1	☑	☑	☑
7	GND		7	7	7	7	7	7	Power	1	☐	☑	☑
8	Q\		8	8	8	8	8	8	Output	2	☑	☑	☑
9	Q		9	9	9	9	9	9	Output	2	☑	☑	☑
10	PR		10	10	10	10	10	10	Passive	2	☑	☑	☐
11	CLK		11	11	11	11	11	11	Input	2	☑	☑	☑
12	D		12	12	12	12	12	12	Input	2	☑	☑	☑
13	CLR		13	13	13	13	13	13	Input	2	☑	☑	☐
14	VCC		14	14	14	14	14	14	Power	1	☐	☑	☑

Add...　Remove...　Edit...

OK　Cancel

图 4.27　元件引脚编辑对话框

三、创建复合式元件图形符号

要求：在前面已创建的元件库文件“Schlib1.schlib”中，绘制如图 4.28 所示 4011 元件符号。

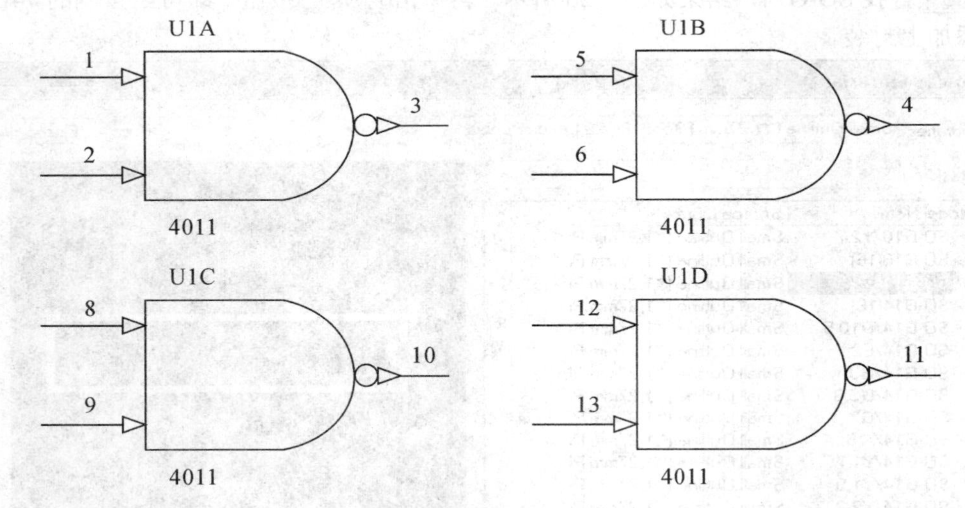

图 4.28　4011 元件符号

复合式元件图形符号的创建步骤如下：

(1) 建立一个新元件画面。

执行菜单命令 Tools→New Component，在弹出的 New Component Name 对话框中输入 4011，建立一个名为 4011 的新元件符号画面。

(2) 绘制第一单元。

复合式元器件符号的绘制

按照图 4.29 所示尺寸绘制第一单元 Part A。

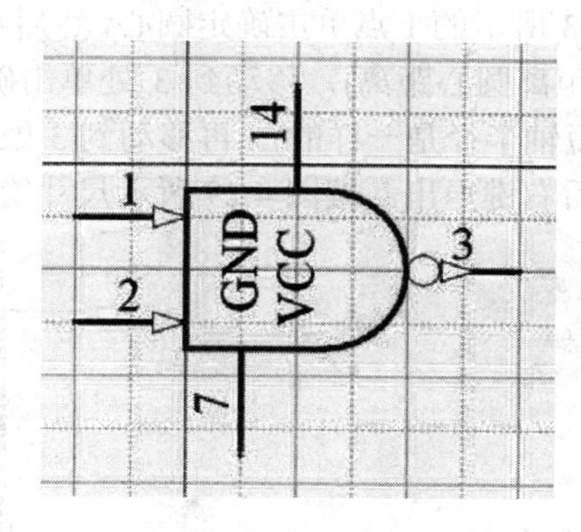

图 4.29　4011 第一单元 Part A 图形

Part A 的核心形状由三根直线和一个圆弧所构成，绘制过程如下：

① 绘制元件符号轮廓中的直线。

② 用鼠标左键单击 Utilities 工具栏上的 旁的下拉箭头，在工具栏中单击 Place Line(绘制直线)图标，如图 4.30 所示。

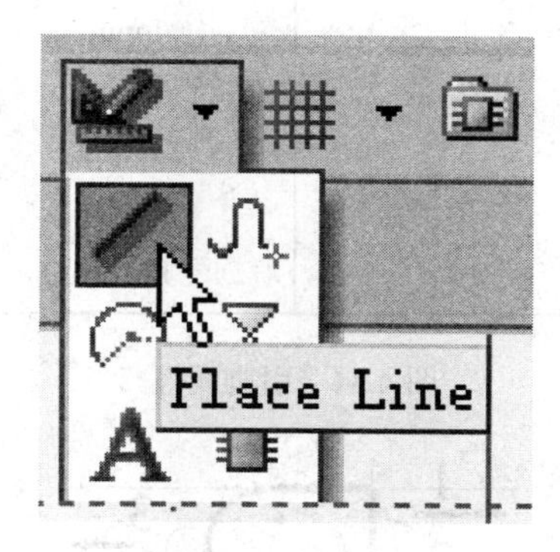

图 4.30　在工具栏中单击 Place Line(绘制直线)图标

移动光标到图纸中，在第 1 处单击鼠标确定直线的起点；然后拖动鼠标到合适的位置，在第 2 处单击鼠标确定直线的拐点，再次移动鼠标在第 3 处单击确定拐点，以此类推，按图 4.29 所示尺寸绘制直线，完成如图 4.31 中图形的绘制。

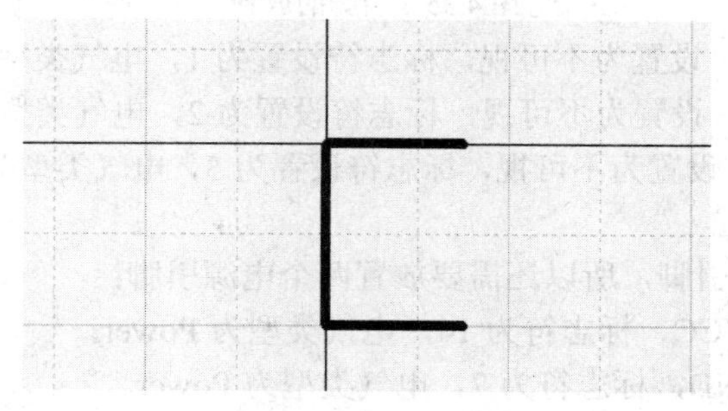

图 4.31　绘制直线图形

③ 绘制元件符号轮廓中的圆弧。用鼠标左键单击 Utilities 工具栏上的 旁的下拉

箭头，在工具栏中单击 Place Elliptical Arcs(绘制圆弧)图标，如图 4.32 所示。

然后移动鼠标到如图 4.33 所示的 1 点单击确定圆心，然后将鼠标移动到 2 点单击确定圆弧的长轴半径(2 次单击点距离圆心距离)，移动到 3 处单击确定短轴半径(3 次单击点距离圆心的距离，长轴半径和短轴半径是一样的)，再移动到 3 处单击确定圆弧的起点，到 2 处单击确定圆弧的终点，最后右键退出。按图 4.29 所示尺寸绘制圆弧。

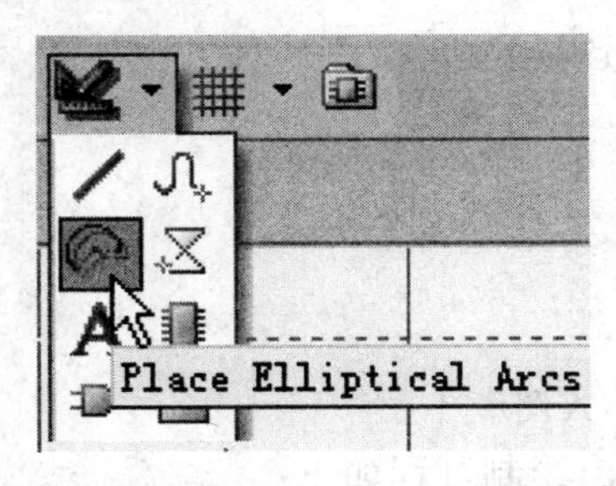

图 4.32　单击 Place Elliptical Arcs(绘制圆弧)图标

图 4.33　绘制圆弧图形

④ 放置引脚。参照图 4.34 和图 4.35，放置 5 个引脚。

Display	Designator	Electrical Type	Length
A	1	Input	20
B	2	Input	20
J	3	Output	20
GND	7	Power	20
VCC	14	Power	20

图 4.34　引脚属性

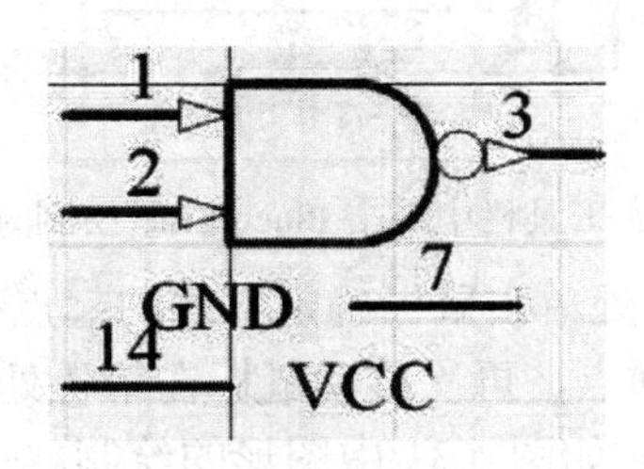

图 4.35　引脚的放置

引脚 1，名称为 A，设置为不可视，标志符设置为 1，电气类型为 Input；

引脚 2，名称为 B，设置为不可视，标志符设置为 2，电气类型为 Input；

引脚 3，名称为 J，设置为不可视，标志符设置为 3，电气类型为 Output；外部边缘设置为 dot。

因为元件还有电源引脚，所以还需要放置两个电源引脚：

14 引脚：名称为 VCC，标志符为 14，电气类型为 Power；

7 引脚：名称为 GND，标志符为 7，电气类型为 Power。

(3) 保存。

将绘制的第一单元进行保存。

(4) 绘制第二单元。

执行菜单命令 Tools→New Part，此时 SCH Library 面板的 Components 区域中的“4011”前的符号变成了一个“+”，用鼠标左键单击“+”，发现在“4011”下出现了“Part A”和“Part B”两个单元名，如图 4.36 所示。

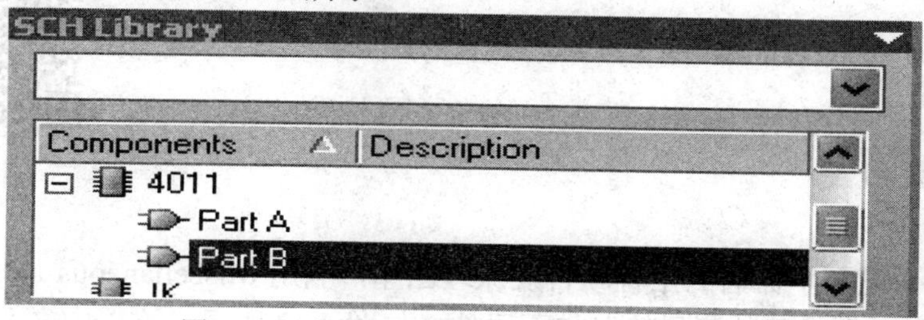

图 4.36　建立复合式元件符号中的第二单元

单击“Part A”，则工作窗口显示以上绘制好的第一单元图形。单击“Part B”，工作窗口显示新建立的第二单元画面。

将 Part A 中的图形复制到 Part B 中，按照图 4.37 所示对原来的 1，2，3 引脚进行修改，第 7 和第 14 引脚保留。

Display Name	Designator	Electrical Type	Length
A	5	Input	20
B	6	Input	20
J	4	Output	20

图 4.37　第二单元引脚属性

(5) 绘制第三、四单元。

按照绘制第二单元的方法，绘制第三、四单元。每个单元都保留第 7 和第 14 引脚，修改其余 3 个引脚。第三单元的引脚属性如图 4.38。

Display Name	Designator	Electrical Type	Length
A	8	Input	20
B	9	Input	20
J	10	Output	20

图 4.38　第三单元引脚属性

第四单元的引脚属性如图 4.39。

Display Name	Designator	Electrical Type	Length
A	12	Input	20
B	13	Input	20
J	11	Output	20

图 4.39　第四单元引脚属性

(6) 隐藏每个单元的第 7 和第 14 引脚。

双击第 7 引脚，在属性对话框中选中“Hide”右侧的复选框。按照这个操作方法，将每个单元的第 7 和第 14 引脚全部隐藏起来。

(7) 保存。

保存绘制的 4011 元件符号。

上机练习 8

操作练习

1. 建立以自己名字命名的工程项目及原理图库，利用 Miscellaneous Devices.IntLib 中的常用元件符号，在自己的库里绘制如下元件，如图 4.40 所示，均以中文名字命名。

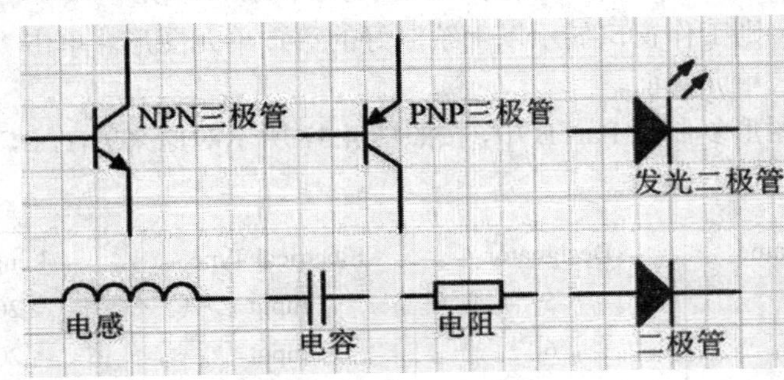

图 4.40　元件符号

2. 绘制如图 4.41 所示的复合元件，元件名称为：74LS27_1，内部含有三个子件，引脚属性：1，2，3，4，5，9，10，11，13 均为输入引脚，6，8，12 均为输出引脚，7 为电源引脚，14 为接地引脚，每个子件都有 7，14 引脚，并且均隐藏，所有引脚长度均为 20。

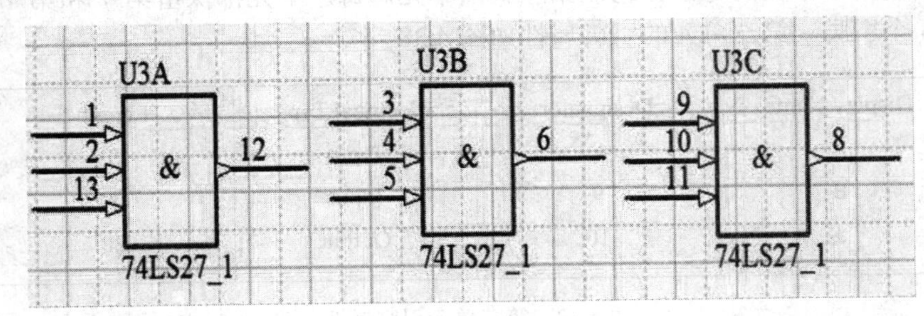

图 4.41　复合元件

任务 3　修改元件图形符号

一、修改 LM555CH 元件符号

要求：利用 NSC Analog Timer Circuit.SchLib 中的 LM555CH 元件符号，在前面建立的

原理图元件库文件 MYLIB.SchLib 中绘制自己的 555_1 元件符号，如图 4.42 所示。

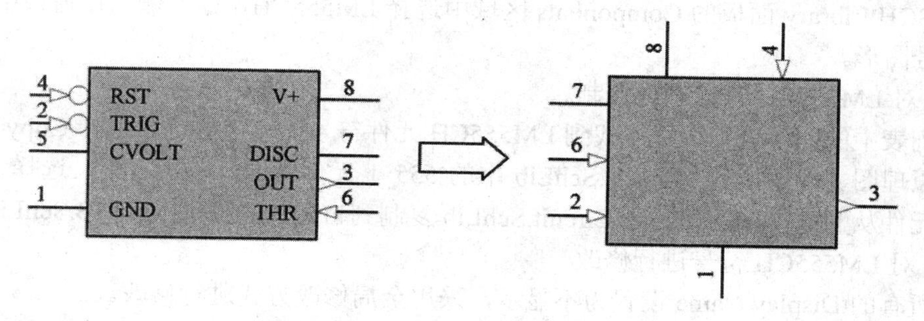

图 4.42　LM555CH 符号和 555_1 符号

修改 LM555CH 元件符号的步骤如下：

(1) 建立一个新元件画面。

执行菜单命令 Tools→New Component，或单击 SCH Library 面板中的 Components 区域下方的 Add 按钮，在弹出的 New Component Name 对话框中输入 555_1，进入名为 555_1 的新元件符号绘制画面。

(2) 打开 NSC Analog Timer Circuit.SchLib 元件库。

① 用鼠标左键单击打开图标，在 Library 文件夹的 NSC Analog Timer Circuit.SchLib 文件夹下，选择 NSC Analog Timer Circuit.SchLib 元件库，单击打开按钮后，系统弹出如图 4.43 所示的对话框。

② 单击 Extract Sources 按钮将 NSC Analog Timer Circuit.SchLib 元件库加入到 Projects 面板中，如图 4.44 所示。

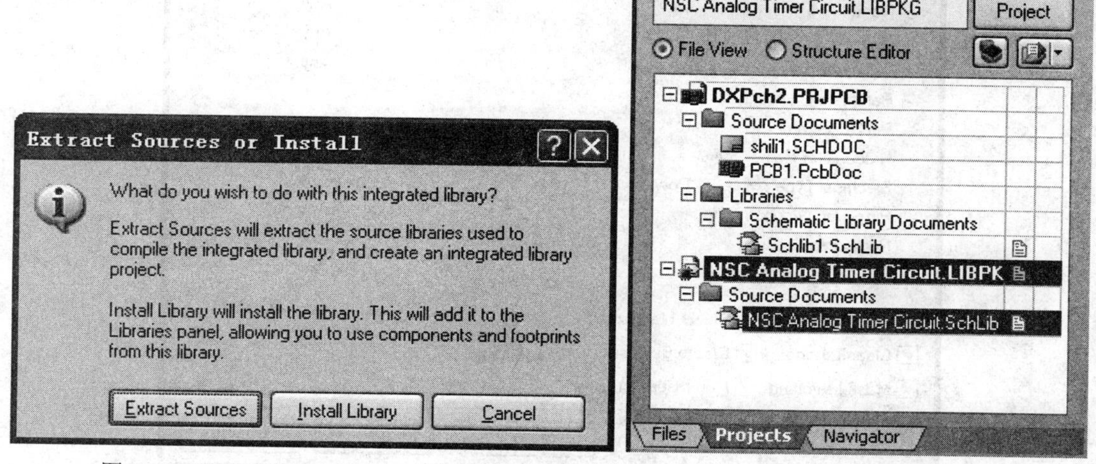

图 4.43　Extract Sources or Install 对话框

图 4.44　加入 NSC Analog Timer Circuit.SchLib 后的 Projects 面板

③ 双击 Projects 面板中的“NSC Analog Timer Circuit.SchLib”将该文件打开。

(3) 调出 LM555CH 元件符号。

在 SCH Library 面板的 Components 区域中选择 LM555CH，则右侧工作窗口中显示该元件符号图形。

(4) 对 LM555CH 符号进行复制。

对列表中的元件进行浏览，找到 LM555CH 元件符号，点击右键，选择 Copy，然后，选择将原理图文件切换到 MYLIB.SchLib 中的 555_1 元件画面，单击右键，选择 Paste 就可以把元件从 NSC Analog Timer Circuit.SchLib 复制到自建的元件库 MYLIB.SchLib 中。

(5) 对 LM555CH 符号进行修改。

将所有的 Display Name 设置为不显示，采用全局修改方式进行修改。

① 在任意引脚上单击鼠标右键，在弹出的快捷菜单中选择 Find Similar Objects，系统弹出 Find Similar Objects 对话框，单击 Show Name 栏目右侧的 Any，则 Any 右侧出现一个下拉按钮，从中选择“Same”，如图 4.45 所示，然后单击 OK 按钮。

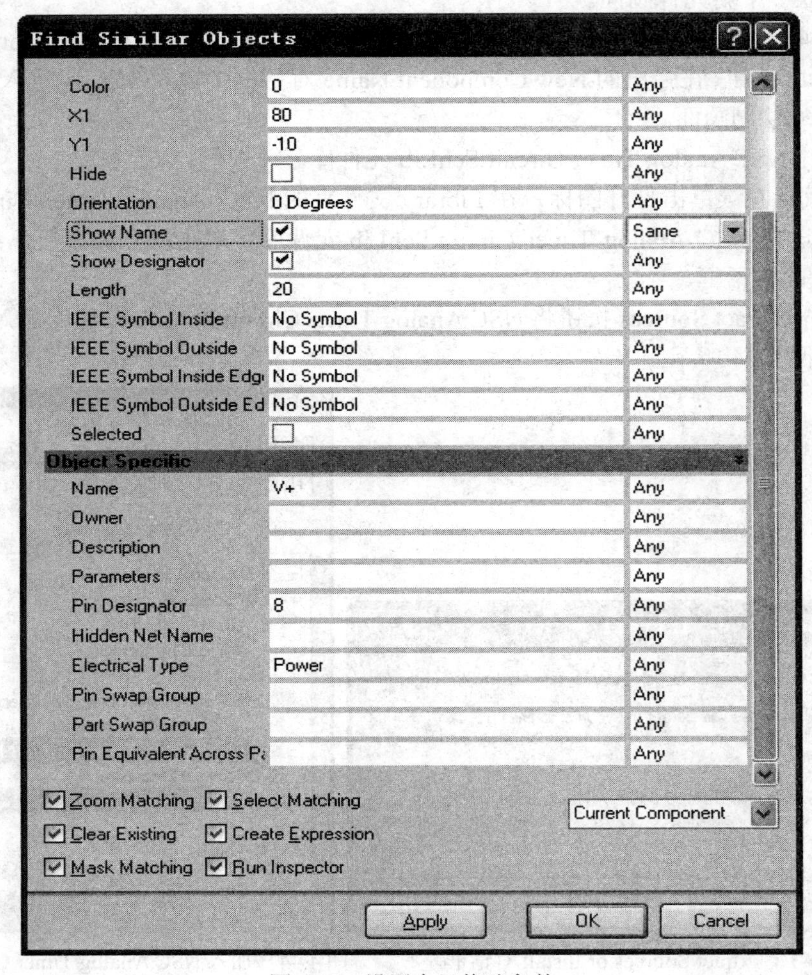

图 4.45　设置全局修改条件

② 此时，系统弹出 Inspector 对话框，将对话框中 Show Name 栏目右侧的 √ 去掉，如图 4.46 所示。此时，画面中所有引脚的引脚名均不显示，但图形处于掩膜状态。

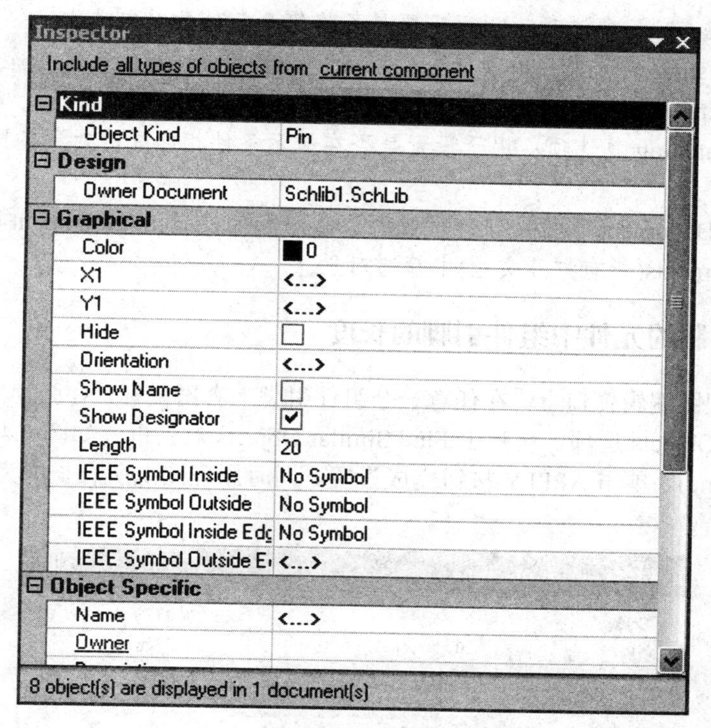

图 4.46　不显示引脚名的全局修改

③ 关闭 Inspector 对话框，用鼠标左键单击屏幕右下角的 Clear 标签，清除掩膜状态即可。

(6) 保存。

知识链接 4.3　Find Similar Objects 对话框。

使用 Find Similar Objects 对话框可以查找符合设定条件的对象，所有符合条件的对象将被高亮显示在原理图编辑窗口上。可以对多个对象同时进行编辑。

下面归纳一下 Find Similar Objects 对话框中各个选项区域的含义。

• Kind 选项区域：可以设定当前对象的类别(组件、导线、引脚等)。右边的选择下拉列表有“Same”(相同)、“Different”(不同)、“Any”(任意)三种选项，表示所要搜索的对象类别和当前对象的关系。

• Design 选项区域：显示文件设计信息，例如文件名。

• Graphical 选项区域：可以设定对象的图形参数，例如位置(X1、Y1)、旋转角度(Orientation)、镜像(Mirrored)、显示被隐藏的引脚(Show Hidden Pins)等。同样在每个选项的右边选择下拉列表有三种选项可分别作为搜索条件。

• Object Specific 选项区域：设定对象的详细参数例如 Description (对象描述)、Lock Designator (锁定组件标识)、Pins Locked (锁定引脚)等。

• Zoom Matching 复选项：用于设置是否将与设定条件相匹配的对象以最大显示模式显示在原理图编辑窗口上。

• Select Matching 复选项：用于设置是否将符合条件的对象选中。
• Clear Existing 复选项：用于设置是否清除已存在的过滤条件。
• Clrete Expression 复选项：用于设置是否自动创建一个表达式。
• Mask Matching 复选项：用于设置是否在显示条件相匹配的对象的同时，屏蔽其他对象。
• Current Document 下拉按钮：可以用于选择是在 Current Document (当前文档)中还是在 Open Documents(所有打开文档)中筛选对象。

二、改变所绘制的元件中组件引脚的长度

首先在原理图编辑窗口上，在任意一个组件引脚上右击鼠标，在弹出的快捷菜单中选择 Find Similar Objects 选项，将弹出 Find Similar Objects 对话框。如图 4.47 所示设置组件引脚长度为(Same)。单击 APPLY 按钮完成设置。同时原理图上所有长度为 10 的组件引脚高亮显示。

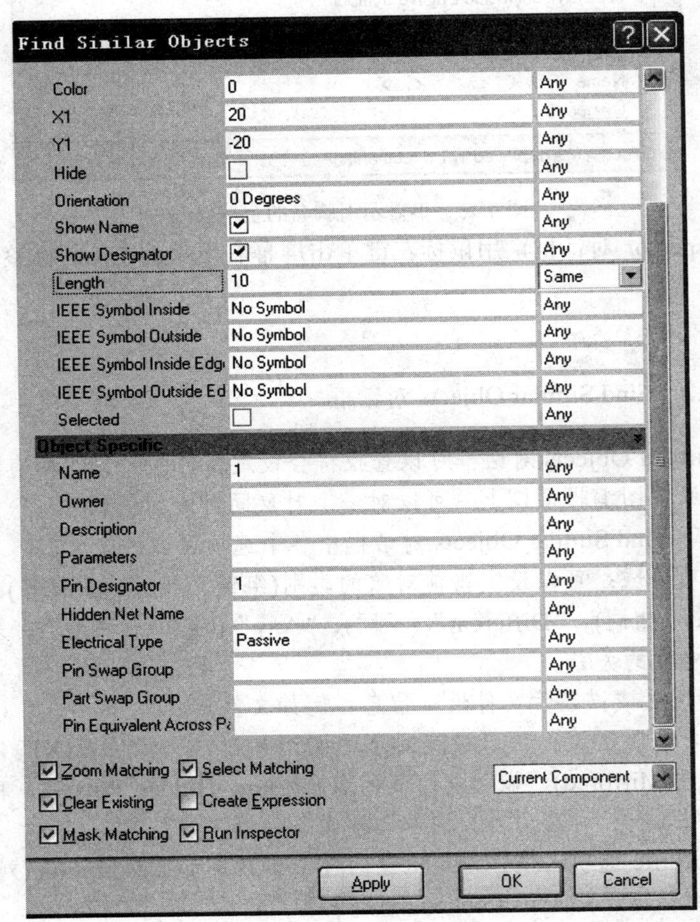

图 4.47　改变引脚长度的 Find Similar Objects 对话框

按 F11 键弹出 Inspector 面板，如图 4.48 所示。在 Length 一栏键入相应的组件引脚长

度，按 Enter 键完成组件引脚长度的编辑，在原理图图纸上显示修改后的组件引脚。

Inspector

Include all types of objects from current component

Kind	
Object Kind	Pin
Design	
Owner Document	Schlib1.SchLib
Graphical	
Color	0
X1	20
Y1	<...>
Hide	☐
Orientation	0 Degrees
Show Name	☑
Show Designator	☑
Length	10
IEEE Symbol Inside	No Symbol
IEEE Symbol Outside	No Symbol
IEEE Symbol Inside Edg	No Symbol
IEEE Symbol Outside E	No Symbol
Object Specific	
Name	<...>
Owner	

2 object(s) are displayed in 1 document(s)

图 4.48　改变引脚长度的 Inspector 面板

(1) 按要求修改引脚位置。

(2) 去掉第 2、4 引脚的反向标志。

(3) 将第 5 引脚隐藏。

双击第 5 引脚，在属性对话框中选中 Hide 右侧的复选框，如图 4.49 所示。

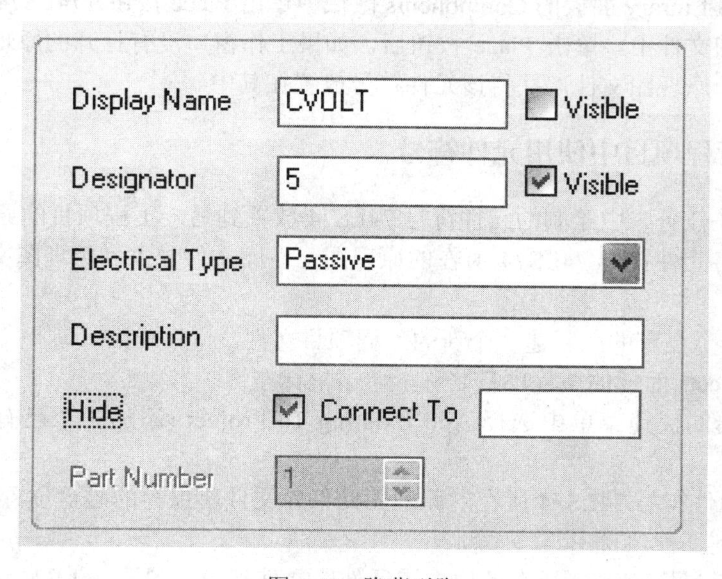

图 4.49　隐藏引脚

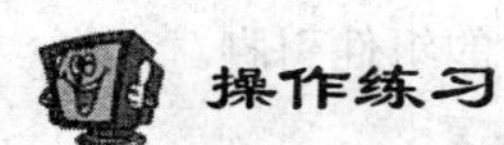

新建一个原理图元件库文件，命名为：LX1.schlib，绘制如图 4.50 所示元件，元件的名称为：LX1，默认流水号为：IC？，该元件由两个子件组成。

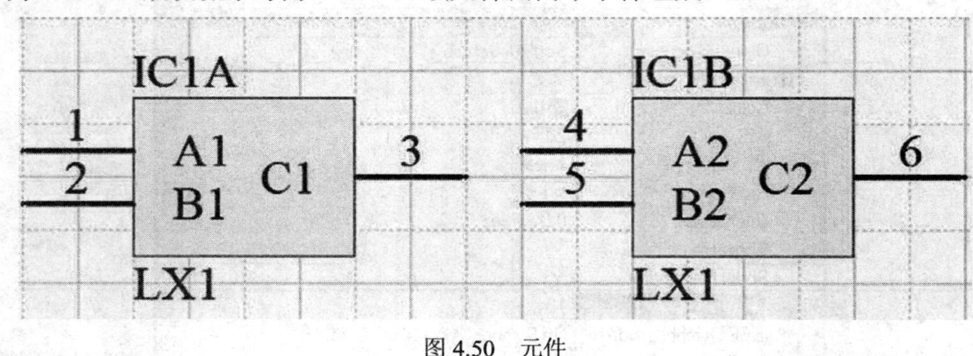

图 4.50　元件

任务 4　使用自己绘制的元件符号

一、在同一工程项目中使用元件符号

要求：将在任务二中绘制的元件符号 74LS74 放置到同一工程项目的原理图文件中。

(1) 打开前面的原理图元件库文件所在的工程项目文件。

(2) 在该工程项目中打开或新建一个原理图文件。

(3) 打开在任务二中建立的原理图元件库文件，并进入 74LS74 元件符号所在的画面。

(4) 在 SCH Library 面板的 Components 区域中单击 Place 按钮，74LS74 符号则被放置到打开的原理图文件中。单击 Place 按钮后，如果工作窗口没有打开的原理图文件，则系统自动打开一个原理图文件，并将该元件符号放置在其中。

二、在不同工程项目中使用元件符号

要求：将在任务二中绘制的元件符号 74LS74 放置到另一工程项目的原理图文件中。

方法一：将元件符号 74LS74 所在的原理图元件库文件导入到原理图文件所在的工程项目中。

(1) 打开一个已有的或新建一个新的工程项目文件。

(2) 在 Projects 面板的工程项目名称上单击鼠标左键。

(3) 在弹出的快捷菜单中选择 Add Existing To Project (添加一个已有的文件到项目当中)。

(4) 找到元件符号 74LS74 所在的原理图元件库文件所保存的磁盘位置，并选中该库文件，将其导入到工程项目中。

此时，元件符号 74LS74 所在的原理图元件库文件和需要放置 74LS74 的原理图文件已

在同一个工程项目当中。

方法二：将元件符号 74LS74 所在的原理图元件库文件加载到原理图文件中。

(1) 打开一个已有的或新建一个新的工程项目文件。

(2) 在该工程项目文件中打开或新建一个原理图文件。

(3) 用鼠标单击屏幕右下角的 System 标签→选择 Libraries，打开 Libraries 面板。

(4) 在 Libraries 面板中单击 Libraries 按钮→在弹出的 Available Libraries 对话框中单击 Install 按钮→系统弹出打开对话框，如图 4.51 所示。

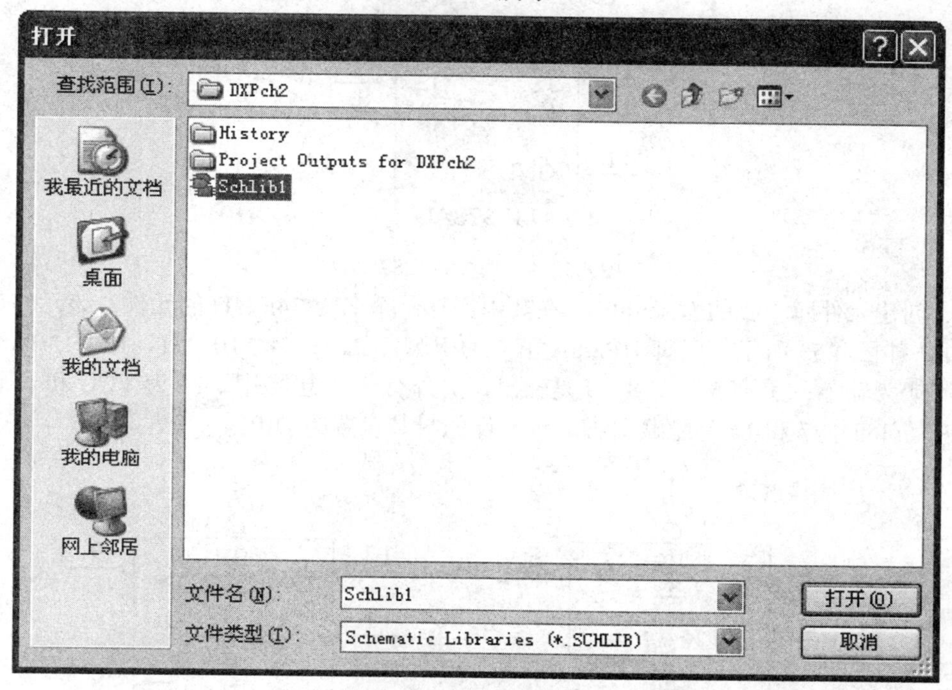

图 4.51　在打开对话框中将文件类型改为 Schematic Libraries

(5) 在图 4.51 中单击文件类型右侧的下拉按钮，从中选择“Schematic Libraries(*.SCHLIB)”，在查找范围中找到元件符号 74LS74 所在的原理图元件库文件，单击打开按钮。

(6) 返回 Available Libraries 对话框，此时，该原理图元件库已加载到 Libraries 面板中，单击 Close 按钮，回到 Libraries 面板，即可在 Libraries 面板中看到加载的原理图元件库文件。

(7) 从中选择 74LS74 元件，单击 Place 按钮，即可将 74LS74 放置到原理图中。

上机练习 9

操作练习

1. 新建一个元件库，库名为“我的库.Schlib”，在该库中创建元件 SN74LS78AD，该元件共包含 14 个引脚，其中 1、2、3、5、6、7、10、11、14 为输入引脚，8、9、12、13

为输出引脚，4 和 11 为电源引脚。参照图 4.52。

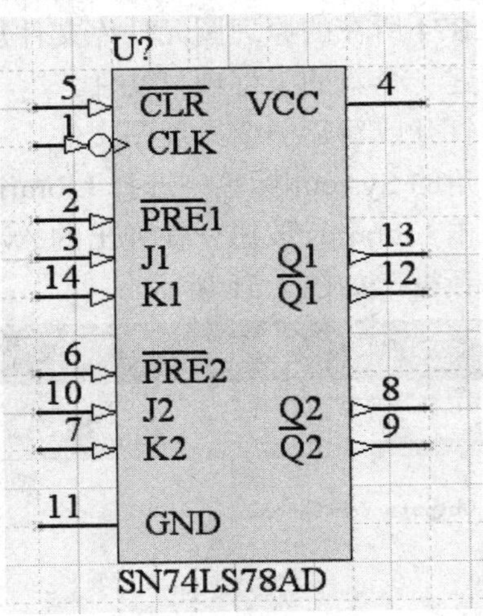

图 4.52　元件 SN74LS78AD

2. 创建元件库“我的库.schlib”，在其中添加一个名为 74F74D 的元件，该元件包含 2 个子件，如图 4.53 所示。引脚 1(Part A 下方的引脚)、2、3、4、10、11、12、13(Part B 下方的引脚)为输入；引脚 5、6、8、9 是输出，另外有一个电源引脚 14 为 VCC 和一个接地引脚 7 为 GND，7 和 14 是隐藏引脚。将元件的封装设置为 DIP14。

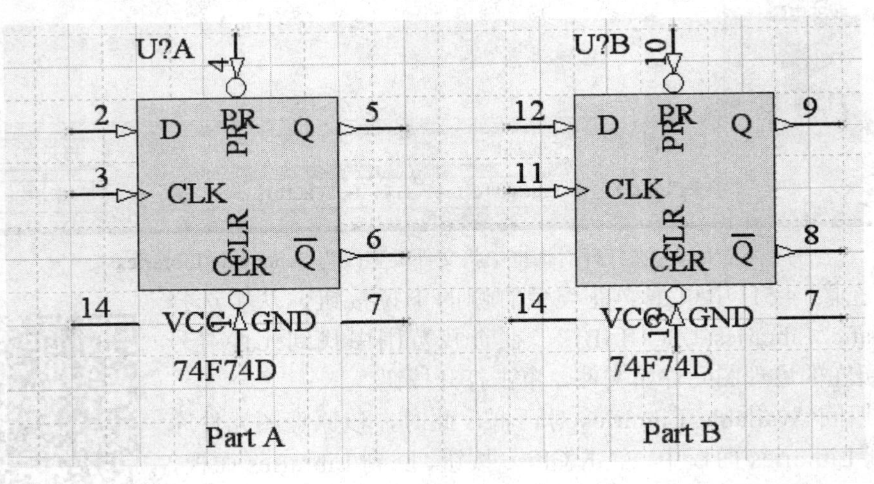

图 4.53　元件 74F74D

项目五　PCB 电路设计基础

【项目导读】

本项目介绍印刷电路板(PCB 板)设计的一些基本概念，如电路板、导线、组件封装、多层板等，并介绍设计印刷电路板的方法和步骤。希望通过本项目的学习，读者能够完整地掌握电路板设计的全部过程。

【项目目标】

1. 知识目标

- 了解印制电路板的种类及结构；
- 了解 Protel DXP 中 PCB 的启动及设计界面；
- 了解 PCB 设计的一般流程；
- 掌握 PCB 的基本组件；
- 掌握 PCB 文件的创建。

2. 技能目标

- 能利用 PCB 向导创建 PCB 文件以及规划 PCB；
- 能对 PCB 基本组件进行放置和属性设置；
- 能对 PCB 进行布线和布局设置。

任务 1　PCB 电路板的基本概念

一、认识电路板

在学习 PCB 电路板设计之前，首先要了解 PCB 电路板一些基本的概念。一般所谓的 PCB 电路板有 Single Layer PCB(单面板)、Double Layer PCB(双面板)、四层板、多层板等。

1. 单面板

单面板是一种单面敷铜的电路板，只能利用它敷了铜的一面设计电路导线和组件的焊接。

PCB 电路板的基本概念

2. 双面板

双面板是 Top(顶层)和 Bottom(底层)的双面都敷有铜的电路板，双面都可以布线焊接，中间为一层绝缘层，为常用的一种电路板。如果在双面板的顶层和底层之间加上别的层，即构成了多层板，比如中间放置两个电源板层构成的四层板，就是多层板。通常的 PCB 板，包括顶层、底层和中间层，层与层之间是绝缘层，用于隔离布线层，因此它的材料要求耐热性和绝缘性好。早期的电路板多使用电木为材料，而现在多使用玻璃纤维。

在 PCB 电路板布上铜膜导线后，还要在顶层和底层上印刷一层 Solder Mask(防焊层)，它是一种特殊的化学物质，通常为绿色。该层不粘焊锡，可以防止在焊接时相邻焊接点的多余焊锡短路。防焊层将铜膜导线覆盖住，防止铜膜过快在空气中氧化，但是并不覆盖焊点。

对于双面板或者多层板，防焊层分为顶面防焊层和底面防焊层两种。

电路板制作最后阶段，一般要在防焊层之上印上一些文字符号，比如组件名称、组件符号、组件管脚和版权归属等，方便以后的电路焊接和查错等。这一层为 Silkscreen Overlay(丝印层)。多层板的丝印层分 Top Overlay(顶面丝印层)和 Bottom Overlay(底面丝印层)。

3. 多层板

一般的电路系统设计用双面板或四层板即可满足设计需要，只是在较高级电路设计中，有时有特殊需要，比如对抗高频干扰要求很高的情况下要使用六层及六层以上的多层板。多层板制作时是一层一层压合的，所以层数越多，设计和制作过程都将越复杂，设计时间与成本都将大大提高。

多层板的 Mid-Layer(中间层)和 Internal Plane(内层)是不相同的两个概念，中间层是用于布线的中间板层，该层均布的是导线，而内层主要用于做电源层或者地线层，由大块的铜膜所构成。多层板结构如图 5.1 所示。

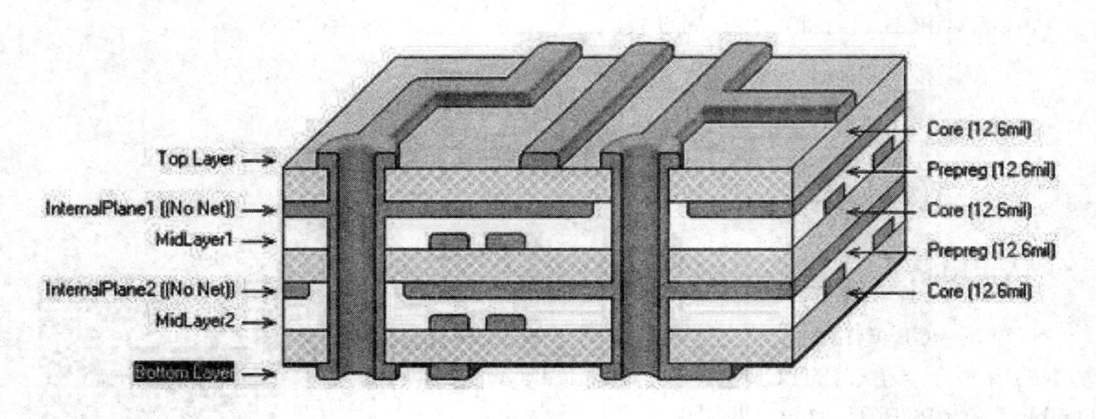

图 5.1　多层板剖面图

在图 5.1 中的多层板共有 6 层，最上面为 Top Layer(顶层)；最下为 Bottom Layer(底层)；中间 4 层中有两层内层，即 Internal Plane1 和 Internal Plane2，用于电源层；两层中间层为 Mid Layerl 和 Mid Layer2，用于布导线。

4. 过孔

过孔就是用于连接不同板层的导线。过孔内侧一般都由焊锡连通，便于组件的管脚插入。过孔分为 3 种：从顶层直接通到底层的过孔称为 Thruhole Vias(穿透式过孔)；只从顶层通到某一里层，并没有穿透所有层，或者从里层穿透到底层的过孔称为 Blind Vias(盲过孔)；只在内部两个里层之间相互连接，没有穿透底层或顶层的过孔就称为 Buried Vias(隐藏式过孔)。过孔的形状一般为圆形。过孔有两个尺寸，即 Hole Size(钻孔直径)和钻孔加上焊盘后的总的 Diameter(过孔直径)，如图 5.2 所示。

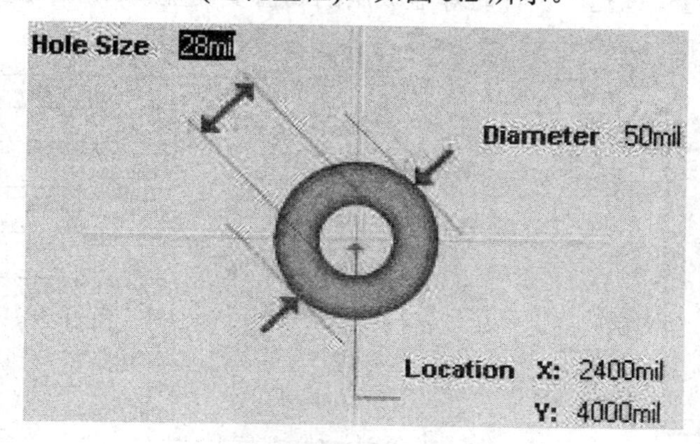

图 5.2　过孔的形状和尺寸

5. 铜膜导线

制作电路板时用铜膜制成铜膜导线(Track)来连接焊点和导线。铜膜导线是物理上实际相连的导线，有别于印刷板布线过程中的预拉线(又称为飞线)概念。预拉线只是表示两点在电气上的相连关系，但没有实际连接。

6. 焊盘

焊盘用于将组件管脚焊接固定在印刷板上以完成电气连接。在印刷板制作时焊盘都预先布上锡，并不被防焊层所覆盖。

通常焊盘的形状有以下三种，即圆形(Round)、矩形(Rectangle)和正八边形(Octagonal)，如图 5.3 所示。

图 5.3　圆形、矩形和正八边形焊盘

二、组件封装

组件的封装是印刷电路设计中很重要的概念。组件的封装就是确定实际组件焊接到印刷电路板时的焊接位置与焊接形状，包括了实际组件的外形尺寸、所占空间位置、各管脚之间的间距等。

PCB 编辑器及元件封装概念

组件封装是一个空间的概念，对于不同的组件可以有相同的封装，同样一种封装形式可以用于不同的组件。因此，在制作电路板时必须知道组件的名称，同时也要知道该组件的封装形式。

1. 组件封装的分类

普通的组件封装有针脚式封装和表面粘着式封装两大类。

采用针脚式封装的组件必须把相应的针脚插入焊盘过孔中，再进行焊接。因此所选用的焊盘必须为穿透式过孔，设计时焊盘板层的属性要设置成 Multi-Layer，如图 5.4 和图 5.5 所示。

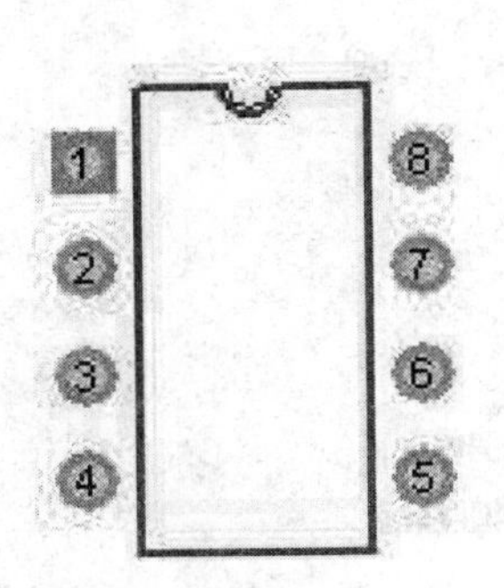

图 5.4　针脚式封装

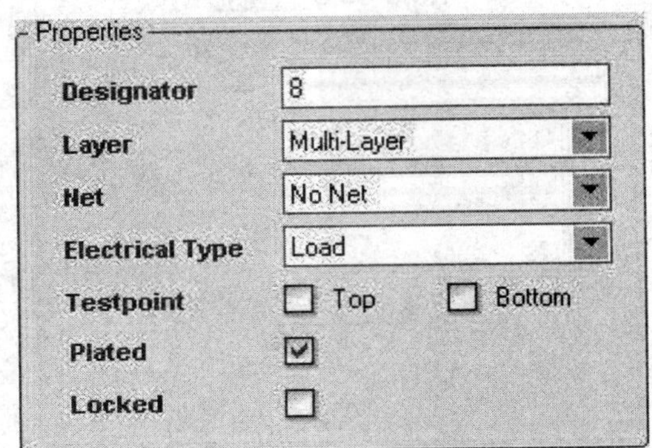

图 5.5　针脚式封装组件焊盘属性设置

采用表面粘着式封装。这种组件的管脚焊点不只用于表面板层，也可用于表层或者底层，焊点没有穿孔。设计的焊盘属性必须为单一层面，如图 5.6 和图 5.7 所示。

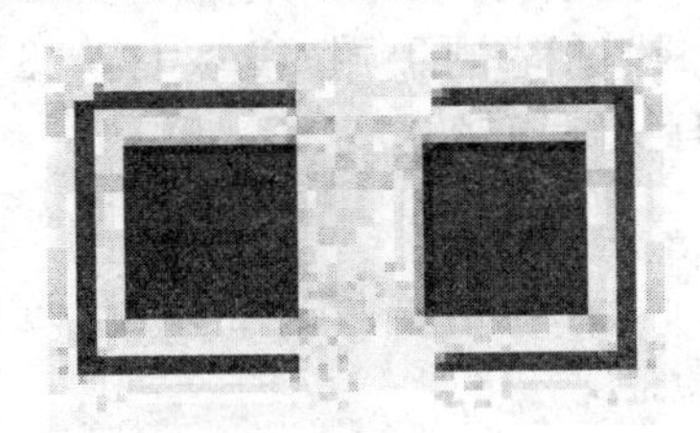

图 5.6　表面粘着式组件的封装

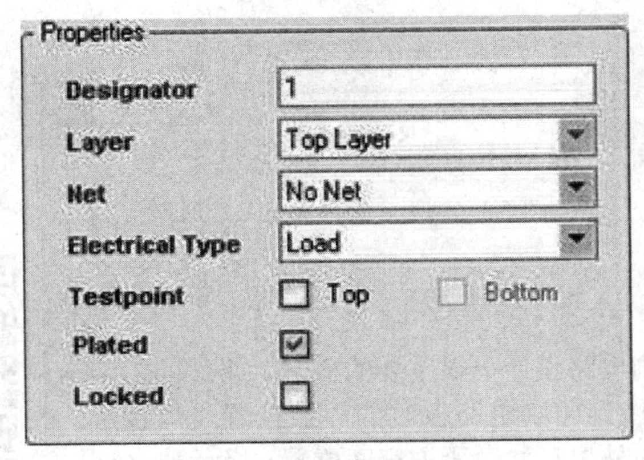

图 5.7　表面粘着式封装焊盘属性设置

2. 常见的几种组件的封装

常用的分立组件的封装有二极管类、晶体管类、可变电阻类等。常用的集成电路的封装有 DIP.XX 等。Protel DXP 将常用的封装集成在 Miscellaneous Devices PCB.PcbLib 集成库中。

1) 二极管类

常用的二极管类组件的封装如图 5.8 所示。

图 5.8　二极管类组件封装

2) 电阻类

电阻类组件常用封装为 AXIAL.XX，为轴对称式组件封装。如图 5.9 所示就是一类电阻封装形式。

图 5.9　电阻类组件封装

3) 晶体管类

常见的晶体管的封装如图 5.10 所示，Miscellaneous Devices PCB.PcbLib 集成库中提供的有 BCY.W3 和 H.7 等。

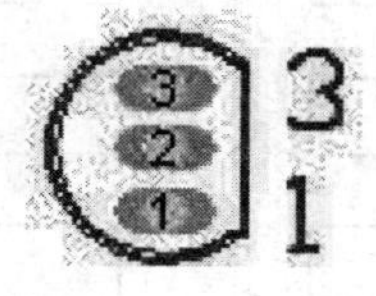

图 5.10　晶体管的封装

4) 集成电路类

集成电路常见的封装是双列直插式封装，如图 5.11 所示为 DIP14 的封装类型。

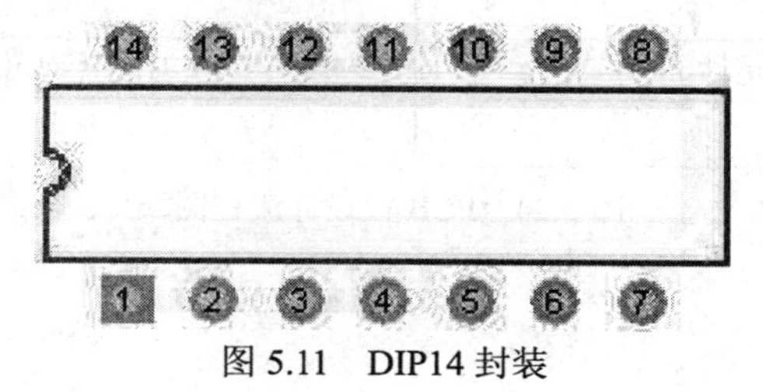

图 5.11　DIP14 封装

5) 电容类

电容类分为极性电容和无极性电容两种不同的封装，如图 5.12 和图 5.13 所示。

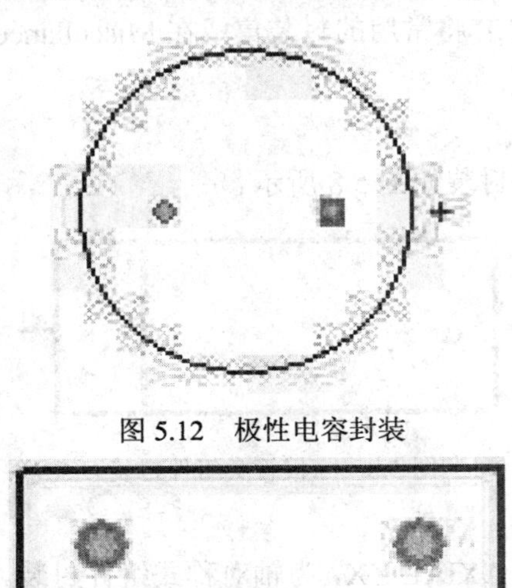

图 5.12 极性电容封装

图 5.13 无极性电容封装

Miscellaneous Devices PCB.PcbLib 集成库中提供的极性电容封装有 RB.7 和 RB.6 等，提供的无极性电容的封装有 RAD0.1 等。

三、电路板的设计流程

PCB 电路板设计的流程如图 5.14 所示。

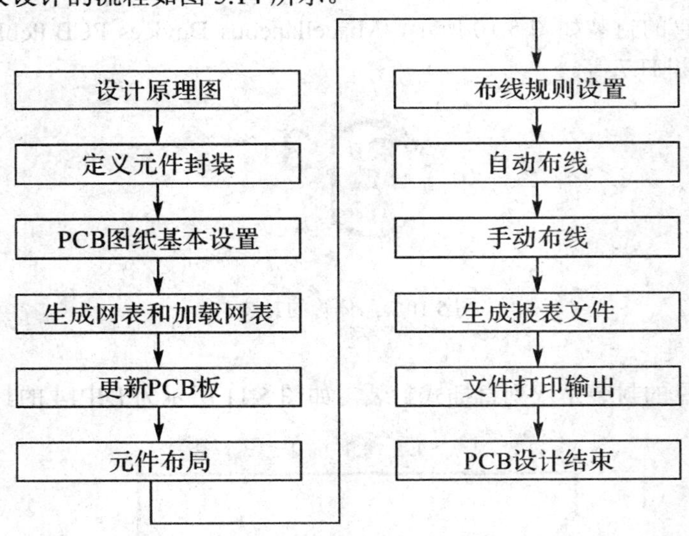

图 5.14 PCB 板设计流程图

详细步骤解释如下：

(1) 设计原理图。

这是设计 PCB 电路的第一步，就是利用原理图设计工具先绘制好原理图文件。如果电路图很简单，也可以跳过这一步直接进入 PCB 电路设计步骤，进行手工布线或自动布线。

(2) 定义组件封装。

原理图设计完成后，要对组件进行封装。正确加入网表后，系统会自动地为大多数组件提供封装。但是对于用户自己设计的组件或者是某些特殊组件必须由用户自己定义或修改组件的封装。

(3) 设置 PCB 图纸。

这一步对 PCB 图纸的各参数进行设计，主要有：设定 PCB 电路板的结构及尺寸，板层数目，通孔的类型，网格的大小等，既可以用系统提供的 PCB 设计模板进行设计，也可以手动设计 PCB 板。

(4) 生成网表和载入网表。

网表是电路原理图和印刷电路板设计的接口，只有将网表引入 PCB 系统后，才能进行电路板的自动布线。

在设计好的 PCB 板上生成网表和加载网表(必须保证产生的网表已没有任何错误，其所有组件能够很好地加载到 PCB 板中)。加载网表后系统将产生一个内部的网表，形成飞线。

电路原理图根据网表转换成 PCB 图，但是一般其组件布局都不很规则，甚至有的相互重叠，因此必须将组件进行重新布局。

组件布局的合理性将影响到布线的质量。在进行单面板设计时，如果组件布局不合理将无法完成布线操作。在进行双面板等设计时，如果组件布局不合理，布线时将会导致过孔太多，使电路板走线变得复杂。

(5) 布线规则设置。

飞线设置好后，在实际布线之前，要进行布线规则的设置，这是 PCB 板设计所必需的一步。在这里用户要定义布线的各种规则，比如安全距离、导线宽度等。

(6) 自动布线。

Protel DXP 提供了强大的自动布线功能，在设置好布线规则之后，可以用系统提供的自动布线功能进行自动布线。只要设置的布线规则正确、组件布局合理，一般都可以成功完成自动布线。

(7) 手动布线。

在自动布线结束后，有可能因为组件布局或别的原因，自动布线无法完全解决问题或产生布线冲突，这时需要进行手动布线加以调整。如果自动布线完全成功，则可以不必手动布线。

在组件很少且布线简单的情况下，也可以直接进行手动布线，当然这需要布线人员达到一定的熟练程度和有一定的实践经验。

(8) 生成报表文件。

印刷电路板布线完成之后，可以生成相应的各类报表文件，比如组件清单、电路板信息报表等。这些报表可以帮助用户更好地了解所设计的印刷板和管理所使用的组件。

(9) 档打印输出。

生成了各类档后，可以将各类档打印输出保存(包括 PCB 文件和其他报表文件)以便永久存档。

操作练习

1. 新建 PCB 文件，熟悉界面及工具栏。

2. 把元件库改成封装库，并找出常用元件的封装。

例：电阻、一般电容、有极性电容、二极管、三极管、双列接插件、单列接插件的封装。

3. 找出图 5.15 中的封装，并按格式布局。

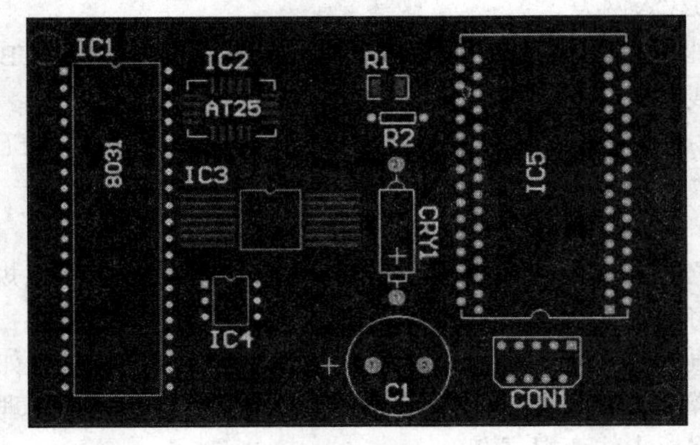

图 5.15　元件封装

任务 2　建　立

一、创建原理图

先创建一份简单的时钟发生器原理图，并以此为例，在后面内容中介绍如何设计相应的 PCB 电路板。设计的主要步骤如下：

(1) 从 Protel DXP 的主菜单下执行命令 File→New→PCBProject，建立一份 PCB 设计项目，命名为“Clock.PrjPCB”。

(2) 在该设计项目下新建一份 SCH 原理图，相应的菜单执行命令为 File→New→Schematic，将其命名为“Clock.SchDoc”。

二、定义组件封装

在设计项目中，加入集成库 Miscellaneous Devices.IntLib。从中选择组件进行放置，并放置导线，完成它们之间的连接。设计完成后的效果如图 5.16 所示。

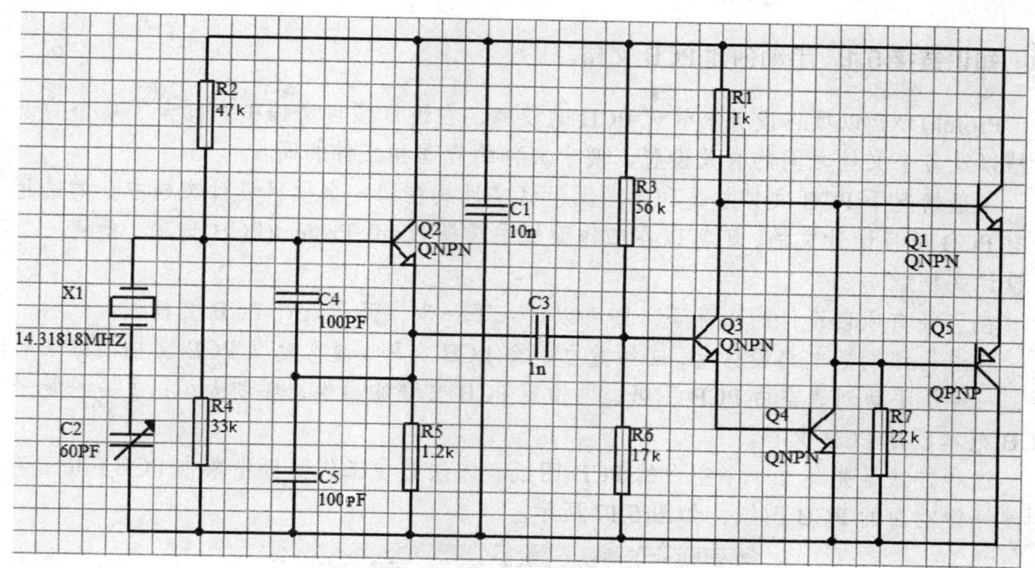

图 5.16　时钟发生器原理图

时钟发生器原理图中使用到的各组件封装如表 5.1 所示。

表 5.1　组件封装表

Designator	Description	Footprint	Comment
C1	Capacitor	c1005-0502	10n
C2	Capacitor	RAD-0.3	60p
C3	Capacitor	c1005-0502	1n
C5	Capacitor	c1005-0502	100p
C5	Capacitor	c1005-0502	100p
Q1	NPNBipolarTransistor	BCY-W3	QNPN
Q2	NPNBipolarTransistor	BCY-W3	QNPN
Q3	NPNBipolarTransistor	BCY-W3	QNPN
Q5	NPNBipolarTransistor	BCY-W3	QNPN
Q5	PNPBipolarTransistor	BCY-W3	QPNP
Designator	Description	Footprint	Comment
R1	Resistor	AXIAL-0.5	1k
R2	Resistor	AXIAL-0.5	57k
R3	Resistor	AXIAL-0.5	56k
R5	Resistor	AXIAL-0.5	33k
R5	Resistor	AXIAL-0.5	1.2k
R6	Resistor	AXIAL-0.5	17k
R7	Resistor	AXIAL-0.5	22k
X1	CrystalOscillator	BCY-W2/D3.1	15.31818MHz

所有组件放置和联机完成后保存文档。

 **知识链接 5.1**　手动创建 PCB 文档。

Protel DXP 以项目设计来管理 PCB 的设计，在设计项目文档中，包含了单个的设计文档以及各个文档之间的有关设置，便于文件的管理和文件的同步。

一般情况下 PCB 文档总是和原理图设计文件放在同一个项目设计文档中。如果此时没有 PCB 项目设计文档，则可以在工作面板中选择 Blank Project(PCB)选项，新建一个项目设计文档。

在已经有项目设计的情况下，则可以进入下一步，开始设计 PCB 文档。

在进行印刷板电路设计时，必须建立一个 PCB 文档。通常建立 PCB 文档的方法有两种，一种是手动创建空白 PCB 图纸，再指定 PCB 文档的属性，规划大小；另一种是采用 PCB 范本创建 PCB 文档。

这种方法是先建立一个空白的 PCB 图纸。方法是在工作面板中单击 PCB File 选项，创建一份空白的 PCB 图纸，如图 5.17 所示。

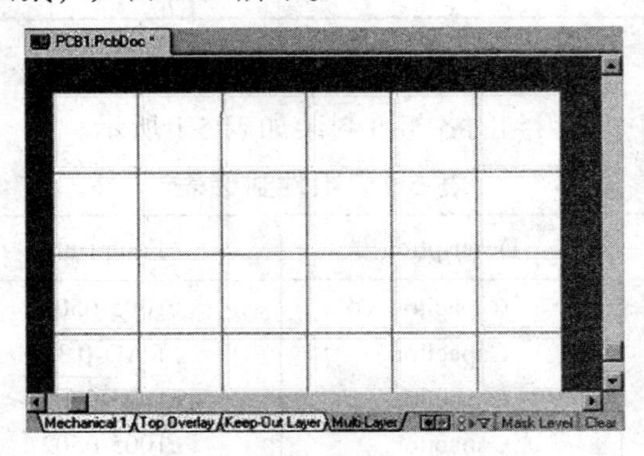

图 5.17　建立 PCB 空白图纸

系统自动把该 PCB 图纸加入当前的项目设计文档中，文件名为 PCB1.PcbDoc，图纸中带有栅格，如图 5.18 所示。

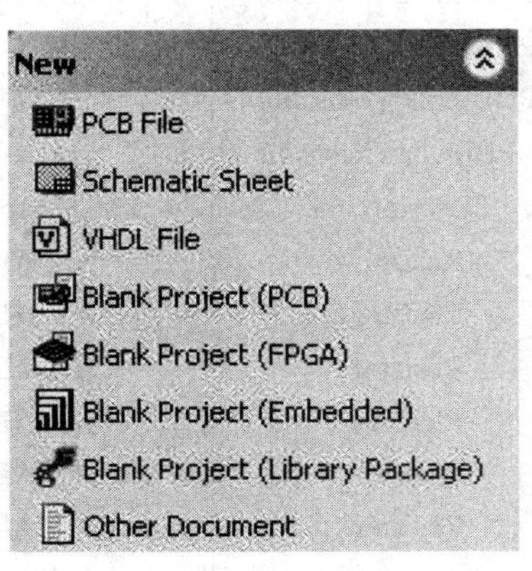

图 5.18　空白 PCB 图纸

如果原来没有建立项目设计文档，PCB 文档建立后则是自由文件，系统也会自动为其建立一个项目设计文档来管理该文档。新建空白图纸后，可以手动设置图纸的尺寸大小、栅格大小、图纸颜色等。

知识链接 5.2　使用 PCB 设计模板向导创建 PCB 文档。

Protel DXP 提供了 PCB 设计模板向导,图形化的操作使得 PCB 的创建变得非常简单。它提供了很多工业标准板的尺寸规格，也可以用户自定义设置。这种方法适合于各种工业制板，其操作步骤如下：

(1) 单击文件工作面板中 New from template 选项下的 PCB Board Wizard 选项，如图 5.19 所示。启动的 PCB 电路板设计向导如图 5.20 所示。

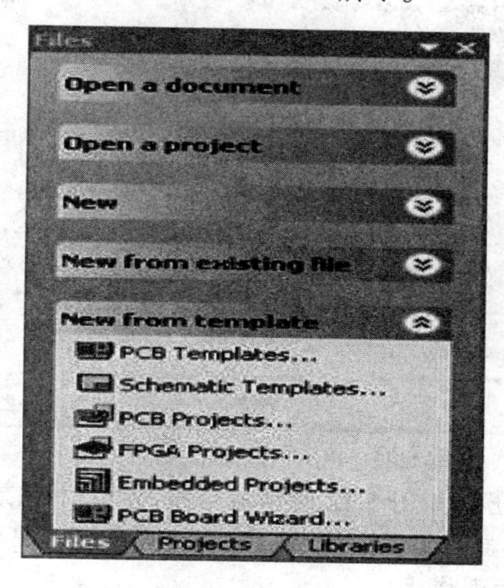

图 5.19　PCB Board Wizard 选项

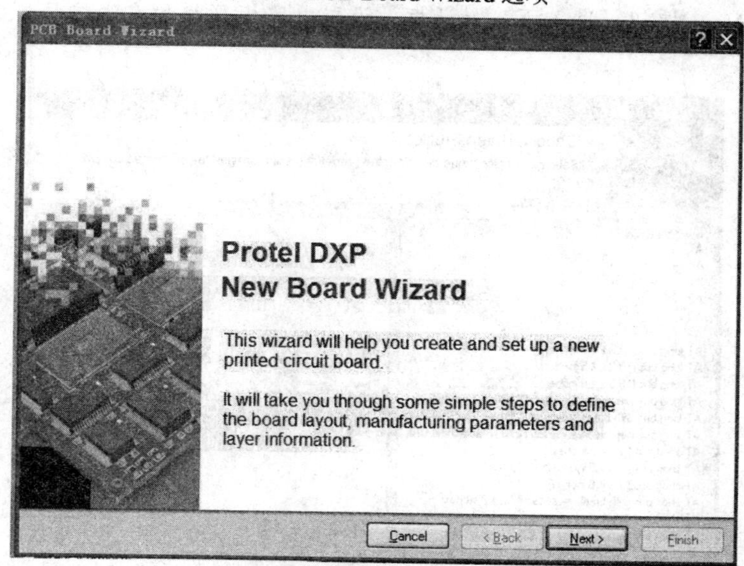

图 5.20　启动的 PCB 向导

(2) 单击 Next 按钮，出现如图 5.21 所示对话框，对 PCB 板进行度量单位设置。

系统提供两种度量单位，一种是 imperial(英制单位)，在印刷板中常用的是 inch(英寸)和 mil(千分之一英寸)，其转换关系是 1 inch = 1000 mil。另一种单位是 metric(公制单位)，常用的有 cm(厘米)和 mm(毫米)。两种度量单位转换关系为 1 inch = 25.5 mm。系统默认使用是英制度量单位。

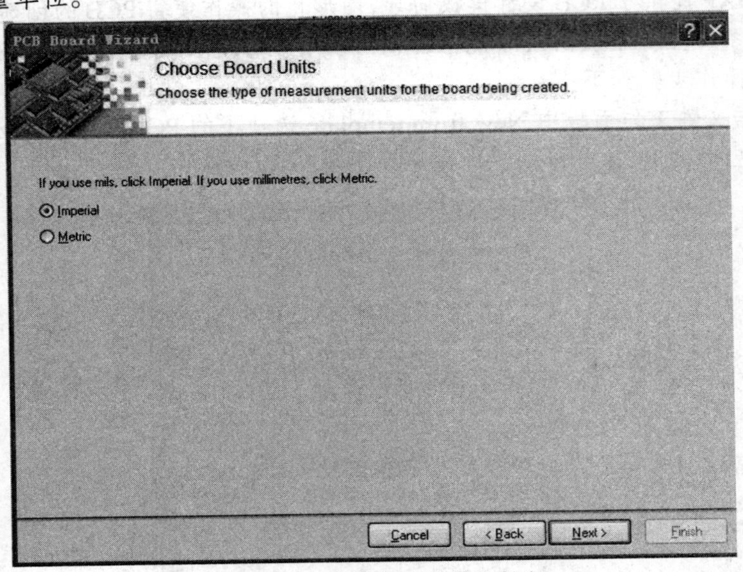

图 5.21　PCB 电路板度量单位设定

(3) 单击 Next 按钮，出现如图 5.22 所示对话框，对设计 PCB 板的尺寸类型进行指定。Protel DXP 提供了很多种工业制板的规格，用户可以根据自己的需要，选择 Custom，进入自定义 PCB 板的尺寸类型模式。

(4) 单击 Next 按钮，进入下一对话框，设置电路板形状和布线信号层数，如图 5.23 所示。

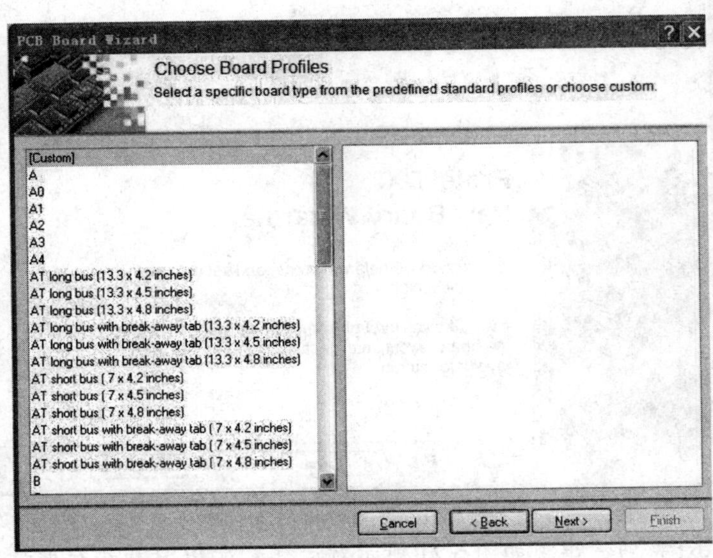

图 5.22　指定 PCB 板尺寸类型

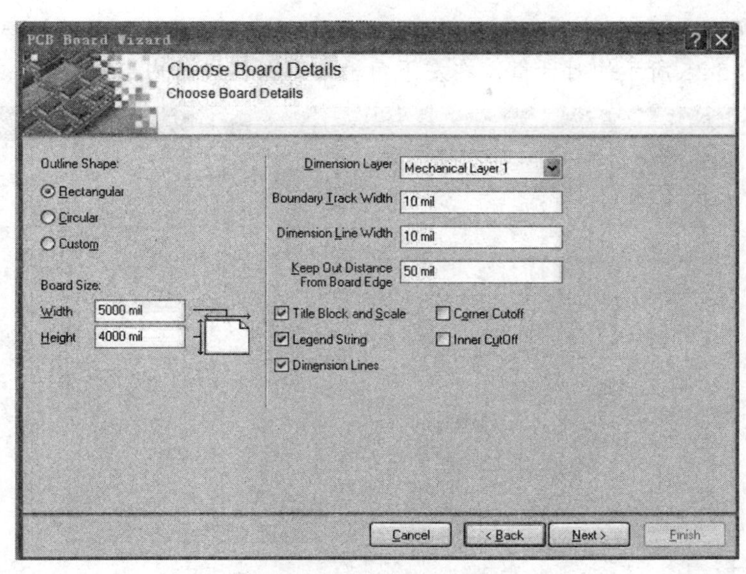

图 5.23　设置电路板形状和布线信号层数

在图 5.23 中，Outline Shape 选项区域中，有三种选项可以选择设计的外观形状，Rectangular 为矩形，Circular 为圆形；Custom 为自定义形状，类似椭圆形。常用设置如下：

• Rectangular 矩形板。Board Size 为板的长度和宽度，输入 3000 mil 和 2000 mil，即 3 Inch × 2 Inch。

• Dimension Lines 选项用来选择所需要的机械加工层，最多可选择 16 层机械加工层。设计双面板只需要使用默认选项，选择 Mechanical Layer。

• Keep Out Distance From Board Edge 选项用于确定电路板设计时，从机械板的边缘到可布线之间的距离，默认值为 50 mil。

• Corner Cutoff 复选项，选择是否要在印制板的 4 个角进行裁剪。如果需要，则单击 Next 按钮后会出现如图 5.24 所示对话框要求对裁剪大小进行尺寸设计。

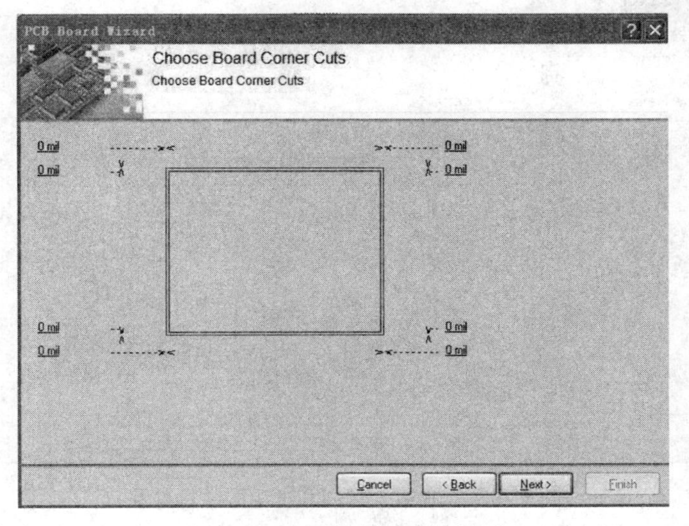

图 5.24　对印刷板边角进行裁剪

• Inner Cutoff 复选项用于确定是否进行印刷版内部的裁剪。如果需要，选中该选项后，出现如图 5.25 所示的对话框，在左下角输入距离值进行内部裁剪。

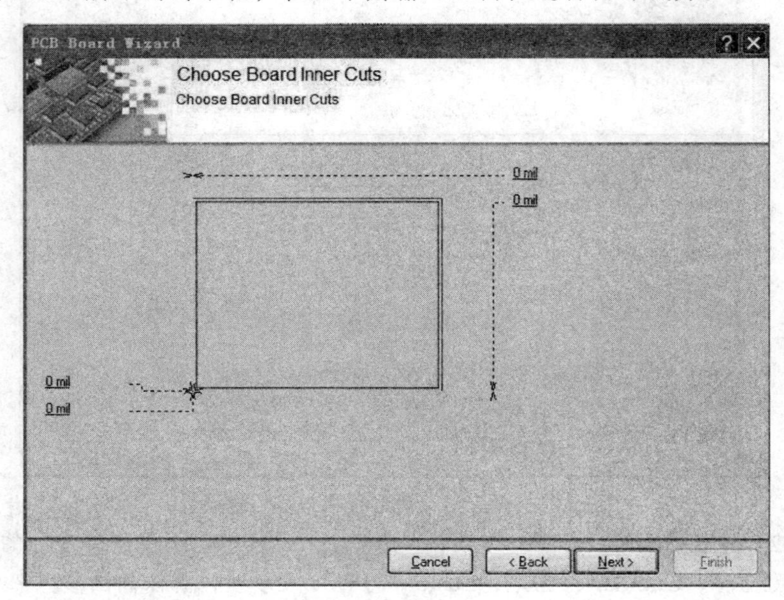

图 5.25　PCB 板内部裁剪

如果不使用 Corner Cutoff 和 Inner Cutoff 复选项，应取消两复选项的选择。

(5) 单击 Next 按钮进入下一个对话框，对 PCB 板的 Signal Layers(信号层)和 Power Planes(电源层)数目进行设置，如图 5.26 所示。如果设计的是双面板，信号层数为 2，电源层数为 0，不设置电源层。

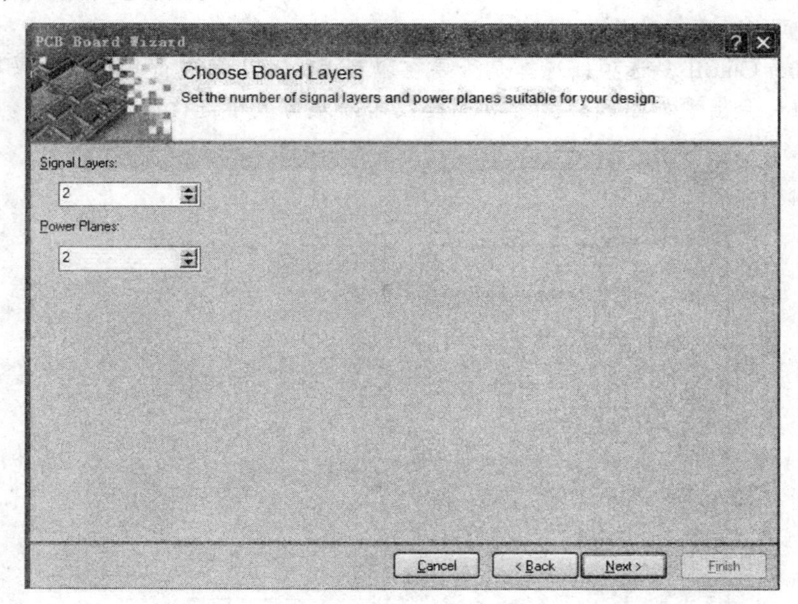

图 5.26　PCB 板信号层和电源层数目设置

(6) 单击 Next 按钮进入下一下对话框，设置所使用的过孔类型，一类是 Thruhole

Vias(穿透式过孔)，另一类是 Blin dand Buried Vias(盲过孔和隐藏过孔)，穿透式过孔如图 5.27 所示。

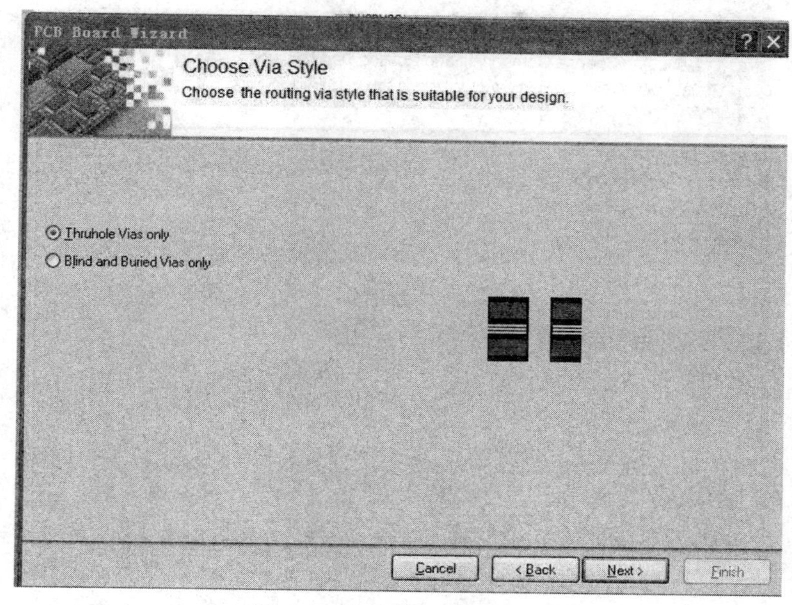

图 5.27　PCB 过孔类型设置

(7) 单击 Next 按钮，进入下一个对话框，设置组件的类型和表面粘着组件的布局，如图 5.28 所示。

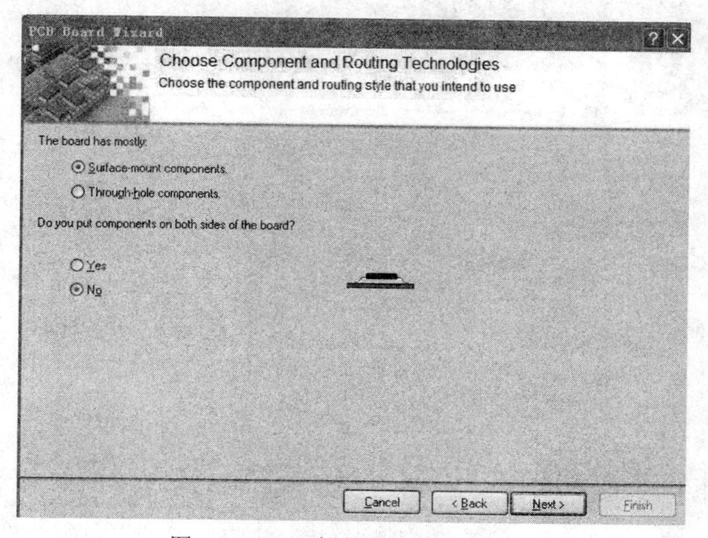

图 5.28　PCB 板使用组件类型设定

在 The board has mostly 选项区域中，有两个选项可供选择，一种是 Surface-mount components，即表面粘着式组件；另一种是 Through-hole components 即针脚式封装组件。

如果选择了使用表面粘着式组件选项，将会出现 Do you put components on both sides of the board? 提示信息，询问是否在 PCB 的两面都放置表面粘着式组件。

使用针脚式封装组件，选中此项后出现如图 5.29 的选择框，在此可对相邻两过孔之间布线时所经过的导线数目进行设定。这里选择 One Track 单选项，即相邻焊盘之间允许经过的导线为 1 条。

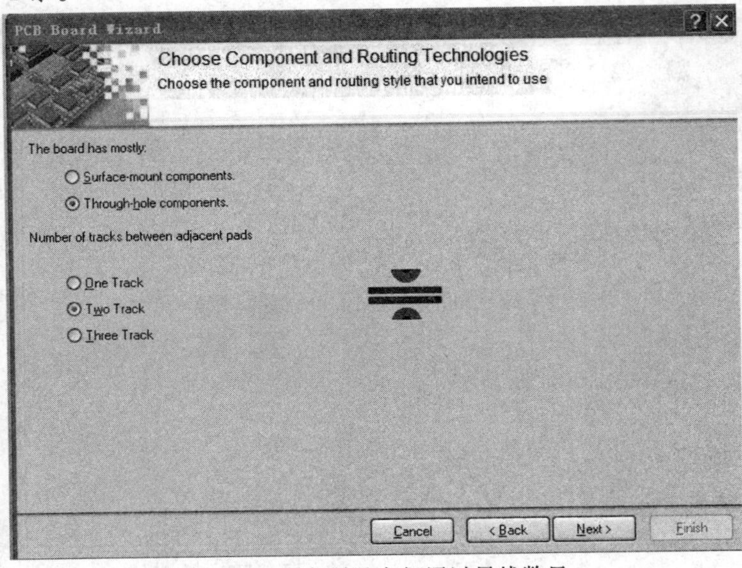

图 5.29　相邻过孔之间通过导线数目

(8) 单击 Next 按钮，进入下一个对话框，在这里可以设置导线和过孔的属性，如图 5.30 所示。

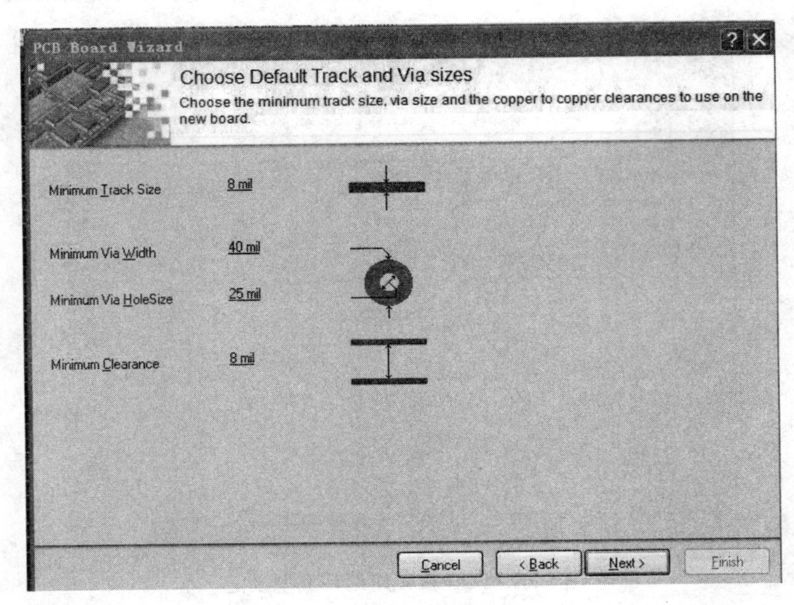

图 5.30　导线和过孔属性设置对话框

在图 5.30 中的导线和过孔属性设置对话框中的选项设置及功能如下：

- Minimum Track Size：设置导线的最小宽度，单位为 mil。
- Minimum Via Width：设置焊盘的最小直径值。
- Minimum Via HoleSize：设置焊盘最小孔径。

- Minimum Clearance：设置相邻导线之间的最小安全距离。

这些参数可以根据实际需要进行设定，用鼠标单击相应的位置即可进行参数修改。这里均采用默认值。

(9) 单击 Next 按钮，出现 PCB 设置完成对话框，单击 Finish 按钮，将启动 PCB 编辑器，至此完成了使用 PCB 向导新建 PCB 板的设计。新建的 PCB 文档将被默认命名为 PCB1.PCBDOC，编辑区中会出现设定好的空白 PCB 纸。在文件工作面板中右击鼠标，在弹出的菜单中选择 Save As...选项，将其保存为 CLOCK.PCBDOC，并将其加入到 CLOCK.PRJPCB 项目中。

操作练习

1. 定义一块宽为 1500 mil，长为 2000 mil 的单面板，要求在禁止布线层和机械层画出板框，在机械层标注尺寸，在电路板上放置封装 DIP-8 和 RAD-0.3。并用导线连接 1 脚和 3 脚。

2. 使用 PCB 向导规划如图所示形状的双面板(电路板尺寸、属性均采用缺省值)，如图 5.31 所示。

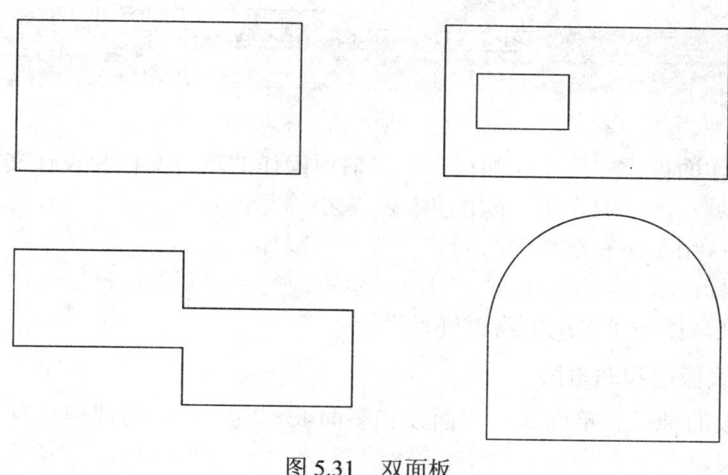

图 5.31　双面板

任务 3　PCB 环境设置

一、PCB 编辑环境

1. PCB 电路板编辑环境

PCB 环境参数的设置

在使用 PCB 设计向导进行 PCB 文档的创建之后，即启动了 PCB 板编辑器，如图 5.32 所示。PCB 编辑环境与 Wndows 资源管理器的风格类似，主要由以下几个部分构成：

• 主菜单栏：PCB 编辑环境的主菜单与 SCH 环境的编辑菜单风格类似，不同的是提供了许多用 PCB 编辑操作的功能选项。

• 常用工具栏：以图示的方式列出常用工具。这些常用工具都可以从主菜单栏中的下拉菜单里找到相应命令。

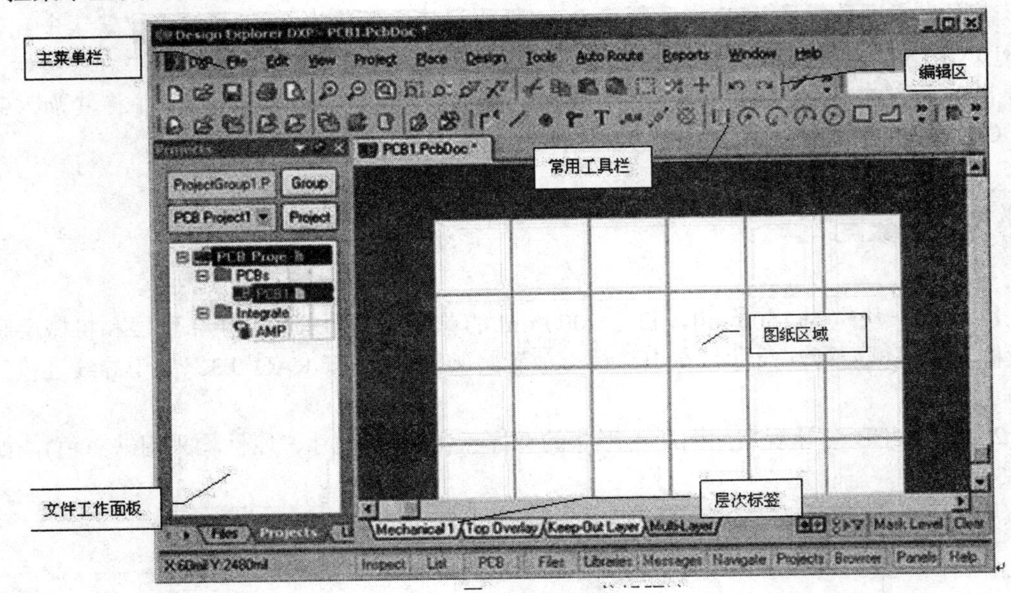

图 5.32　PCB 编辑环境

• 文件工作面板：文件工作面板显示当前所操作的项目文档和设计文档。

• 图纸区域：图纸的大小、颜色和格点大小等都可以进行用户个性化设定。

• 编辑区：用于所有组件的布局和导线的布线操作。

• 层次卷标：单击层次卷标页，可以显示不同的层次图纸，每层组件和走线都用不同颜色区分开来，便于对多层电路板进行设计。

2. 定义布线板层和非电层

印刷电路板的种类有单面板、双面板和多面板。电路板的物理构造有两种类型即布线板层和非电层。

• 布线板层：即电气层。Protel DXP 可以提供 32 个信号层(包括顶层和底层，最多可设计 30 个中间层)和 16 个内层。

• 非电层：分成两类，一类是机械层，另一类为特殊材料层。

Protel DXP 可提供 16 个机械层，用于信号层之间的绝缘等。特殊材料层包括顶层和底层的防焊层、丝印层、禁止布线层等。

Protel DXP 提供了一个板层管理器对各种板层进行设置和管理，启动板层管理器的方法有两种：一是执行主菜单命令 Design→Layer Stack Manager…，二是在 PCB 图纸编辑区内，右击鼠标，从弹出的右键菜单中执行 Option→Layer Stack Manager…命令。板层管理器启动后的接口如图 5.33 所示。

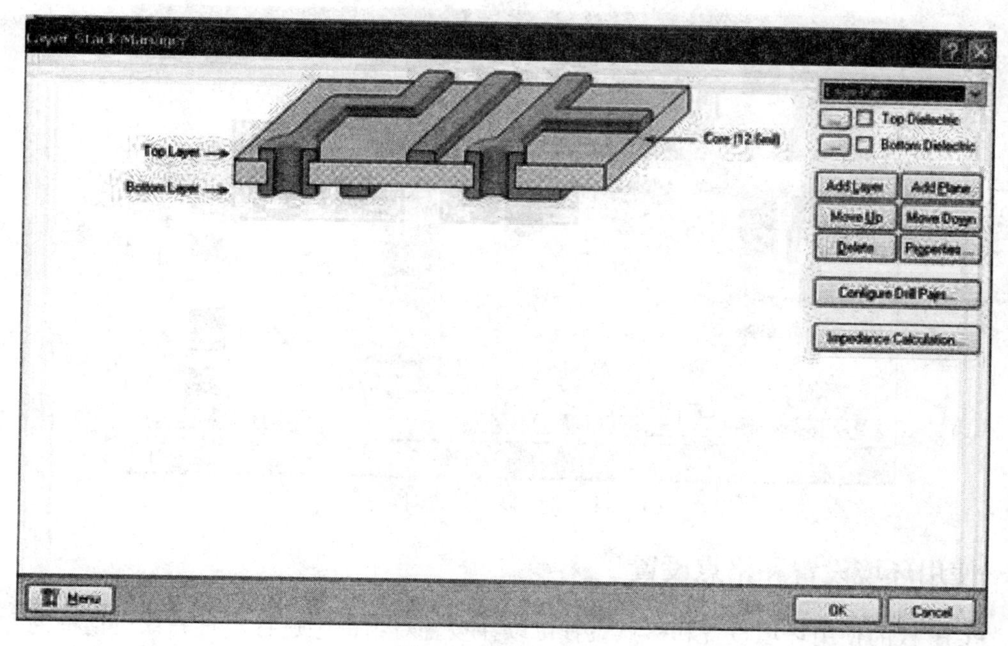

图 5.33　板层管理器

板层管理器默认当前为双面板，即给出了两层布线层(顶层和底层)。板层管理器的设置及功能如下：

- Add Layer 按钮，用于向当前的 PCB 板中增加一层中间层。
- Add Plane 按钮，用于向当前的 PCB 板中增加一层内层。新增加的层面将添加在当前层面的下面。
- Move Up 和 Move Down 按钮将当前指定的层进行上移和下移操作。
- Delete 按钮可以删除所选定的当前层。
- Properties... 按钮将显示当前选中层的属性。
- Configure Drill Pairs... 按钮用于设计多层板中，添加钻孔的层面对，主要用于盲过孔的设计中。单击 OK 按钮将关闭板层管理器对话框。

3. 图纸颜色设置

颜色显示设置对话框用于图纸的颜色设置，打开颜色显示设置对话框的方式如下：

(1) 执行主菜单命令 Design→Board Layers…，即可打开颜色显示设置对话框。

(2) 在右边 PCB 图纸编辑区内，右击鼠标，从弹出的右键菜单中选择 Option→Board Layers＆Colors…，即可打开颜色显示设置对话框，如图 5.34 所示。

颜色显示设置对话框中共有 7 个选项区域，分别对 Signal Layers(信号层)、Internal Planes(内层)、Mechanical Layers(机械层)、Mask Layers(阻焊层)、Silkscreen Layers(丝印层)、Other Layers(其他层)和 System Colors(系统颜色)进行颜色设置。每项设置中都有 Show 复选项，决定该层是否显示。单击对应颜色图示，将弹出 Choose Color(颜色选择)对话框，可在其中进行颜色设定。

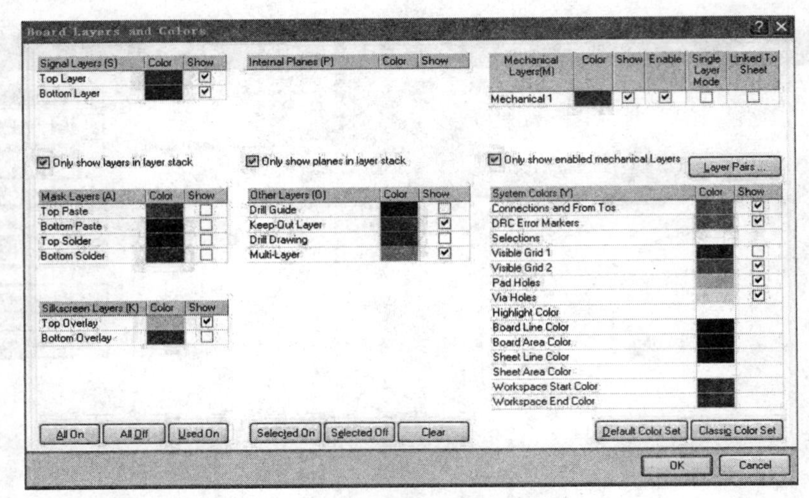

图 5.34　颜色显示设置对话框

二、使用环境设置和格点设置

PCB 板的使用环境设置和格点设置可以在设置对话框中进行，打开该对话框的方法有如下两种：

(1) 在主菜单栏中，执行命令 Design→Board Options…，即可打开格点设置对话框。

(2) 在右边 PCB 图纸编辑区内右击鼠标，从弹出的右键菜单中选择 Option→Grids...命令，打开格点设置对话框，如图 5.35 所示。

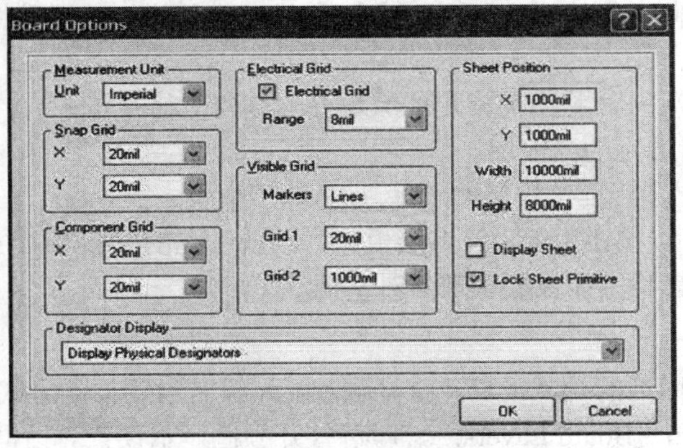

图 5.35　格点设置对话框

上机练习 10

格点设置对话框中共有 6 个选项区域，其主要设置及功能如下：

• Measurement Unit(度量单位)：用于更改使用 PCB 向导模板建立 PCB 板时，设置的度量单位。单击下拉菜单，可选择英制度量单位(imperial)或公制单位(metric)。

• Snap Grid(可捕获格点)：用于设置图纸捕获格点的距离即工作区的分辨率，也就是鼠标移动时的最小距离。此项要根据需要进行设置，对于设计距离要求精确的电路板，可以将该值取得较小，系统允许的最小值为 1 mil。可分别对 X 方向和 Y 方向进行格点设置。

• Electrical Grid(电气格点)：用于系统在给定的范围内进行电气点的搜索和定位，

系统默认值为 8 mil。

• Visible Grid(可视格点)：选项区域中的 Markers 选项用于选择所显示格点的类型，其中一种是 Lines(线状)，另一种是 Dots(点状)。Grid1 和 Grid2 分别用于设置可见格点 1 和可见格点 2 的值，也可以使用系统默认的值。

• Sheet Position 图纸位置)：选项区域中的 X 和 Y 用于设置从图纸左下角到 PCB 板左下角的横向与纵向距离；Width 用于设置 PCB 板的宽度；Height 用于设置 PCB 板的高度。用户创建好 PCB 板后，如果不需要对 PCB 板大小进行调整，这些值可以不必更改。

• Component Grid(组件格点)：分别用于设置 X 和 Y 方向的组件格点值，一般选择默认值。

操作练习

1. 设置度量单位为英制，设置水平、垂直栅格、元件栅格依次为 20 mil、20 mil、25mil，电气栅格为 8 mil。

2. 设置底层丝印层的颜色为 174 号色，设置尺寸线为“精细显示”，其余为“简单显示”。

3. 设置光标类型：Large 90。

4. 设置显示过孔网络名称，显示原点，设置栅格类型为点型。

5. 设置顶层、底层和第一中间层为信号层，第一层和第二层为机械层，显示底层丝印层，显示禁止布线层。

任务 4　生成 PCB 板

一、PCB 板生成步骤

PCB 电路板设计的基本步骤

Protel DXP 提供了组件库管理器进行组件的封装管理，方便用户加载组件库，同时用于查找组件和放置组件。

项目三中已经介绍过在 SCH 原理图中对于组件所在库的添加和删除，同样对应到 PCB 电路板设计时也要添加相应的 PCB 组件封装库。

1. 组件封装库的加载

组件库管理器的窗口如图 5.36 所示。组件库管理器提供了 Components(组件)和 Footprints(封装)两种查看方式，单击其中某一单选按钮，即可进相应的查看方式。其中 Miscellaneous Devices.IntLib 一栏下拉菜单显示了当前已经加载的组件集成库。

在组件搜索区域可以输入组件的关键信息，对所选中的组件集成库进行查找。如果输入“*”号则表示显示当前组件库下所有的组件，并可将所有当前库提供的组件都在组件浏览框中显示出来，包括组件的 Footprint Name(封装信息)。

如图 5.36 所示，当在组件浏览框中选中一个组件时，该组件的封装形式就会显示在组件显示区域中。单击 Libraries…按钮，打开 Add Remove Libraries(添加删除组件库)对话框，如图 5.37 所示。在该对话框中可以对组件库进行添加和删除操作。

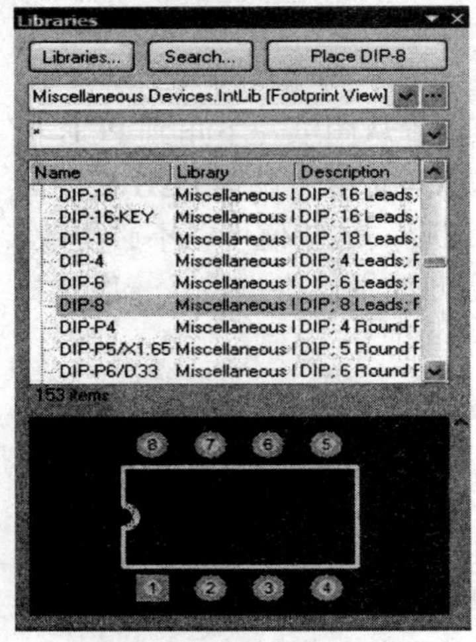

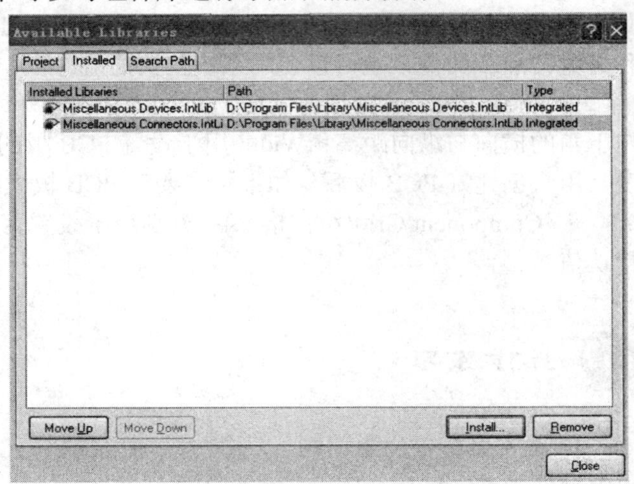

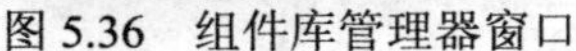
图 5.36　组件库管理器窗口　　　　图 5.37　添加删除组件库对话框

该对话框中列出了当前已经加载的组件库。Type 一项的属性为 Integrated，表示是 Protel DXP 的整合集成库，后缀名为.IntLib。选中一个组件库，可以单击 Move Down 或 Move Up 按钮将它们排序。单击 Remove 按钮，可以将该集成库移出当前的项目。

单击 Install…按钮，将弹出如图 5.38 所示的添加组件库对话框。该对话框列出了 Protel DXP 安装目录下的 Library 中的所有组件库。Protel DXP 的组件库以公司名分类，因此对一个特定组件封装时，要知道它的提供商。

图 5.38　添加组件库对话框

对于常用的组件库，如电阻、电容等元件，Protel DXP 提供了常用杂件库 Miscellaneous Devices.IntLib。对于常用的接插件和连接器件，Protel DXP 提供了常用接插件库：

Miscellaneous Connectors.IntLib。如果不知道某一组件的提供商时，可以回到组件库管理器，使用组件库的查找功能进行搜索，取得组件的封装形式。在组件库管理器上，单击 Search 按钮，将弹出如图 5.39 的 Libraries Search(组件搜索)对话框。

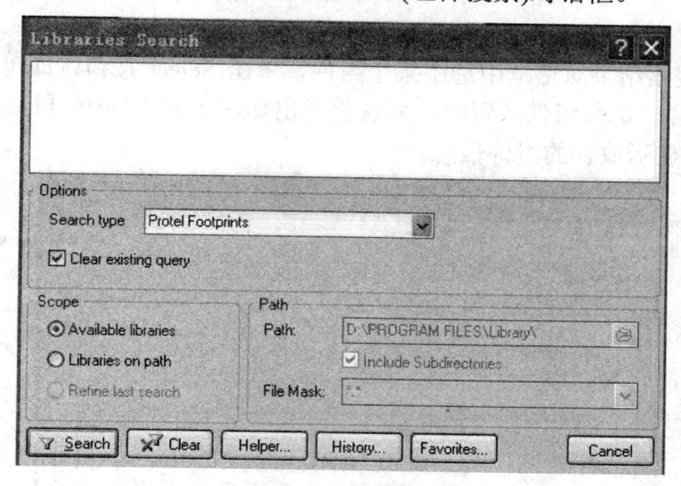

图 5.39　组件搜索对话框

在 Scope 选项区域中，选定 Available libraries 单选项，即对已经添加到设计项目的库进行组件的搜索。选定 Libraries on path 单选项，可以指定对一个特定的目录下的所有组件库进行搜索。Path 选项区域中的 Include Subdirectories 复选项，选中该选项则对所选目录下的子目录进行搜索。

例如，在不知道 DIP-16 形式封装的组件位于哪个库中的情况下，可以在图 5.39 上面的文本框中输入要搜索的信息名。在这里输入 DIP-16，然后单击 Search 按钮，系统将在指定的库里搜索。组件搜索的结果即出现在 Results 选项卡里，如图 5.40 所示。

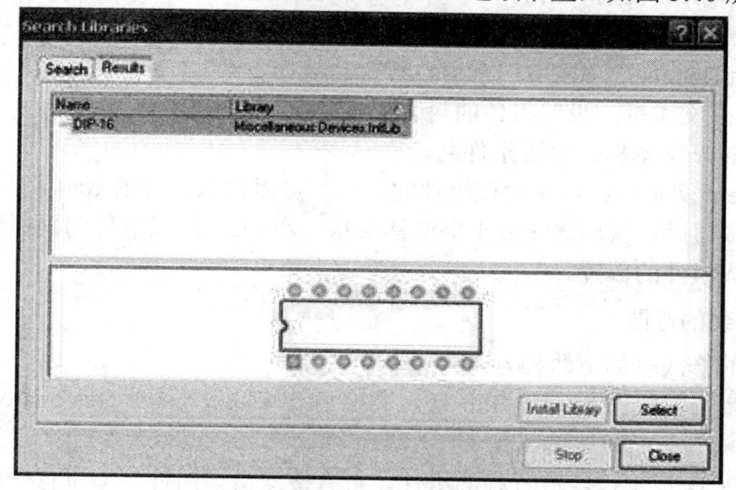

图 5.40　组件搜索结果对话框

在组件搜索结果对话框中，显示出搜索的组件名、组件所在库的名称，并且显示该组件的封装图标。单击 Select 按钮，可以选中该组件，直接在 PCB 设计图纸上进行组件放置。

2. 组件的放置

组件放置有如下两种方法：

(1) 在组件库管理器中选中某个组件，单击 Place 按钮，即可在 PCB 设计图纸上放置组件。

(2) 在组件搜索结果对话框中选中某个组件，单击 Select 按钮，即可在 PCB 设计图上进行组件的放置。进行组件放置时，系统将弹出如图 5.41 所示的 Place Component(组件放置)对话框，显示放置的组件信息。

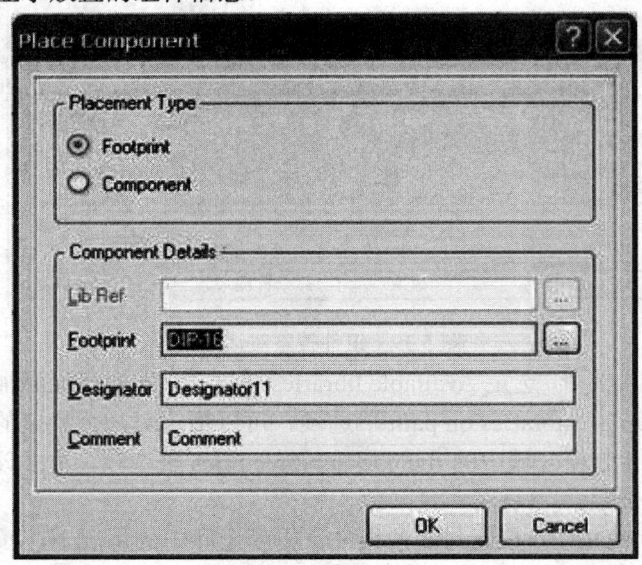

图 5.41　组件放置设置对话框

Place Component 设置对话框中，可为 PCB 组件选择 Placement Type(放置类型)选项区域的 Footprint 单选项。

Component Details 选项区域的常用设置及功能如下：

- Footprint 文本框：设置组件的封装形式。
- Designator 文本框：设置组件名。
- Comment 文本框：设置对该组件的注释，可以输入组件的数值大小等信息。

单击 OK 按钮后，鼠标将变成十字游标形状。在 PCB 图纸中移动鼠标到合适位置、单击左键，完成组件的放置。

3. 组件封装的修改

组件封装的修改有如下两种方式：

(1) 在组件放置状态下，按 Tab 键，将会弹出 Component Designator2(组件属性)对话框。

(2) 对于 PCB 板上已经放置好的组件，可直接双击该组件，即可打开组件属性对话框，如图 5.42 所示。

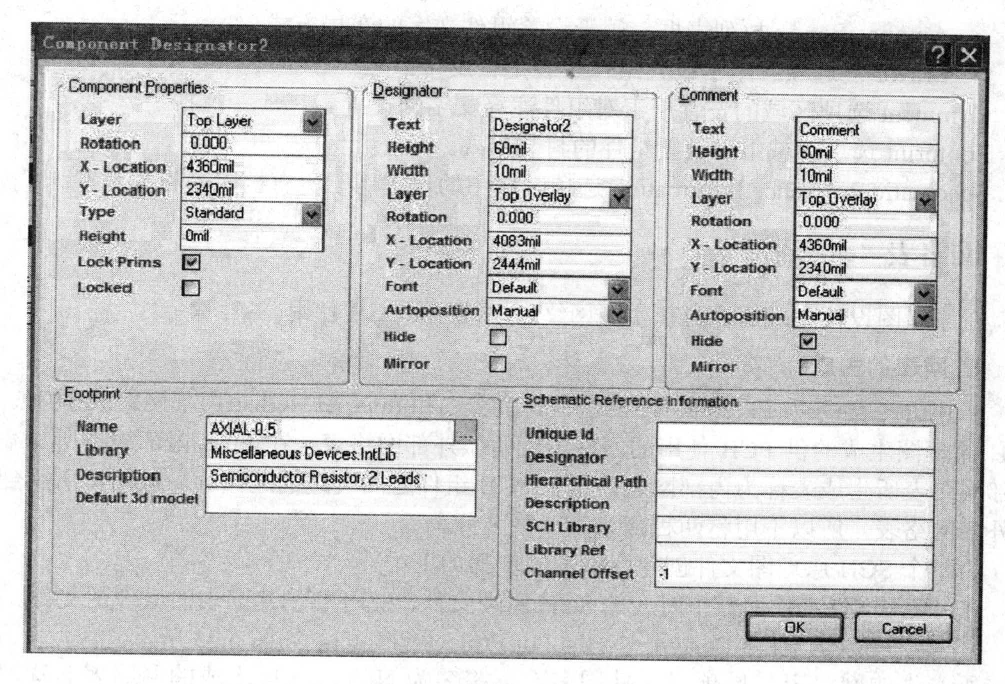

图 5.42　组件属性对话框

组件属性对话框中设有 Component Properties、Designator、Comment、Footprint、Schematic Reference Information 等 5 个选项区域。

Component Properties 选项区域的设置及功能如下：

- Layer 下拉列表框：用于设置组件的放置层。
- Rotation 文本框：用于设置组件的放置角度。
- X-Location 文本框：用于设置组件放置的 X 坐标。
- Y-Location 文本框：用于设置组件放置的 Y 坐标。
- Type 下拉列表框：用于设置组件放置的形式，可以为标准形式或者图形方式。
- Lock Prints 复选项：该选项即选择将组件作为整体使用，即不允许将组件和管脚拆开使用。
- Locked 复选项：选中此项即将组件放置在固定位置。

Designator 选项区域的设置及功能如下：

- Text 文本框：用于设置组件的序号。
- Height 文本框：用于设置组件文字的高度。
- Width 文本框：用于设置组件文字的宽度。
- Layer 下拉列表框：用于设置组件文字的所在层。
- Rotation 文本框：用于设置组件文字放置的角度。
- X-Location 文本框：用于设置组件文字的 X 坐标。
- Y-Location 文本框：用于设置组件文字的 Y 坐标。
- Font 下拉列表框：用于设置组件文字的字体。
- Hide 复选项：用于设置是否隐藏组件的文字。

- Autoposition 下拉列表框：用于设置组件文字的布局方式。
- Mirror 复选项：用于设置组件封装是否反转。

Comment 选项区域的设置用于对组件注释文字的设置。

Footprint 选项区域用于设置组件的封装形式。

Schematic Reference Information 选项区域中的设置用于所有档库的相关设置。

二、网络表

在原理图设计完成后，可以生成网络表(网表)供 PCB 使用。

1. 网表的生成

Netlist(网表)分为 External Netlist(外部网络表)和 Internal Netlist(内部网络表)两种。从 SCH 原理图生成的供 PCB 使用的网络表就叫做外部网络表，在 PCB 内部根据所加载的外部网络表所生成表称为内部网表，用于 PCB 组件之间飞线的连接。一般用户所用到的是外部网络表，所以不用将两种网络表严格区分。

为单个 SCH 原理图文件创建网络表的步骤如下：

(1) 双击文件工作面板中对应的 SCH 原理文件，打开要创建网表的原理图文件。

(2) 执行主菜单命令 Design→Netist For Project→Protel，如图 5.43 所示。

所产生的网络表与原项目文件同名，后缀名为.NET，这里生成的网络表名称即为 CLOCK.NET。图示位于文件工作面板中该项目的 Generated Protel Netlist 选项下，文件保存在 Generated Protel Netlist 文件夹下，如图 5.44 所示。

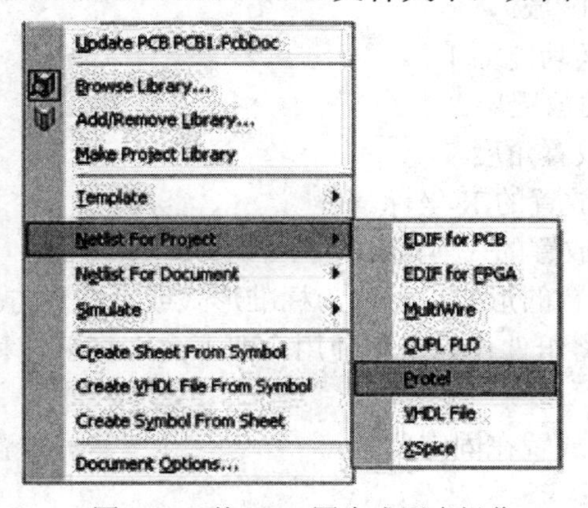

图 5.43　从 SCH 图生成网表操作

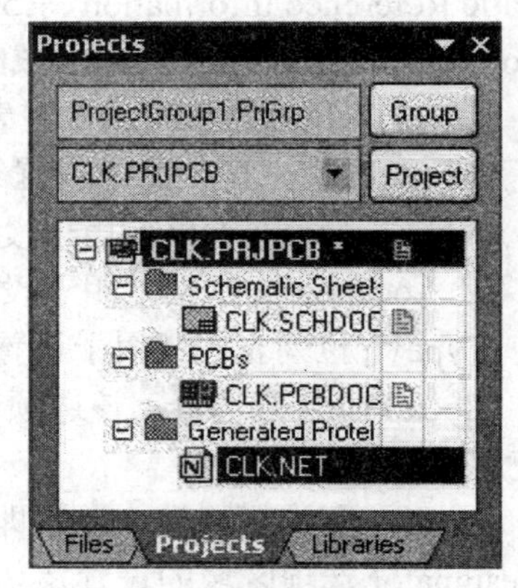

图 5.44　网表的生成

双击 CLK 图标，将显示网表的详细内容。

2. Protel 的网表格式

Protel 网表的格式由两部分组成，一部分是组件的定义，另一部分是网络的定义。

1) 组件的定义

网络表第一部分是对所使用的组件进行定义，一个典型的组件定义如下：

```
[          ；组件定义开始
C1         ；组件标志名称
```

RAD.0.3　　；组件的封装
10n　　　　；组件注释
]　　　　　；组件定义结束

每一个组件的定义都以符号“[”开始，以符号“]”结束。第一行是组件的名称，即Designator 信息；第二行为组件的封装，即 Footprint 信息；第三行为组件的注释。

2) 网络的定义

网络表的后半部分为电路图中所使用的网络定义。每一个网络是对应电路中有电气连接关系的一个点。一个典型的网络定义如下：

(　　　　　；网络定义开始
NetC2_2　　；网络的名称
C2_2　　　 ；连接到此网络的所有组件的标志和引脚号
X1.1　　　 ；连接到此网络的组件标志和引脚号
)　　　　　；网络定义结束

每一个网络定义的部分从符号“(”开始，以符号“)”结束。“(”符号下第一行为网络的名称。以下几行都是连接到该网络点的所有组件的组件标识和引脚号。如 C2_2 表示电容 C2 的第 2 脚连接到网络 NetC2_2 上；X1.1 表示还有晶振 X1 的第 1 脚也连接到该网络点上。

3. 更新 PCB 板

生成网表后，即可将网表里的信息导入印刷电路板，为电路板的组件布局和布线做准备。Protel 提供了从原理图到 PCB 板自动转换设计的功能，它集成在 ECO 项目设计更改管理器中。启动项目设计更改管理器的方法有两种。

(1) 在 SCH 原理图编辑环境下，本例先打开 CLOCK.SCHDOC 文件。执行主菜单命令 Design→Update PCB CLK.PCBDOC，如图 5.45 所示。

(2) 先进入 PCB 编辑环境下，本例中打开 CLOCK.PCBDOC 文件，执行主菜单命令 Design→Import Changes From 【CLK.PRJPCB】，如图 5.46 所示。

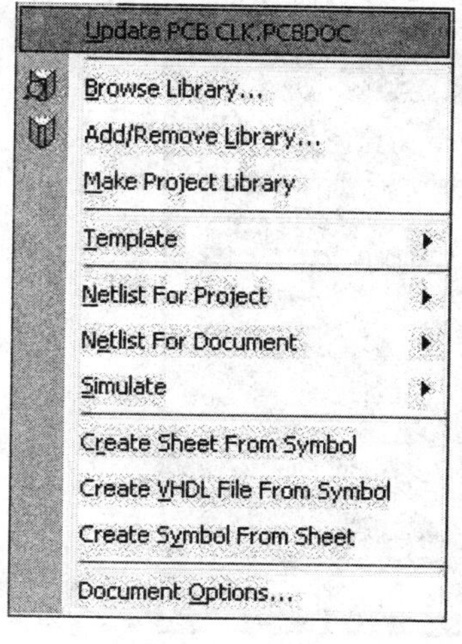

图 5.45　SCH 原理图编辑环境下更新 PCB 图

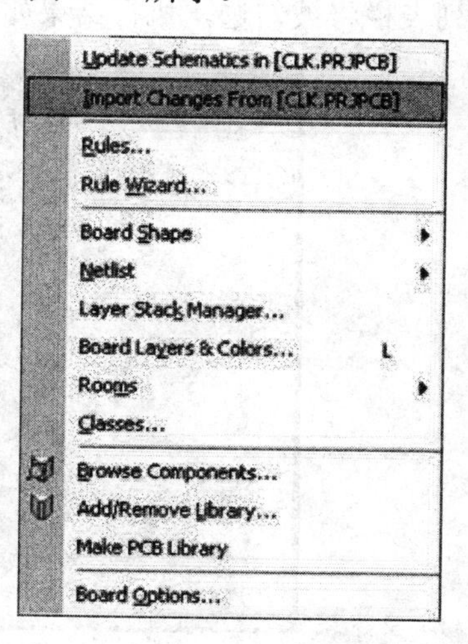

图 5.46　PCB 编辑环境下更新 PCB 图

执行以上相应命令后，将弹出 Engineering Change Order(更改命令管理)对话框，如图 5.47 所示。

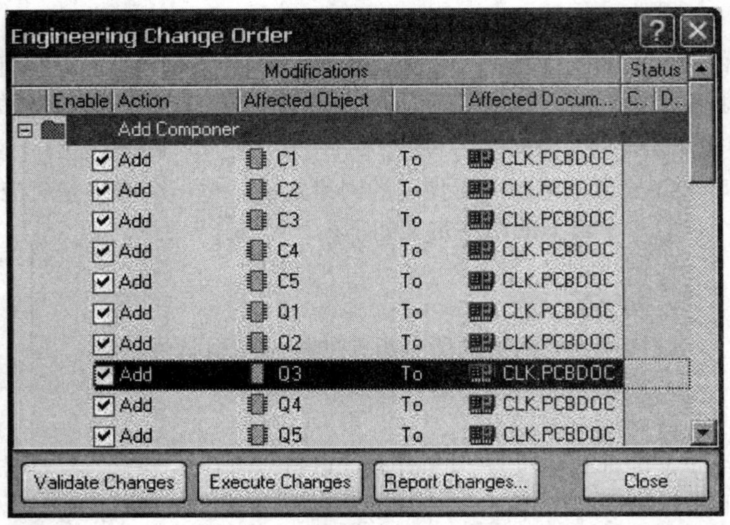

图 5.47　更改命令管理对话框

更改命令管理对话框中显示出当前对电路进行的修改内容，左边为 Modifications(修改)列表，右边是对应修改的 Status(状态)。主要的修改有 Add Componer、Add Nets、Add Components Classes 和 Add Rooms 几类。

单击 Validate Changes 按钮，系统将检查所有的更改是否都有效，如果有效，将在右边 Check 栏对应位置打钩，如果有错误，Check 栏中将显示红色错误标识。

一般的错误都是由于组件封装定义不正确，系统找不到给定的封装，或者设计 PCB 板时没有添加对应的集成库。此时则返回到 SCH 原理图编辑环境中，对有错误的组件进行更改，直到修改完所有的错误即 Check 栏中全为正确内容为止。

单击 Execute Changes 按钮，系统将执行所有的更改操作，如果执行成功，Status 下的 Done 列表栏将被勾选，执行结果如图 5.48 所示。

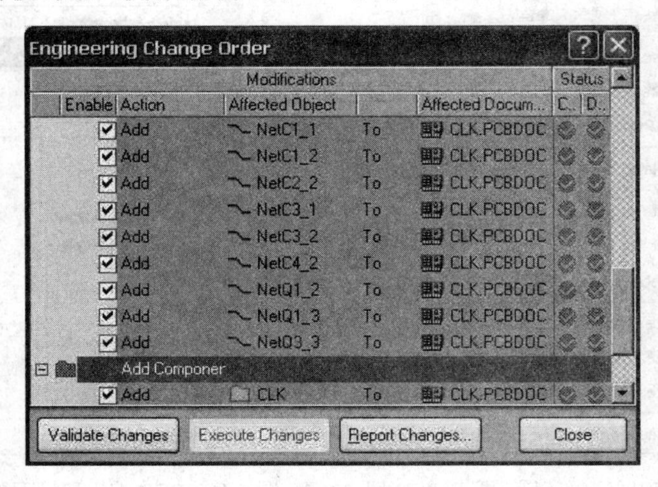

图 5.48　显示所有修改过的结果

在更改命令管理对话框中，单击 Report Changes…按钮，将打开 Report Preview(报告预览)对话框，在该对话框中可以预览所有进行修改过的文档，如图 5.49 所示。

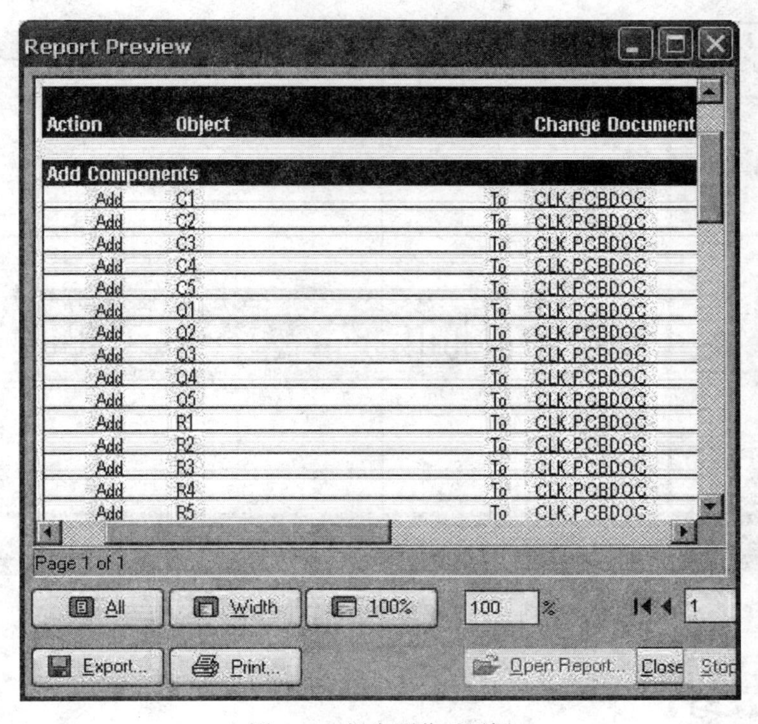

图 5.49　报告预览对话框

在报告预览对话框中，单击 Export…按钮，将弹出文件保存对话框，如图 5.50 所示。在该对话框中，允许将所有的更改过的文档以 Excel 档格式保存。

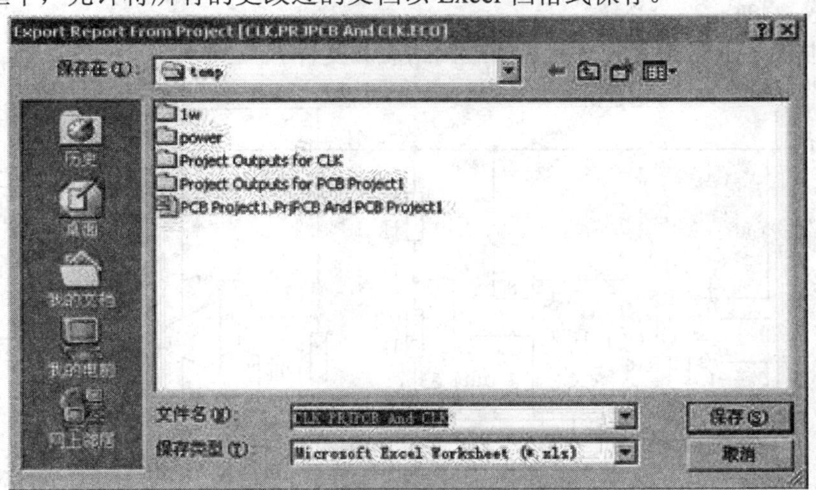

图 5.50　ECO 报告保存对话框

保存输出文件后，系统将返回到更改命令管理对话框，单击 Close 按钮，将关闭该对话框，进入 PCB 编辑接口。此时所有的组件都已经添加到 CLK.PCBDOC 文件中，组件之间的飞线也已经连接。

但是所有组件几乎都重叠在一起，如图 5.51 所示，超出 PCB 图纸的编辑范围，因此必须对组件进行重新布局。

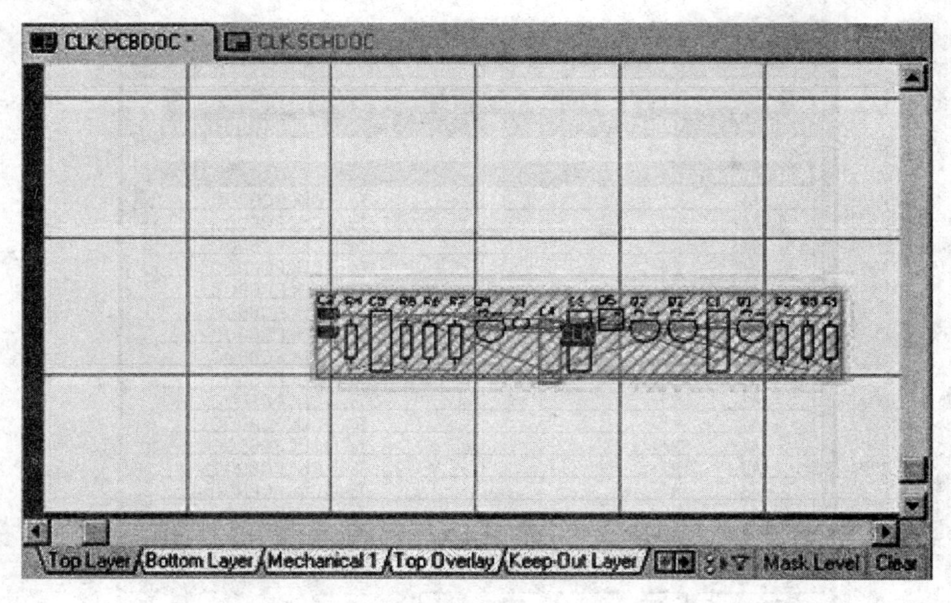

图 5.51　更新后生成的 PCB 图

操作练习

1. 动手操作加载元件封装库 Advpcb.ddb、General IC.ddb、DC TO DC.ddb、Miscellaneous.ddb。

2. 绘制如下电路图 5.52，然后加载网络表和文件。

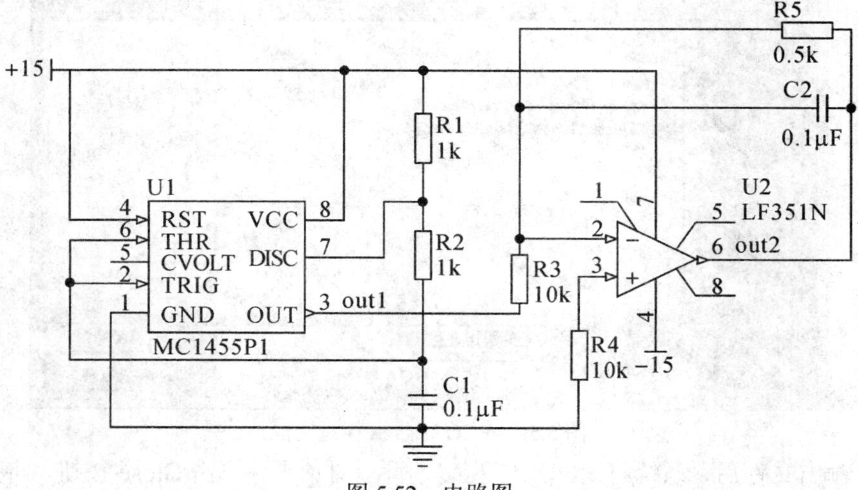

图 5.52　电路图

任务 5　PCB 元件布局

在以上任务中，所有组件已经更新到 PCB 板上，但是组件布局过密，甚至出现重叠现象。

合理的布局是 PCB 板布线的关键。如果单面板设计组件布局不合理，将无法完成布线操作；如果双面板组件布局不合理，布线时将会导致过孔太多，使电路板导线变得非常复杂。合理的布局要考虑到很多因素，比如电路的抗干扰等，在很大程度上取决于用户的设计经验。

Protel DXP 提供了两种组件布局的方法，一种是自动布局，一种是手动布局。这两种方法各有优劣，用户应根据不同的电路设计需要选择合适的布局方法。

一、组件自动布局

组件的自动布局(Auto Place)适合于组件比较多的时候。Protel DXP 提供了强大的自动布局功能，定义合理的布局规则，采用自动布局将大大提高设计电路板的效率。

自动布局的操作方法是在 PCB 编辑环境下，执行主菜单命令 Tools→Component Placement→Auto Placer…，如图 5.53 所示，在弹出的 Auto Place(自动布局)对话框中，有两种布局规则可以供选择，如图 5.54 所示。

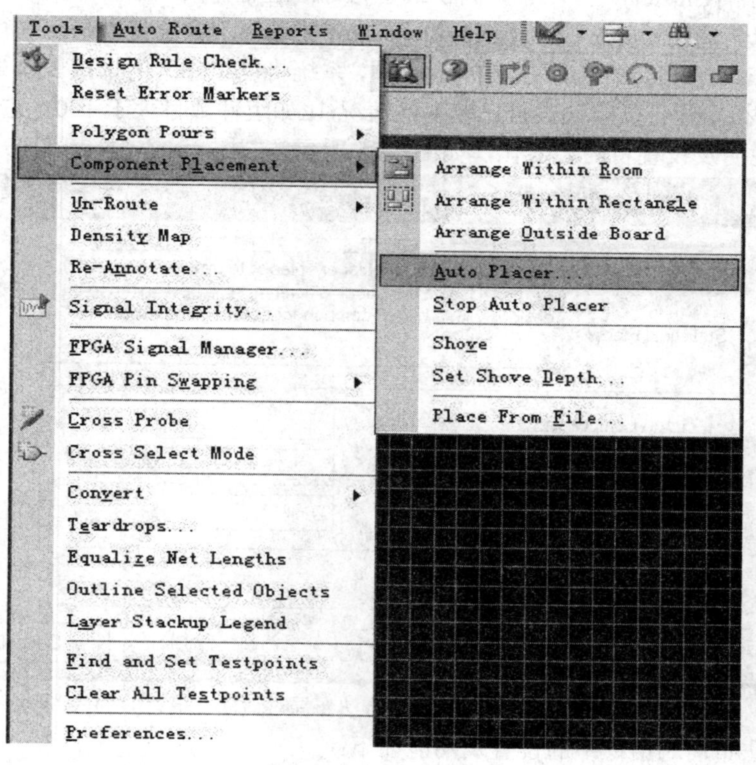

图 5.53　组件自动布局

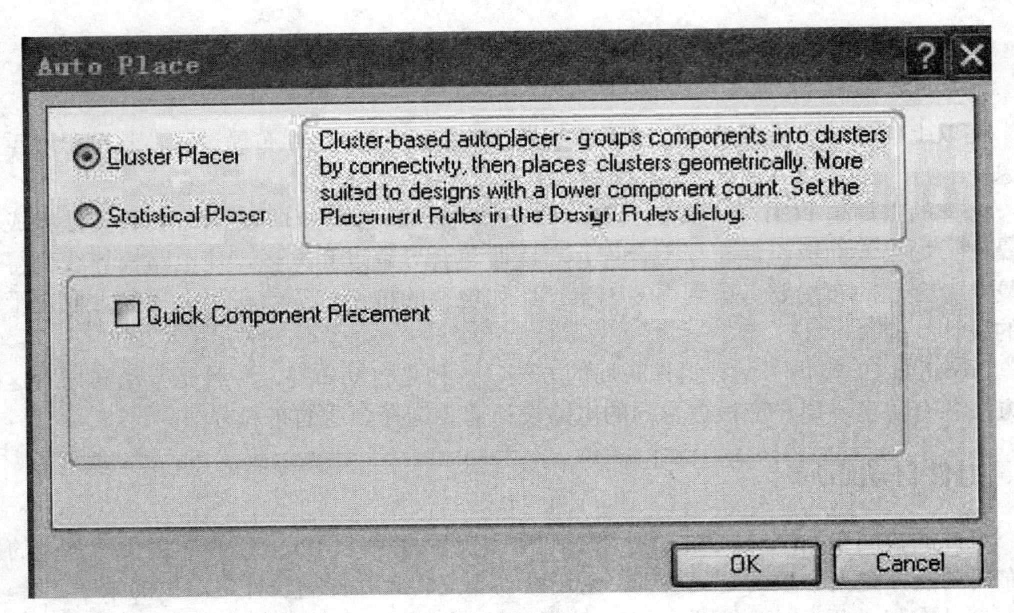

图 5.54　自动布局对话框

选中 Cluster Placer(集群方法布局)选项，系统将根据组件之间的连接性，将组件划分成一个个的集群(Cluster)，并以布局面积最小为标准进行布局。这种布局适合于组件数量不太多的情况。选中 Quick Component Placement 复选项，系统将以高速进行布局。

选中 Statistical Placer(统计方法布局)选项，系统将以组件之间连接长度最短为标准进行布局。这种布局适合于组件数目比较多的情况(比如组件数目大于 100)。选择该选项后，对话框中的说明及设置将随之变化，如图 5.55 所示。

图 5.55　统计方法布局对话框

统计方法布局对话框中的设置及功能如下：

• Group Components 复选项：用于将当前布局中连接密切的组件组成一组，即布局时将这些组件作为整体来考虑。

PCB 的布局与布线

• Rotate Components 复选项：用于布局时对组件进行旋转调整。

• Automatic PCB Update 复选项：用于在布局中自动更新 PCB 板。

• Power Nets 文本框：用于定义电源网络名称。

• Ground Nets 文本框：用于定义接地网络名称。

• Grid Size 文本框：用于设置格点大小。

如果选择 Statistical Placer 单选项的同时，选中 Automatic PCB Update 复选项，将在布局结束后自动对 PCB 板进行组件布局的更新。

所有选项设置完成后，单击 OK 按钮，关闭设置对话框，进入自动布局。布局所花的时间根据组件的数量多少和系统配置高低而定。布局完成后，系统出现布局结束对话框，单击 OK 按钮结束自动布局过程，此时所需组件将布置在 PCB 板内部，如图 5.56 所示。

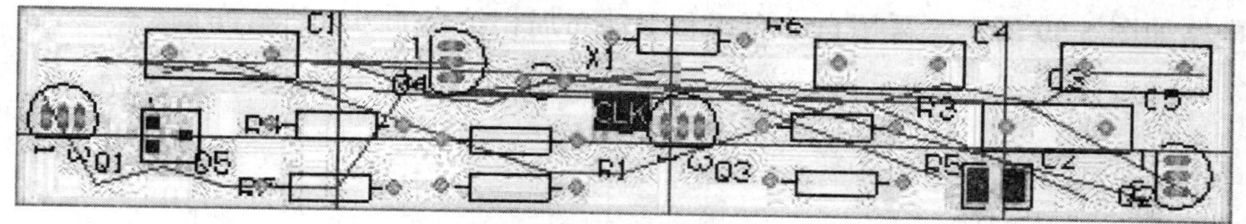

图 5.56　自动布局结果

图 5.56 中的布局结果只是将组件布置在 PCB 板中，但是飞线却没有布置。执行菜单命令 Design→Netlist→Clean All Nets…或者执行 CleanNets…命令，将清除所有的网络，然后再撤销一次该操作，将在 PCB 图纸上显示飞线连接。

在布局过程中，如果想中途终止自动布局的过程，可以执行主菜单命令 Tools→Component Placement→Stop Auto Placer，即可终止自动布局。从图 5.56 中可以看到，使用 Protel 的组件自动布局功能，虽然布局的速度和效率都很高，但是布局的结果并不令人满意，组件之间的标志都有重叠的情况，布局后组件非常凌乱。因此，一般必须对布局结果进行局部的调整，即采用手动布局，按用户的要求进一步进行设计。

二、组件手动布局

在系统自动布局后，需要手动对组件布局进行调整。手动调整组件的方法和 SCH 原理图设计中使用的方法类似，即将组件选中进行重新放置。使用左键选中组件后拖动，此过程中组件之间的飞线不会断开。本例将自动布局后的结果和又进行了手动调整后的效果比较，如图 5.57 和图 5.58 所示。

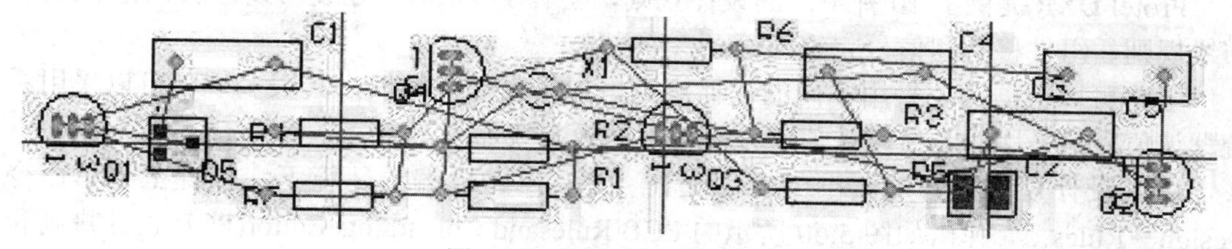

图 5.57　自动布局后 PCB 图

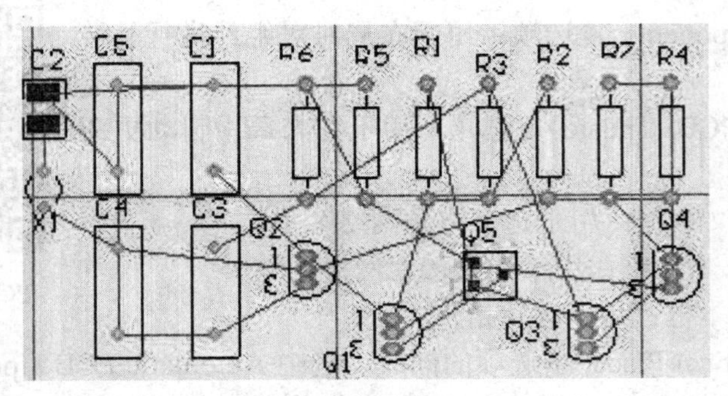

图 5.58　手动调整后的 PCB 图

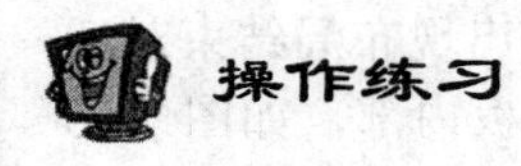

操作练习

电路如图 5.59 所示，采用自动布局和手动布局相结合的方式进行布局。

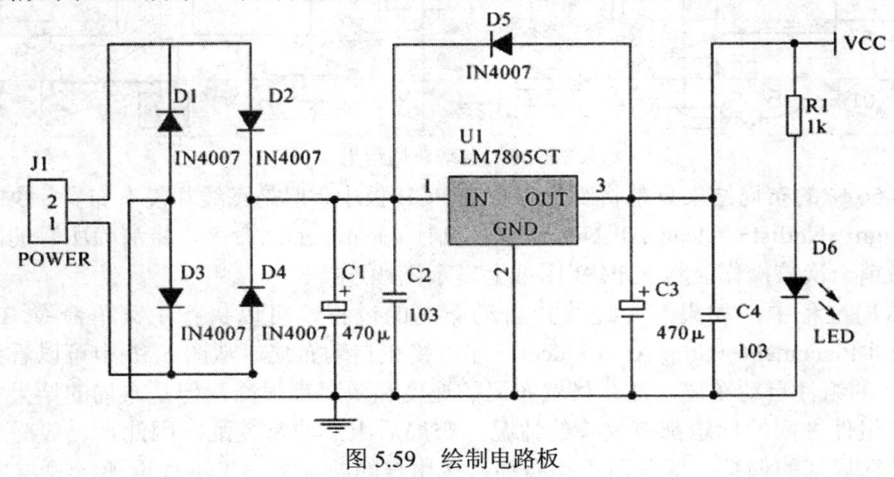

图 5.59　绘制电路板

任务 6　元　件　布　线

一、自动布线

Protel DXP 提供了 10 种不同的设计规则，包括导线放置、导线布线方法、组件放置、布线规则、组件移动和信号完整性等。

电路可以根据需要采用不同的设计规则，如果设计双面板，其很多规则可以采用系统默认值，这是因为系统默认值就是针对双面板布线而设置的。

进入设计规则设置对话框的方法是在 PCB 电路板编辑环境下，执行主菜单命令 Design→Rules…，弹出如图 5.60 所示的 PCB Rulesand Constraints Editor(PCB 设计规则和约束)对话框。

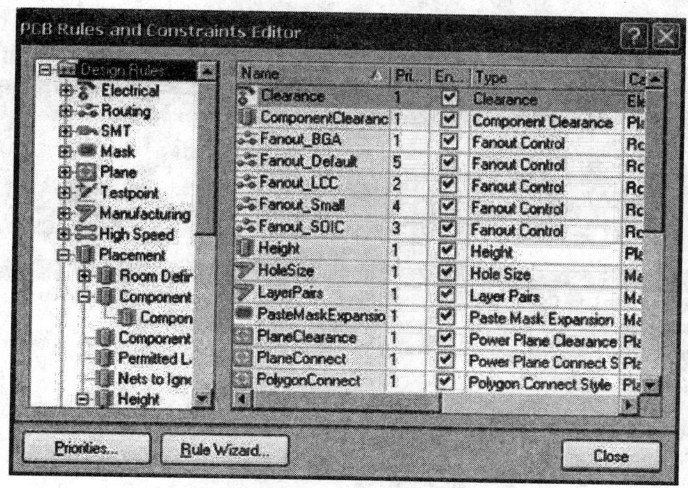

图 5.60　PCB 设计规则和约束对话框

该对话框左侧显示的是设计规则的类型，共分 10 类。包括 Electrical(电气类型)、Routing(布线类型)、SMT(表面粘着组件类型)等等。右侧则显示对应设计规则的设置属性。

该对话框左下角有按钮 Priorities...，单击该按钮，可以对同时存在的多个设计规则进行优先权设置。

对这些设计规则的基本操作有以下几种：新建规则、删除规则、导出和导入规则等。

在对布线规则进行了完整正确的设置后，还必须对所设计的印刷电路板进行网络管理操作，才可以进行自动布线和手动布线操作。

在对印刷电路板进行了自动布局并且设置好布线规则后，即可给组件布线。布线可以采取自动布线和手动布线调整两种方式。Protel DXP 提供了强大的自动布线功能，它适合于组件数目较多的情况。

1. 自动布线规则设置

利用系统提供自动布线操作之前，先要对自动布线进行规则设置。在 PCB 操作接口下，执行主菜单命令 Auto Route→Setup...，如图 5.61 所示。进入自动布线状态后，将弹出如图 5.62 所示的 Situs Routing Strategies(布线设置)对话框。

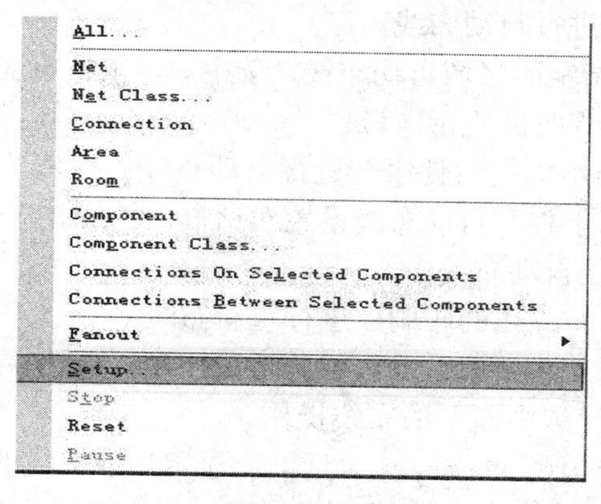

图 5.61　选择自动布线菜单命令

该对话框显示 Available Routing Strategies(有效布线策略)，一般情况下均采用系统默认值。Routing Rules…按钮也可对布线规则进行修改。

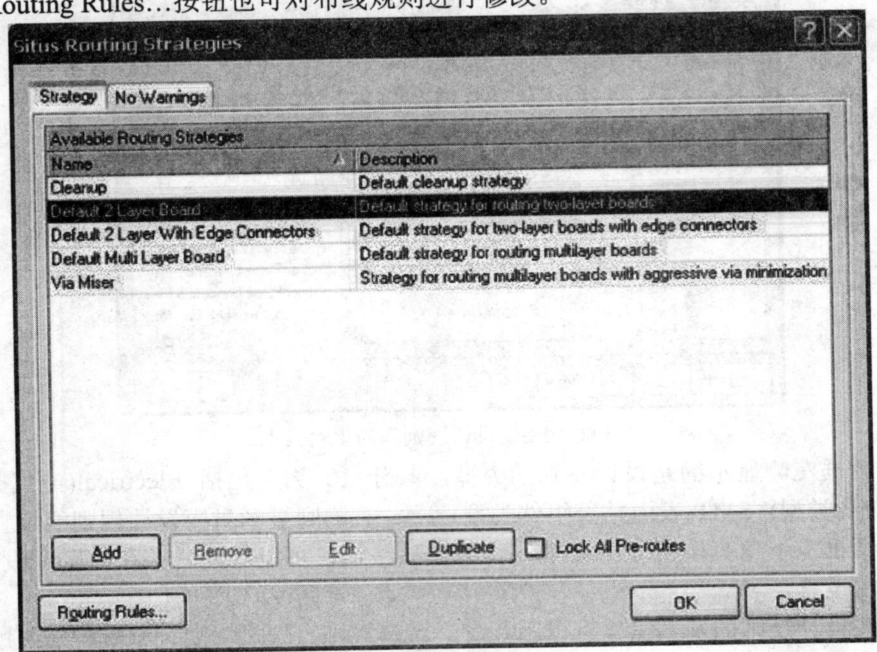

图 5.62　自动布线设置对话框

2. 自动布线

自动布线菜单中的几个菜单项用于对自动布线进行操作。

- All 菜单项：对整个印刷板所有的网络均进行自动布线。
- Net 菜单项：对指定的网络进行自动布线。选中后，鼠标将变成十字游标形状，可以选中需要布线的网络，再单击鼠标，系统会进行自动布线。
- Component 菜单项：对指定的组件进行自动布线。选中后，鼠标将变成十字游标形状，移动鼠标选择需要布线的特定组件，单击鼠标系统会对该组件进行自动布线。
- Connection 菜单项：对指定的焊盘进行自动布线。选中后，鼠标将变成十字游标形状，单击鼠标，系统即进行自动布线。
- Area 菜单项：对指定的区域自动布线，选中后，鼠标将变成十字游标形状，拖动鼠标选择一个需要布线的焊盘的矩形区域。
- Room 菜单项：对给定的组件组合进行自动布线。
- Setup 菜单项：用于打开自动布线设置对话框。
- Stop 菜单项：终止自动布线。
- Reset 菜单项：对布过线的印刷板进行重新布线。
- Pause 菜单项：对正在进行的布线操作进行中断。
- Restart 菜单项：继续中断了的布线操作。

自动布线过程中，会出现 Messages 对话框，显示当前布线的信息，如图 5.63 所示。

Class	Document	Source	Message	Time	Date	N...
Situs ...	CLK.PCB...	Situs	Starting Completion	05:45:5...	2004-3-...	13
Routi...	CLK.PCB...	Situs	Calculating Board Density	05:45:5...	2004-3-...	14
Situs ...	CLK.PCB...	Situs	Completed Completion in 1 Second	05:45:5...	2004-3-...	15
Situs ...	CLK.PCB...	Situs	Starting Straighten	05:45:5...	2004-3-...	16
Routi...	CLK.PCB...	Situs	32 of 32 connections routed (100.00%...	05:45:5...	2004-3-...	17

图 5.63 自动布线信息

在这里对已经手动布局好的 CLOCK.PCBDOC 印刷电路板采用自动布线，在 Protel DXP 主菜单中执行菜单命令 Auto Route→All。自动布线完成后，按 End 键刷新布线结果，布线结果如图 5.64 所示。执行菜单命令 View→Borad in 3D，则可看到如图 5.65 所示的 3D 效果图。

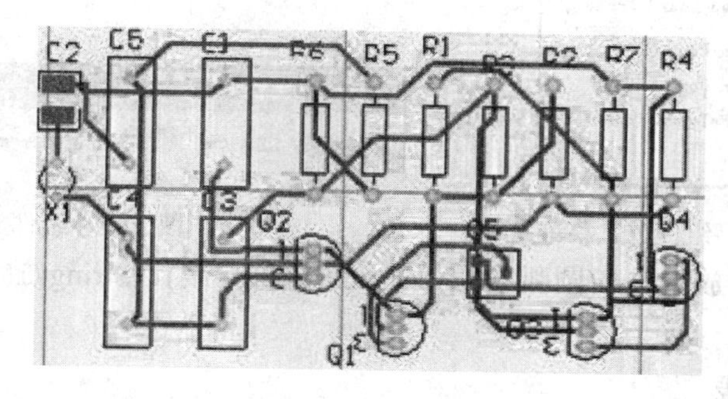

图 5.64 自动布线结果

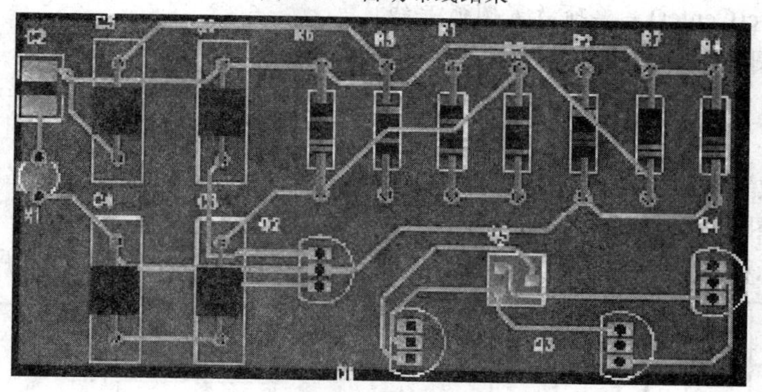

图 5.65 3D 效果图

二、手动布线

在 PCB 板上组件数量不多，联机不复杂的情况下，或者在使用自动布线后需要对组件进行布线的更改时，都可以采用手动布线方式。

使用手动布线直接打开 Place 菜单，如图 5.66 所示。

也可以执行主菜单命令 View→Toolbars→Placement，打开 Placement(组件放置)工具栏，如图 5.67 所示。

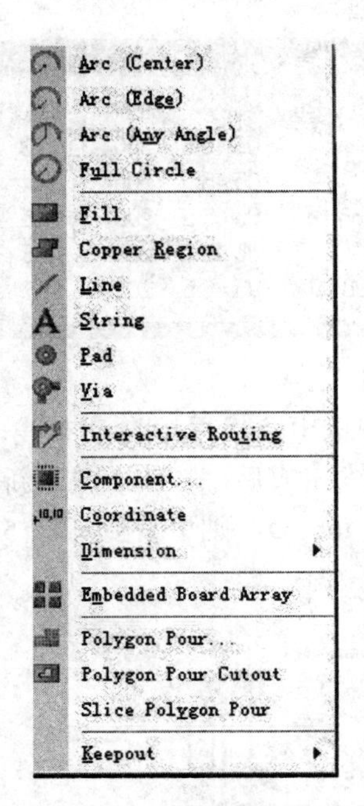

图 5.66　组件放置菜单

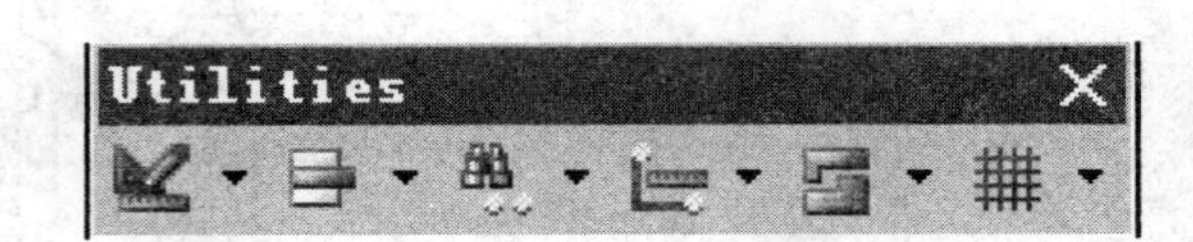

图 5.67　组件放置工具栏

手动布线常包括放置 Arc(圆弧导线)、Track(放置导线)、String(放置文字)、Pad(放置焊盘)等操作。

1. 放置圆弧导线

1) 使用 Arc(Center)菜单项放置圆弧导线

使用设置圆弧中的方法放置圆弧导线的操作步骤如下：

(1) 执行组件放置菜单命令 Place→Arc(Center)，或从组件放置工具栏中单击圆弧中心按钮。

(2) 选中放置圆弧导线后，鼠标将变成十字形状，在 PCB 图纸上选择圆心后，单击鼠标确定，如图 5.68 所示。

(3) 将鼠标移动到合适位置，选择圆弧的半径，右击鼠标，如图 5.69 所示。

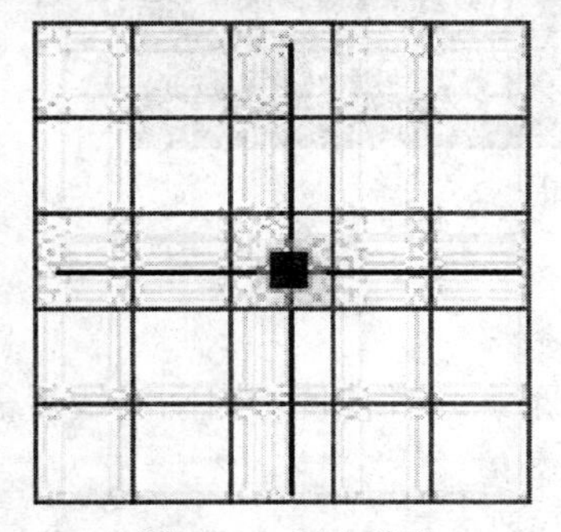

图 5.68　圆心选取

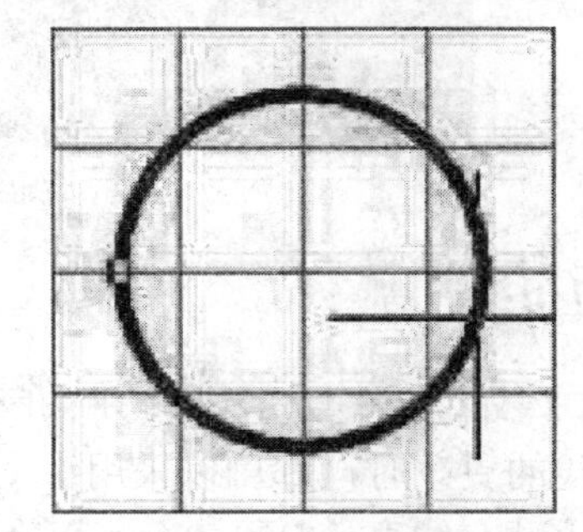

图 5.69　确定圆弧半径

(4) 移动鼠标在圆弧的开始和结尾处时都单击鼠标，确定圆弧起始位置和终止位置，如图 5.70 所示。

(5) 完成圆弧的绘制后，在 PCB 图纸上右击鼠标取消画圆弧状态。绘制结果如图 5.71 所示。

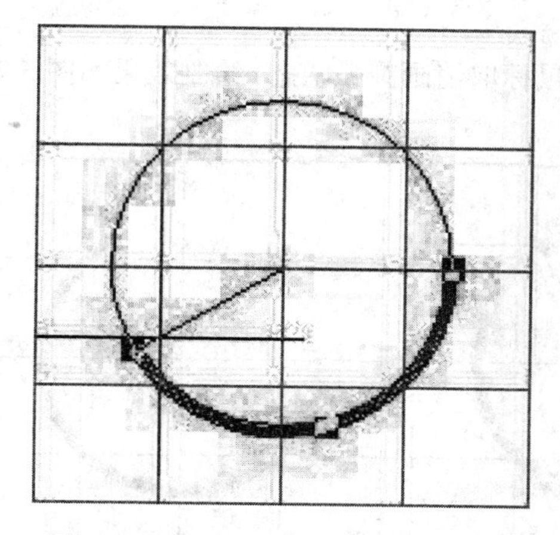

图 5.70　确定 Center 圆弧的起点和终点

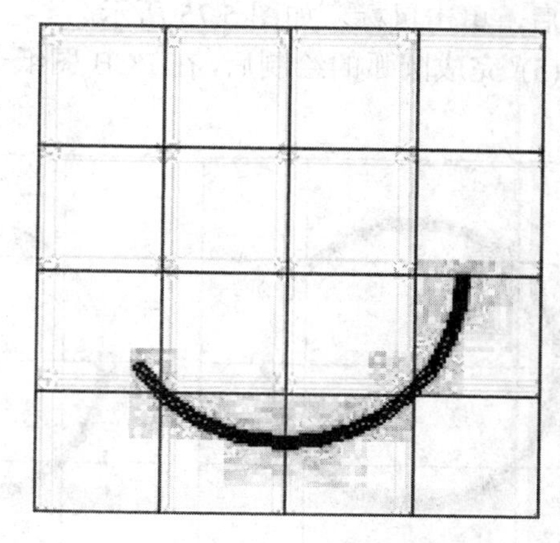

图 5.71　完成后的 Center 圆弧导线

2) 使用 Arc (Edge)菜单项放置圆弧导线

使用设置圆弧端点的方法放置圆弧导线的步骤如下：

(1) 执行组件放置菜单命令 Place→Arc(Edge)，或在组件放置工具栏中选圆弧端点按钮 。

(2) 选中放置圆弧导线后，鼠标将变成十字形状，单击鼠标确定起点，移动鼠标，选择合适的圆弧终点位置后，单击鼠标结束选取，如图 5.72 所示。

完成圆弧的绘制后，在 PCB 图纸上右击鼠标取消画圆弧状态，绘制结果如图 5.73 所示。

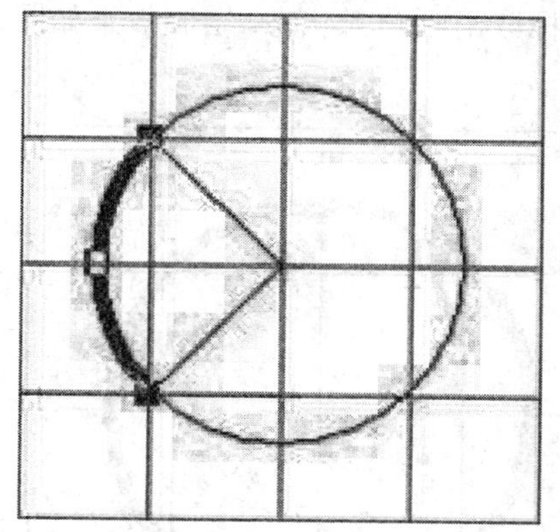

图 5.72　确定 Edge 圆弧起点和终点

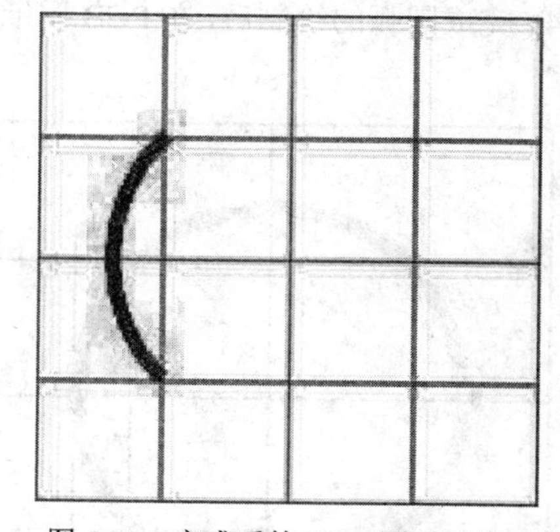

图 5.73　完成后的 Edge 圆弧导线

3) 使用 Arc (Any Angle)菜单项放置圆弧导线

放置任意角度的圆弧导线的操作步骤如下：

(1) 执行组件放置菜单命令 Place→Arc (Any Angle)，或在组件放置工具栏中选按钮 。

(2) 选中要放置的圆弧导线后，鼠标将变成十字形状，单击鼠标确定起点。

(3) 移动鼠标进行圆弧中心的选取，在合适的圆弧中心位置处单击鼠标，结束圆心和半径的选取，如图 5.74 所示。

(4) 起点和圆心定好后，使鼠标仍保持十字游标形状，并在圆弧上移动，选择好圆弧终点后，单击鼠标，如图 5.75 所示。

(5) 完成圆弧的绘制后，在 PCB 图纸上右击鼠标取消画圆弧状态。绘制效果如图 5.76 所示。

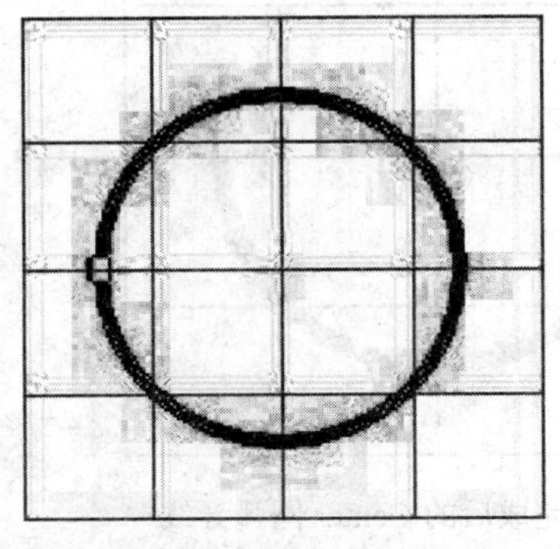
图 5.74　圆弧中心和半径选取

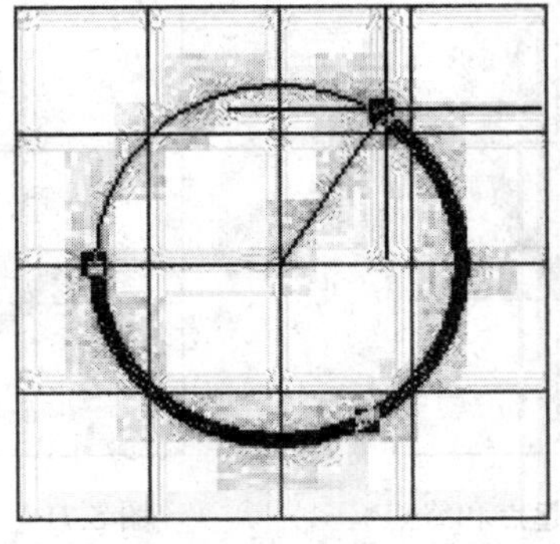
图 5.75　圆弧终点的选取

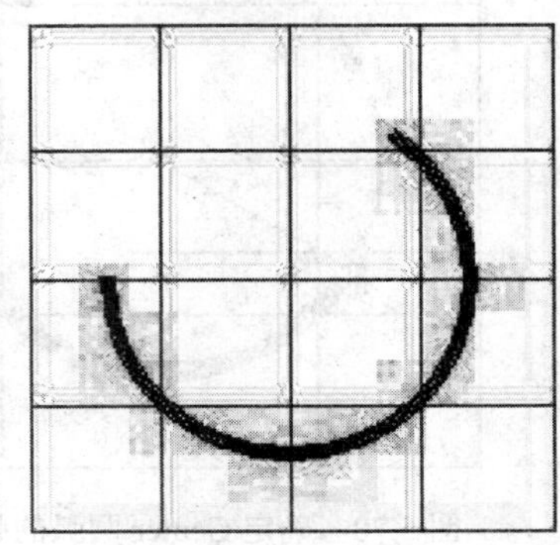
图 5.76　完成后任意角度圆弧导线

4) 使用 Full Circle 菜单项放置圆弧导线

放置完整的圆弧导线的操作步骤如下：

(1) 执行组件放置菜单命令 Place→Full Circle。或在组件放置工具栏中选按钮。

(2) 选中放置的圆弧导线后，使鼠标将变成十字形状，单击鼠标确定圆心。

(3) 移动鼠标并使其保持十字游标状态，选择圆的半径，到达合适的位置后单击鼠标结束半径的选取，如图 5.77 所示。

(4) 完成圆弧的绘制后，在 PCB 图纸上右击鼠标取消画圆弧状态。绘制效果如图 5.78 所示。

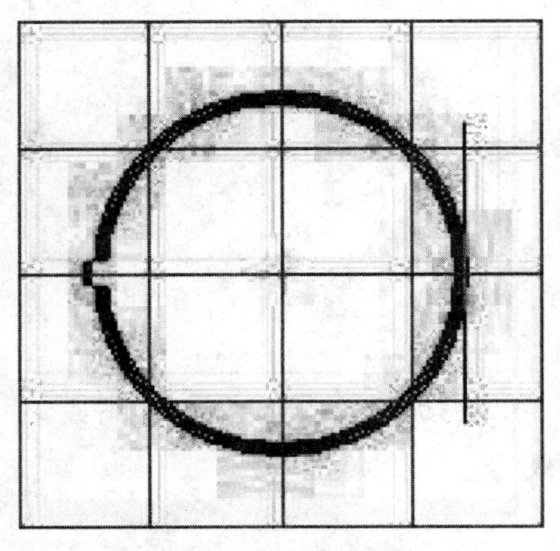
图 5.77　选取圆心和半径

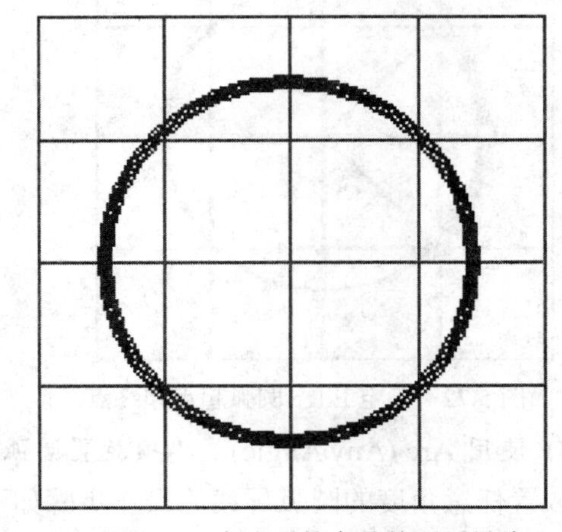
图 5.78　完成后的完整的圆弧导线

(5) 设置圆弧导线属性。

设置圆弧导线属性有如下两种方法：

- 在用鼠标放置圆弧导线时按 Tab 键，弹出 Arc (圆弧)属性对话框，如图 5.79 所示。

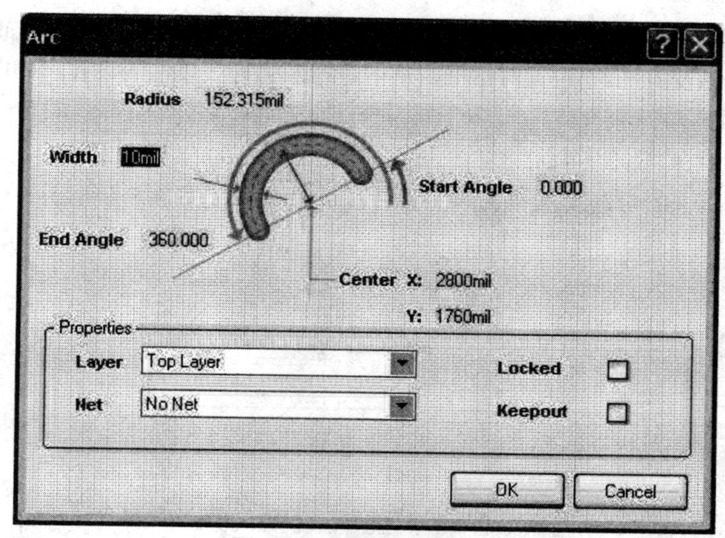

图 5.79　圆弧属性对话框

• 对已经在 PCB 板上放置好的导线，直接双击该导线，也将弹出圆弧属性对话框。圆弧属性对话框中有如下几项设置：

• Radius：设置圆弧的半径。
• Width：设置圆弧的导线宽度。
• Start Angle：设置圆弧的起始角度。
• End Angle：设置圆弧的终止角度。
• Center X 和 Center Y：设置圆弧的圆心位置。
• Layer 下拉选项：选择圆弧所放置的层面。
• Net 下拉选项：选择该圆弧段对应的网络名。
• Locked：设定放置后是否将圆弧的位置固定不动。
• keepout：选择是否屏蔽圆弧导线。

三、放置导线

放置导线的方法：可以执行主菜单命令 Place→Interactive Routing，也可以用组件放置工具栏中的按钮。

进入放置导线状态后，鼠标变成十字游标形状，将鼠标移动到合适的位置，单击鼠标确定导线的起始点，即可放置导线，在导线绘制过程中，可以用空格键对导线方向进行调整。

将鼠标移动到终点位置，单击鼠标确定终点位置，再右击鼠标结束当前该条导线的布置。可继续进行下一条导线布线。

要删除一条导线，先选中该导线，按 Delete 键即可删除该导线，也可以执行菜单命令 Edit→Delete，使鼠标将变成十字游标形状后，将游标移动到所需要删除的导线上单击鼠标即可删除。

设置所放置的导线的属性有如下方法：

在用鼠标放置圆弧导线的时候先单击鼠标，确定导线起始点后，按 Tab 键，将弹出 Interactive Routing(交互布线)设置对话框，从中进行圆弧导线属性的设置，如图 5.80 所示。

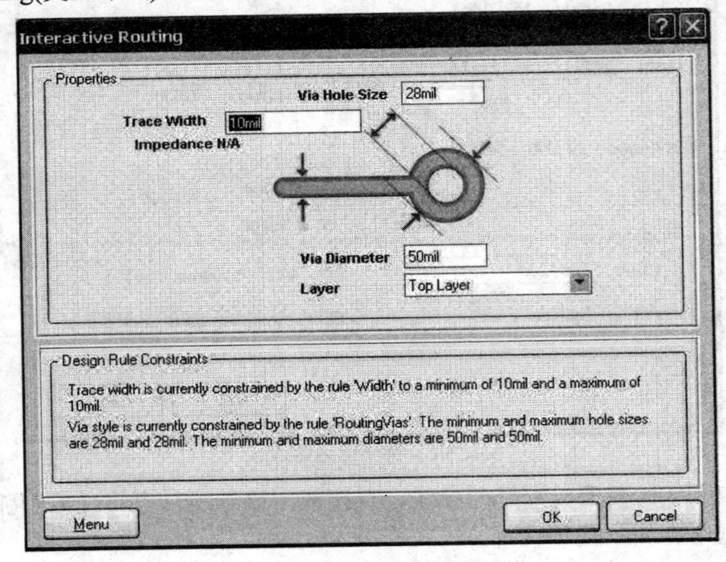

图 5.80　交互布线设置对话框

对已经在 PCB 板上放置好的导线，直接双击该导线，也可以弹出 track(导线属性)设置对话框，如图 5.81 所示。

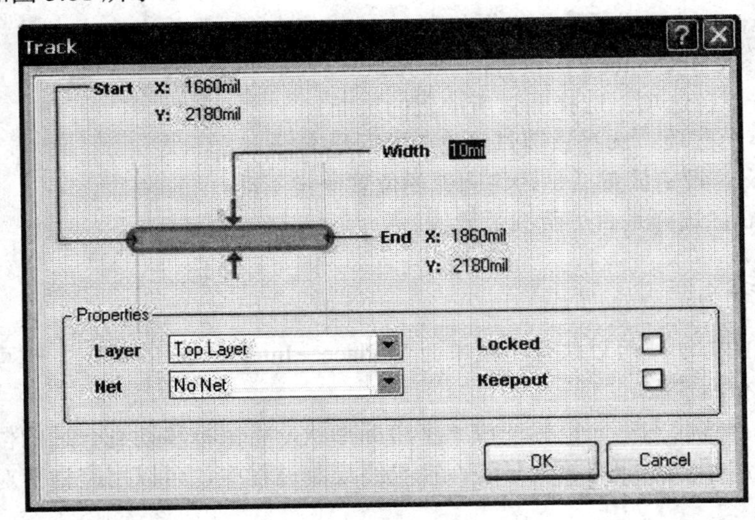

图 5.81　导线属性设置对话框

在导线属性设置对话框中有如下几项设置：

- Start X 和 Start Y：用于确定该段导线的起始位置 x 和 y 的坐标。
- Width：用于设置导线的宽度。
- End X 和 End Y：用于设定导线的终止位置 x 和 y 坐标。
- Layer 下拉列表：用于设置放置的层面。

上机练习 11

- Net 下拉列表：用于设置放置的网络。
- Locked 复选项：用于设定放置后文字是否固定不动。
- Keepout 复选项：用于选择是否屏蔽该导线。

操作练习

绘制下面的电路图，并进行 PCB 布线设置，在安全间距规则中把安全间距设置成 12 mil，在导线宽度规则中把电源线和接地导线宽度设置成 15 mil，其余导线宽度设置成 10 mil。

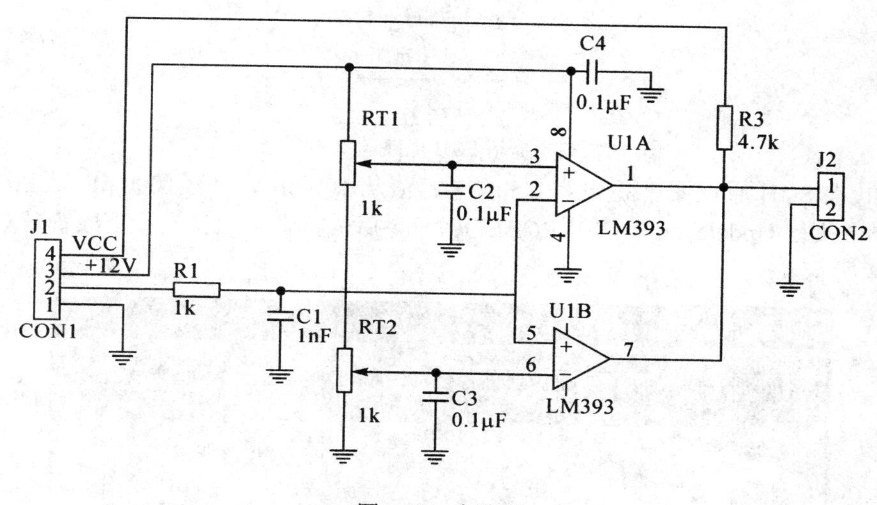

图 5.82　电路图

任务 7　PCB 与原理图的相互更新

在印刷电路设计中，有时在原理图和 PCB 电路图都设计好的情况下，难免会对其中的组件或电路进行局部的更改，更改较多的往往是组件的封装。有时在 PCB 电路板上直接对某个组件的封装做了修改，希望自动地将更改反映到原理图上去；或者原理图上对某组件的数值大小进行修改，也希望能对应更改 PCB 电路板。Protel DXP 提供了 PCB 与原理图相互更新的功能。

一、由 SCH 原理图更新 PCB

对 SCH 原理图进行了部分更改后，在原理图编辑环境下，执行主菜单命令 Design→Update PCB CLK.PCBDOC，如图 5.83 所示，即可完成从 SCH 原理图对 PCB 电路图的更新。

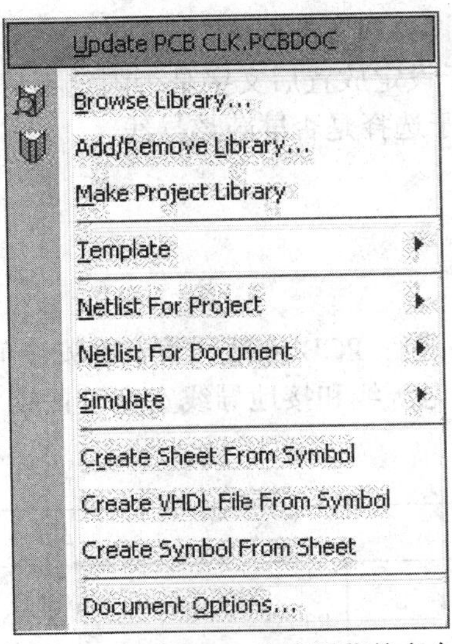

图 5.83　更新 PCB 电路图菜单命令

例如，在 SCH 原理图中将电容 C5 的电容值从 100 pF 更改为 1000 pF，从 Protel DXP 的主菜单中执行 Update PCB CLK.PCBDOC 命令后，将弹出项目设计更改管理对话框，如图 5.84 所示。

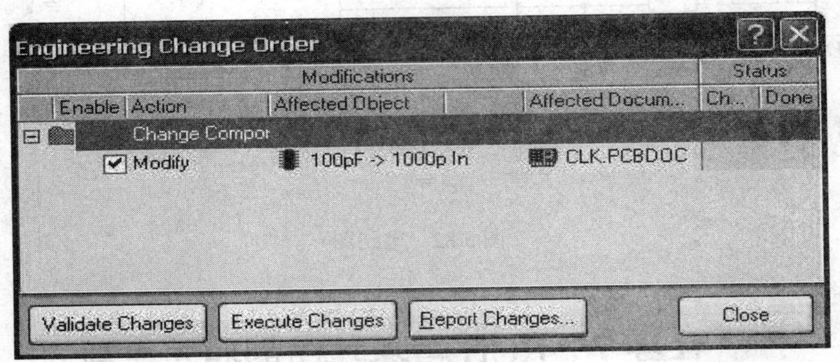

图 5.84　项目设计更改管理对话框

在项目设计更改管理对话框中单击 Validate Changes 按钮，检查更改，然后再单击 Execute Changes 按钮，执行更改。如果没有错误，SCH 原理图的更改将自动更新到 PCB 电路板上。更新前与更新后的 PCB 电路图，如图 5.85 和图 5.86 示。

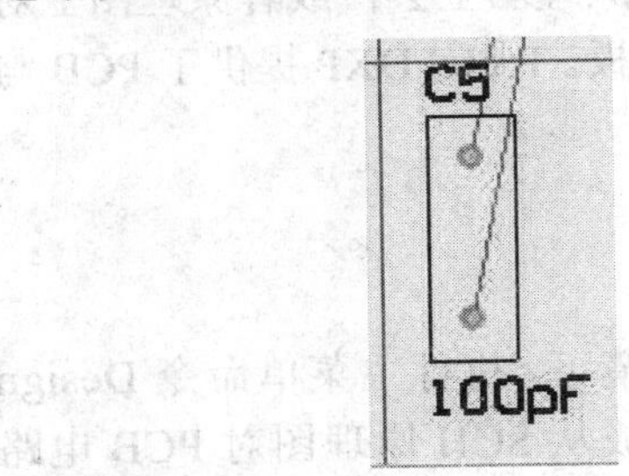

图 5.85　更新前的 PCB 电路图

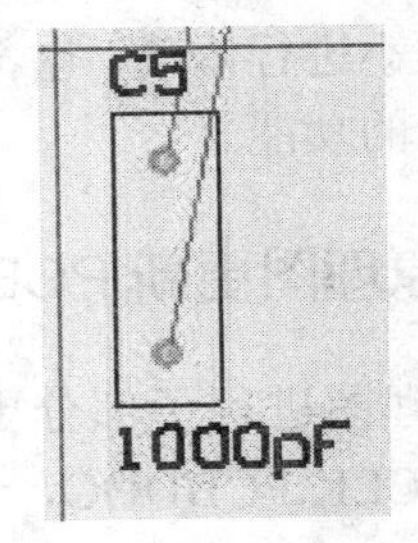

图 5.86　更新后的 PCB 电路图

二、由 PCB 更新原理图

由 PCB 图更新 SCH 原理图与由 SCH 原理图更新 PCB 电路图的方法相似。在 PCB 设计环境下，执行主菜单命令 Design→Update Schematic in［CLK.PRJPCB］，如图 5.87 所示。

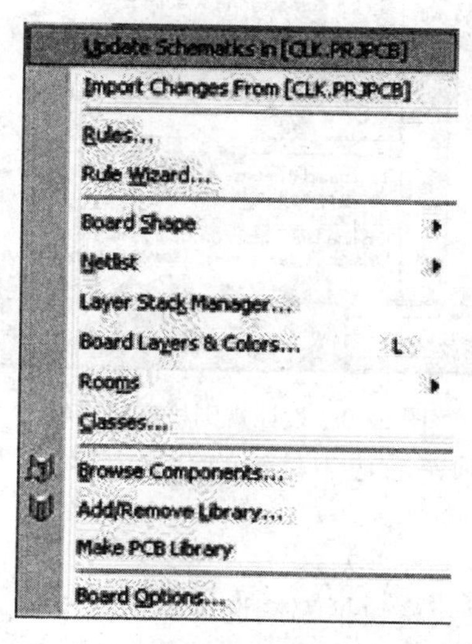

图 5.87　PCB 图更新 SCH 图操作

例如，在这里对 CLK.PCBDOC 电路板中的电阻 C5 进行更改，将电阻值从 100 pF 改为 1000 pF。

执行上述菜单命令后，也将弹出项目设计更改管理对话框。使用方法与上述相同，可以将 C5 的更改反映到 SCH 原理图上。更改前后的 SCH 原理图，如图 5.88 和图 5.89 所示。

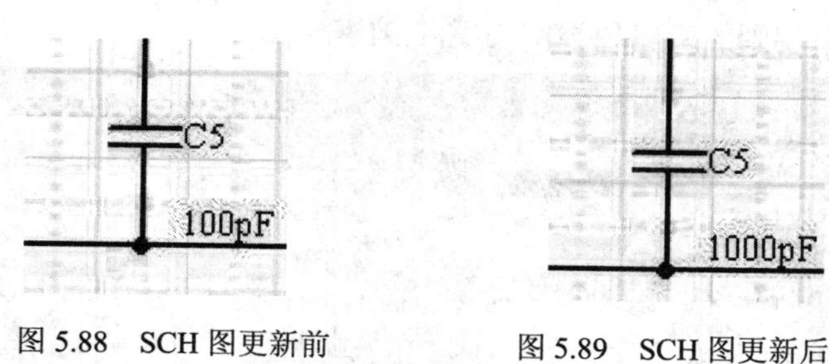

图 5.88　SCH 图更新前　　　图 5.89　SCH 图更新后

三、设计规则检查 DRC

电路板设计完成之后，为了保证所进行的设计工作，比如组件的布局、布线等符合所定义的设计规则，Protel DXP 提供了设计规则检查功能 DRC (Design Rule Check)，对 PCB 板的完整性进行检查。

启动设计规则检查 DRC 的方法是执行主菜单命令 Tools→Design Rule Check…，将弹出 Design Rule Checker (设计规则检查)对话框，如 5.90 所示。

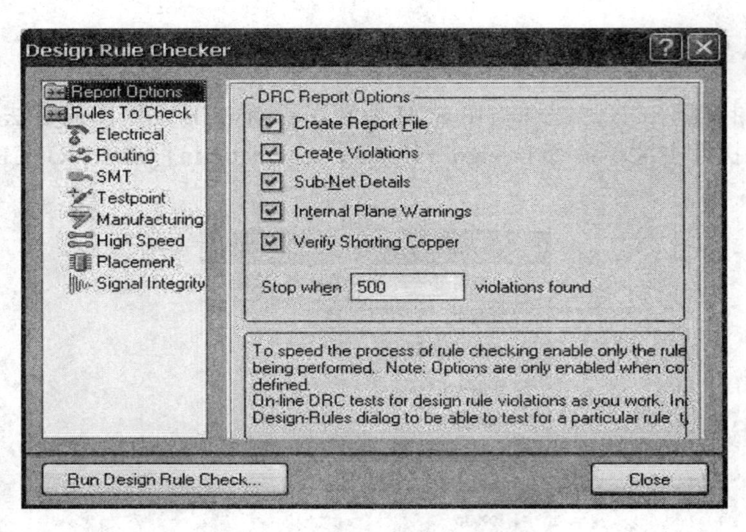

图 5.90　设计规则检查对话框

该对话框中左边是设计项，右边为具体的设计内容。

设计选项有两个：

(1) Report Options 节点。

该项设置生成的 DRC 报表将包括哪些选项。由图 5.90 可以看到 DRC 报表的选项可以有 Create Report File (生成报表文件)、Create Violations (报告违反规则的项)、Sub.Net Details(列出子网络的细节)、Internal Plane Warmngs (内层检查)等。选项 Stopwhen…violationsfound 用于限定最高选项数，以便停止报表生成。系统默认所有的选项都被选中。

(2) Rules To Check 节点。

该项列出了 8 项设计规则，这些设计规则都是在 PCB 设计规则和约束对话框里定义的设计规则。单击左边各选择项，详细内容会在右边的窗口中显示出来，包括显示 Rule (规则名称)、Category (规则的所属种类)，如图 5.91 所示。

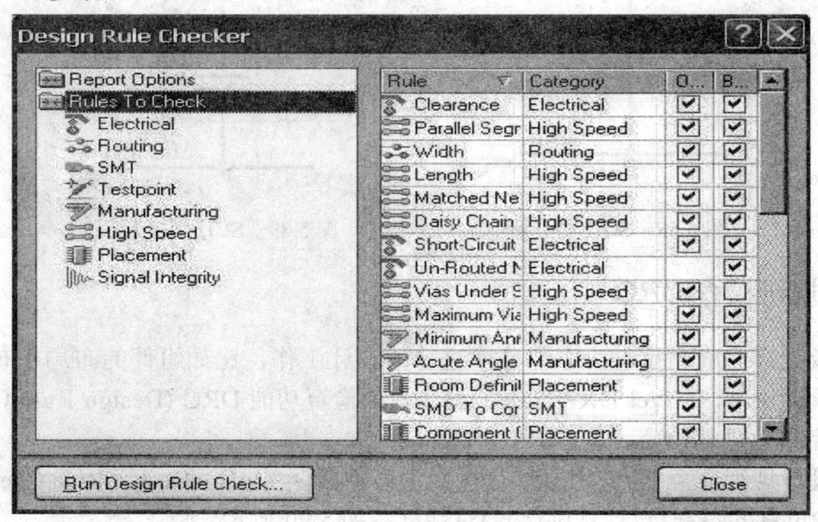

图 5.91　选择设计规则选项

Online 选项表示在电路板设计的同时进行同步检查，即在线地进行检查。Batch 选择项表示在运行 DRC 检查时要进行检查的项目。

四、生成检查报告

对要进行检查的规则设置完成之后，在 Rules To Check 对话框中单击 Run Design Rule Check…按钮，进入规则检查。系统将弹出 Messages 信息框，在这里列出了所有违反规则的信息项，包括所违反的设计规则的种类、所在文件、错误信息、序号等，如图 5.92 所示。

Messages

Class	Document	Source	Message	Time	Date	N..
Situs ...	CLK.PCB...	Situs	Starting Completion	05:45:5...	2004-3-...	13
Routi...	CLK.PCB...	Situs	Calculating Board Density	05:45:5...	2004-3-...	14
Situs ...	CLK.PCB...	Situs	Completed Completion in 1 Second	05:45:5...	2004-3-...	15
Situs ...	CLK.PCB...	Situs	Starting Straighten	05:45:5...	2004-3-...	16
Routi...	CLK.PCB...	Situs	32 of 32 connections routed (100.00%...	05:45:5...	2004-3-...	17

图 5.92　Messages 信息框

同时在 PCB 电路图中以绿色标志标出不符合设计规则的位置，用户可以回到 PCB 编辑状态下相应位置对错误的设计进行修改。再重新运行 DRC 检查，直到没有错误为止。DRC 设计规则检查完成后，系统将生成设计规则检查报告，文件名后缀为.DRC，如图 5.93 所示。

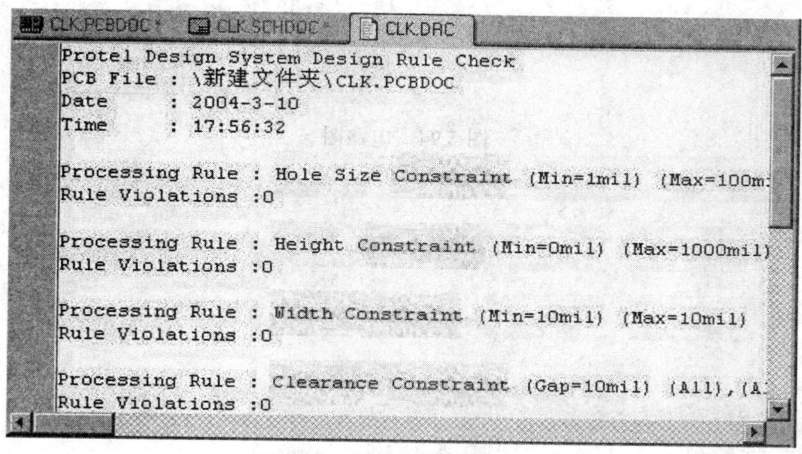
CLK.PCBDOC *　CLK.SCHDOC *　CLK.DRC

```
Protel Design System Design Rule Check
PCB File : \新建文件夹\CLK.PCBDOC
Date     : 2004-3-10
Time     : 17:56:32

Processing Rule : Hole Size Constraint (Min=1mil) (Max=100m
Rule Violations :0

Processing Rule : Height Constraint (Min=0mil) (Max=1000mil)
Rule Violations :0

Processing Rule : Width Constraint (Min=10mil) (Max=10mil)
Rule Violations :0

Processing Rule : Clearance Constraint (Gap=10mil) (All),(A
Rule Violations :0
```

图 5.93　设计规则检查报告

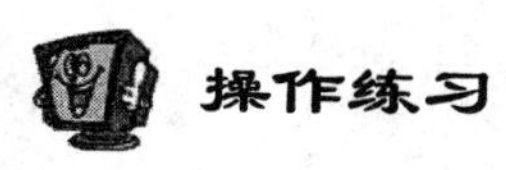
操作练习

上机练习 12

绘制图 5.94，要求：

(1) 参数设置(单面板，线宽和线距都设置为 0.3 mm)。

(2) 边框大小为 60 mm × 40 mm。

(3) 贴片元件设置为 Bottom Layer。
(4) 元件布局合理。
(5) 元件布线美观。
(6) 整体线路合理。
(7) 进行 DRC 检查，并更正错误。

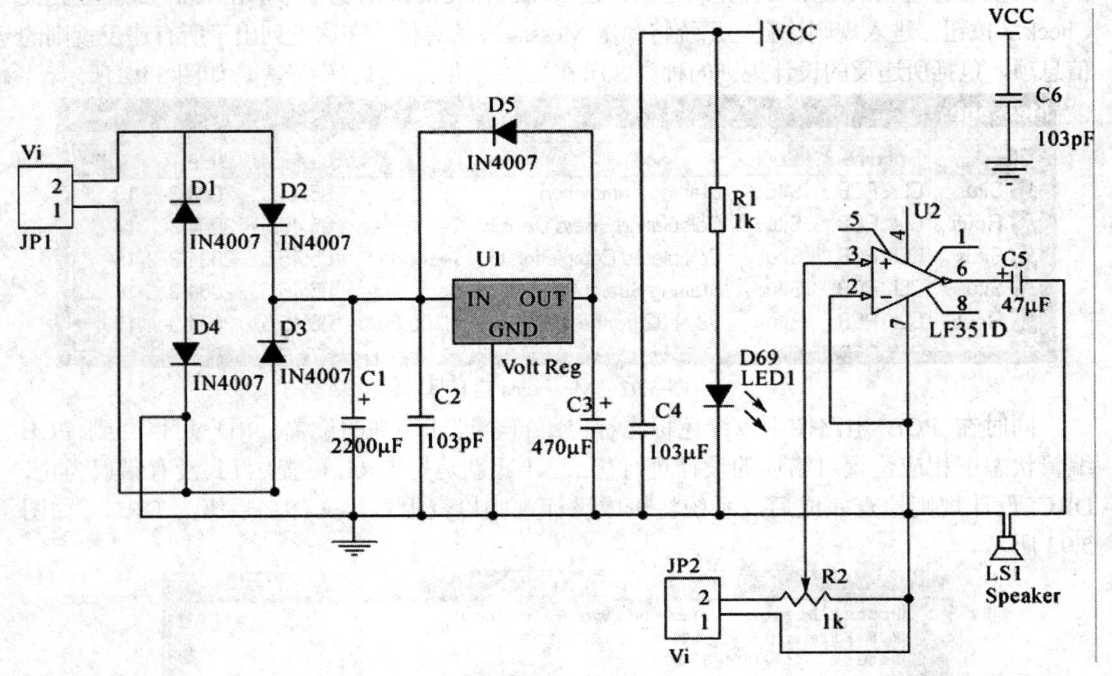

图 5.94　电路图

项目六 PCB 设计

【项目导读】

本项目介绍了 10 种不同的设计规则，这些设计规则包括导线放置、导线布线方法、组件放置、布线规则、组件移动和信号完整性等规则。根据这些规则，Protel DXP 进行自动布局和自动布线。

【项目目标】

1. 知识目标

- 掌握 PCB 布线规则的设置；
- 掌握添加新的元件封装方法；
- 掌握 PCB 各种高级编辑技巧。

2. 技能目标

- 学会 PCB 布线规则的设置；
- 学会对 PCB 进行编辑操作；
- 知道印刷电路板的一般工艺流程。

任务 1 布 线

对于具体的电路可以采用不同的设计规则，如果是设计双面板，很多规则可以采用系统默认值，系统默认值就是对双面板进行布线的设置。下面，将分别介绍各类设计规则的设置和使用方法。

一、电气设计规则

Electrical(电气设计)规则在布线时必须遵守，包括安全距离、短路、未布线网络和未连接管脚等 4 个选项区域设置。

1. Clearance(安全距离)选项区域设置

安全距离指的是 PCB 电路板在布置铜膜导线时，组件焊盘和焊盘之间、焊盘和导线之间、导线和导线之间的最小的距离。

下面以新建一个安全规则为例，简单介绍安全距离的设置方法。

(1) 在 Clearance 选项上右击鼠标，从弹出的快捷菜单中选择 New Rule……选项，如图 6.1 所示。

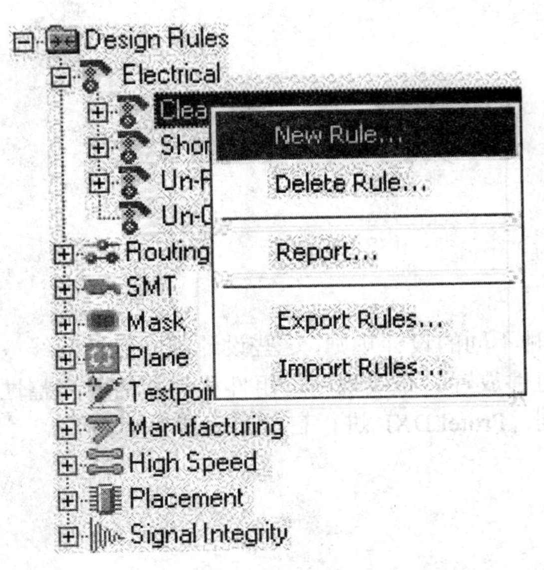

图 6.1　新建规则

系统将以当前设计规则为准，生成名为 Clearance_1 的新设计规则，其设置对话框如图 6.2 所示。

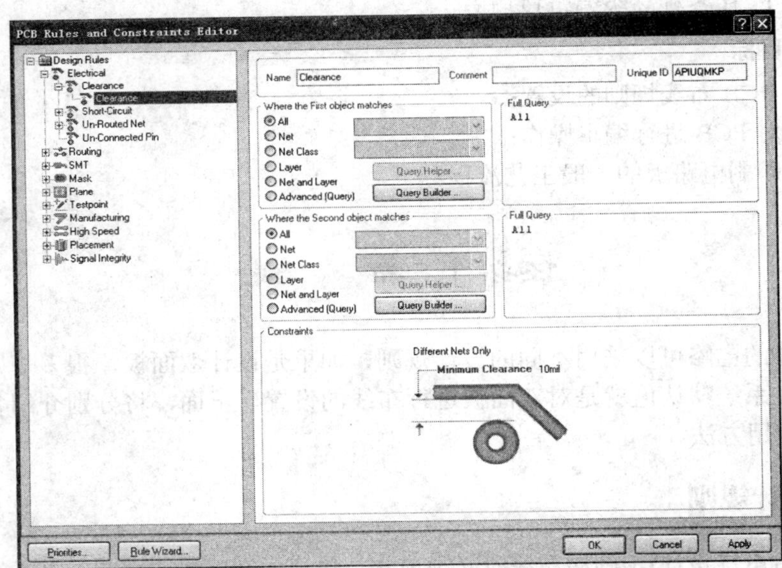

图 6.2　新建 Clearance_1 设计规则

(2) 在 Where the First object matches 选项区域中选定一种电气类型。在这里选定 Net 单选项，同时下拉菜单中选择设定的任一网络名。在右边 Full Query 区域中出现 InNet( ) 字样，其中括号里也会出现对应的网络名。

(3) 同样的在 Where the Second object matches 选项区域中也选定 Net 单选项，从下拉菜单中选择另外一个网络名。

(4) 在 Constraints 选项区域中的 Minimum Clearance 文本框里输入 8 mil。这里 mil 为英制单位，1 mil=10.3 inch，l inch=2.64 cm。文中其他位置的 mil 也代表同样的长度单位。

(5) 单击 Close 按钮，将退出设置，系统自动保存更改。

设计完成效果如图 6.3 所示。

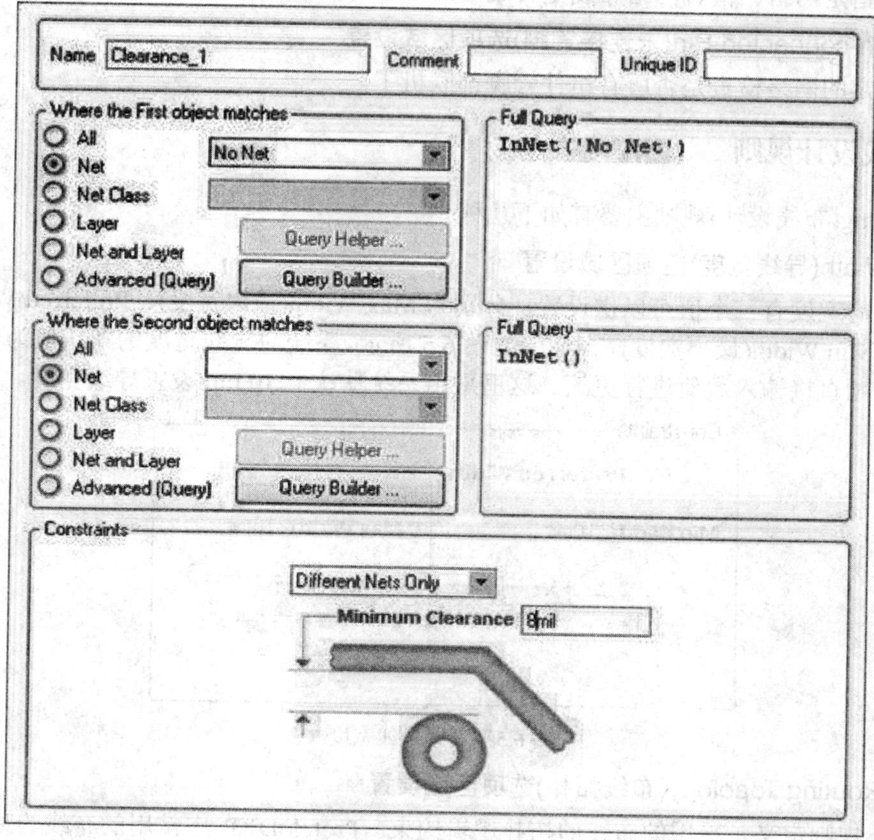

图 6.3　设置最小距离

2. Short Circuit(短路)选项区域设置

短路设置就是是否允许电路中有导线交叉短路。设置方法同上，系统默认不允许短路，即取消 Allow Short Circuit 复选项的选定，如图 6.4 所示。

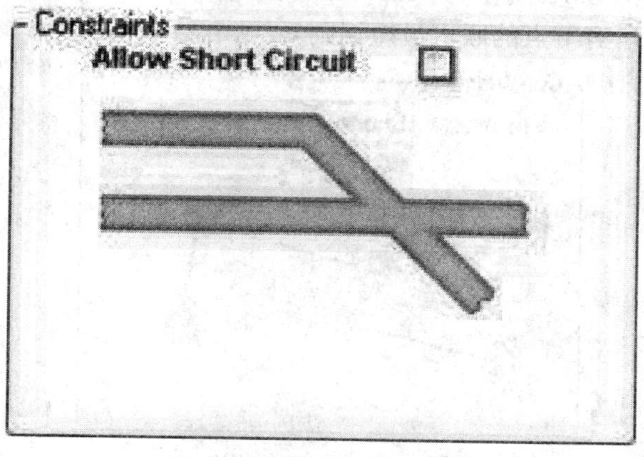

图 6.4　短路是否允许设置

3. Un-Routed Net(未布线网络)选项区域设置

可以指定网络、检查网络布线是否成功，如果不成功，将保持用飞线连接。

4. Un-connected Pin(未连接管脚)选项区域设置

对指定的网络检查是否所有组件管脚都联机了。

二、布线设计规则

Routing(布线设计)规则主要有如下几种。

1. Width(导线宽度)选项区域设置

导线的宽度有三个值可以供设置，分别为 Max Width(最大宽度)、Preferred Width(最佳宽度)、Min Width(最小宽度)三个值，如图 6.5 所示。系统对导线宽度的默认值为 10 mil，单击每个项直接输入数值进行更改。这里采用系统默认值 10 mil 设置导线宽度。

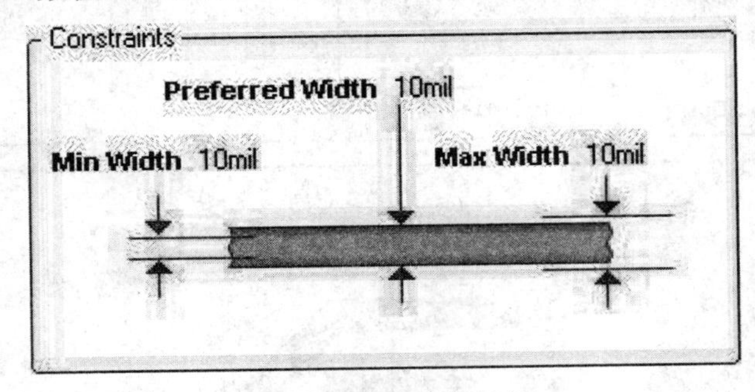

图 6.5　设置导线宽度

2. Routing Topology(布线拓扑)选项区域设置

拓扑规则定义是采用的布线的拓扑逻辑约束。Protel DXP 中常用的布线约束为统计最短逻辑规则，用户可以根据具体设计选择不同的布线拓扑规则。Protel DXP 提供了以下几种布线拓扑规则。

1) Shortest(最短)规则设置

最短规则设置如图 6.6 所示，从 Topology 下拉菜单中选择 Shortest 选项，该选项的定义是在布线时连接所有节点的联机最短规则。

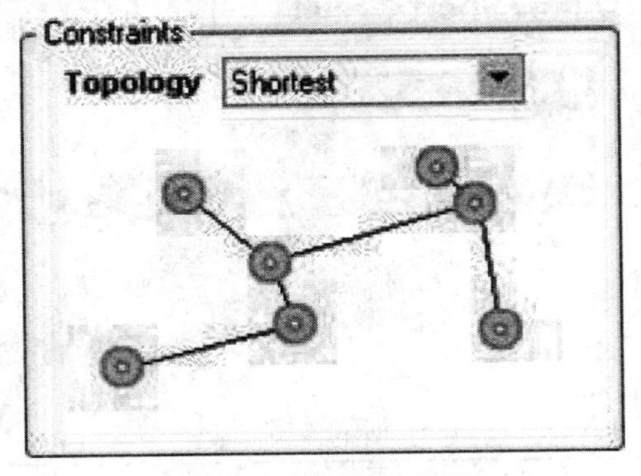

图 6.6　最短拓扑规则

2) Horizontal(水平)规则设置

水平规则设置如图 6.7 所示，从 Topology 下拉菜单中选择 Horizontal 选项。它采用连接节点的水平联机最短规则。

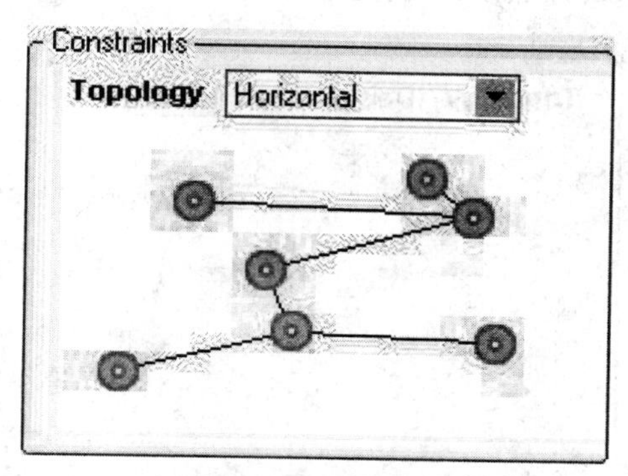

图 6.7　水平拓扑规则

3) Vertical(垂直)规则设置

垂直规则设置如图 6.8 所示，从 Topology 下拉菜单中选择 Vertical 选项。它采用连接所有节点，在垂直方向联机最短规则。

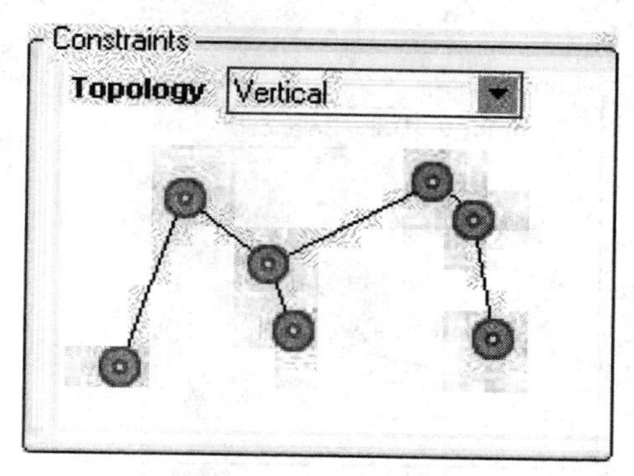

图 6.8　垂直拓扑规则

4) Daisy-Simple(简单雏菊)规则设置

简单雏菊规则设置如图 6.9 所示，从 Topology 下拉菜单中选择 Daisy-Simple 选项。它采用链式连通法则，从一点到另一点的连接中间连通所有的节点，并使连线最短。

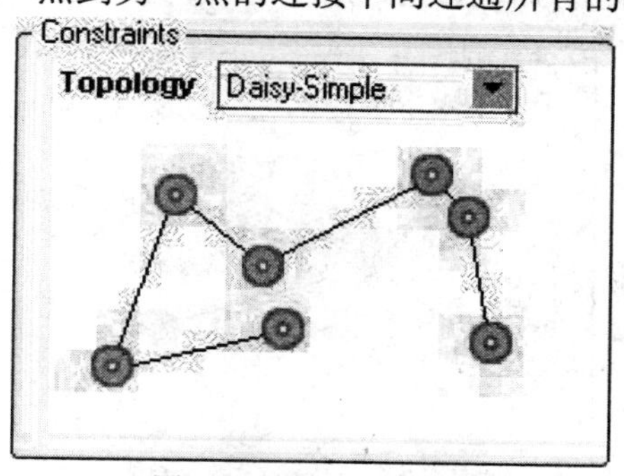

图 6.9　简单雏菊规则

5) Daisy-Mid Driven(雏菊中点)规则设置

雏菊中点规则设置如图 6.10 所示，从 Topology 下拉菜单中选择 Daisy-Mid Diven 选项。该规则选择一个 Source(源点)，以它为中心向左右连通所有的节点，并使连线最短。

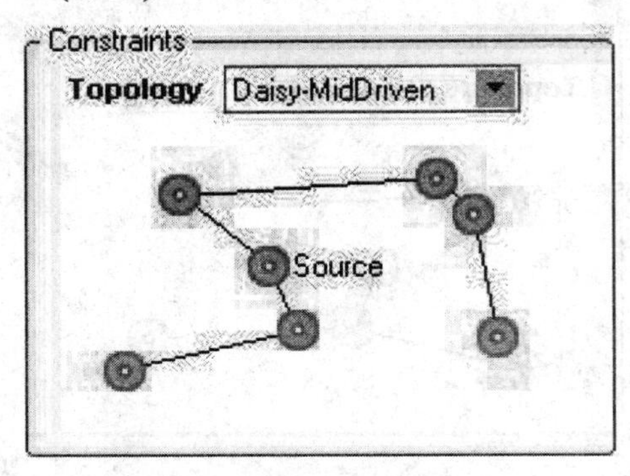

图 6.10　雏菊中点规则

6) Daisy-Balanced(雏菊平衡)规则设置

雏菊平衡规则设置如图 6.11 所示，从 Topology 下拉菜单中选择 Daisy-Balanced 选项。它也选择一个源点，将所有的中间节点数目平均分成组，所有的组都连接在源点上，并使连线最短。

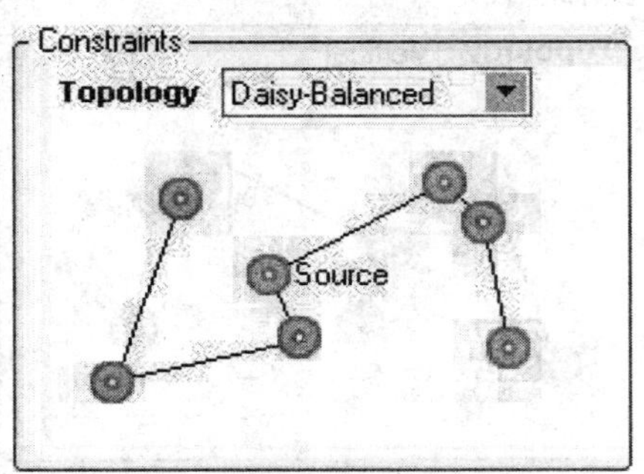

图 6.11　雏菊平衡规则

7) Star burst(星形)规则设置

星形规则设置如图 6.12 所示，从 Topology 下拉菜单中选择 Starburst 选项。该规则也是采用选择一个源点，以星形方式去连接别的节点，并使连线最短。

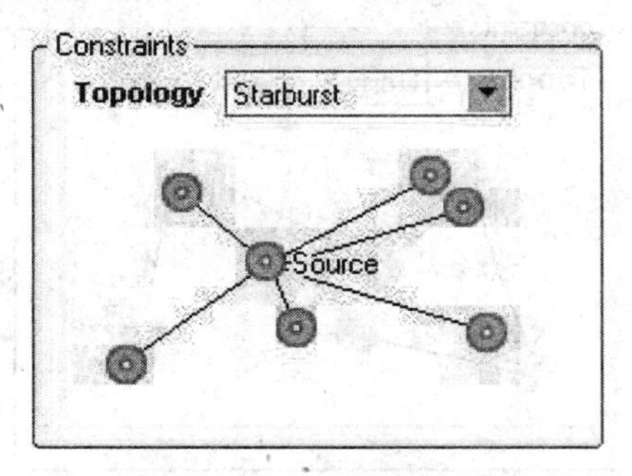

图 6.12　Star burst(星形)规则

3. Routing Priority(布线优先级别)选项区域设置

该规则用于设置布线的优先次序，设置的范围从 0～100，数值越大，优先级越高，如图 6.13 所示。

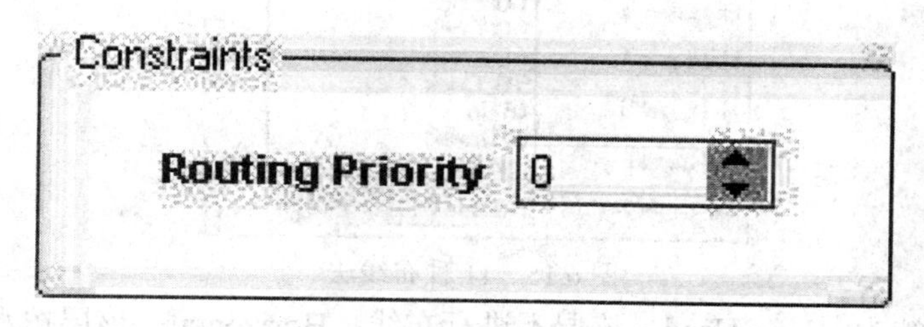

图 6.13　布线优先级设置

4. Routing Layers(布线图)选项区域设置

该区域设置布线板的导线走线方法。包括顶层和底层布线层，共有 32 个布线层可以设置，如图 6.14 所示。

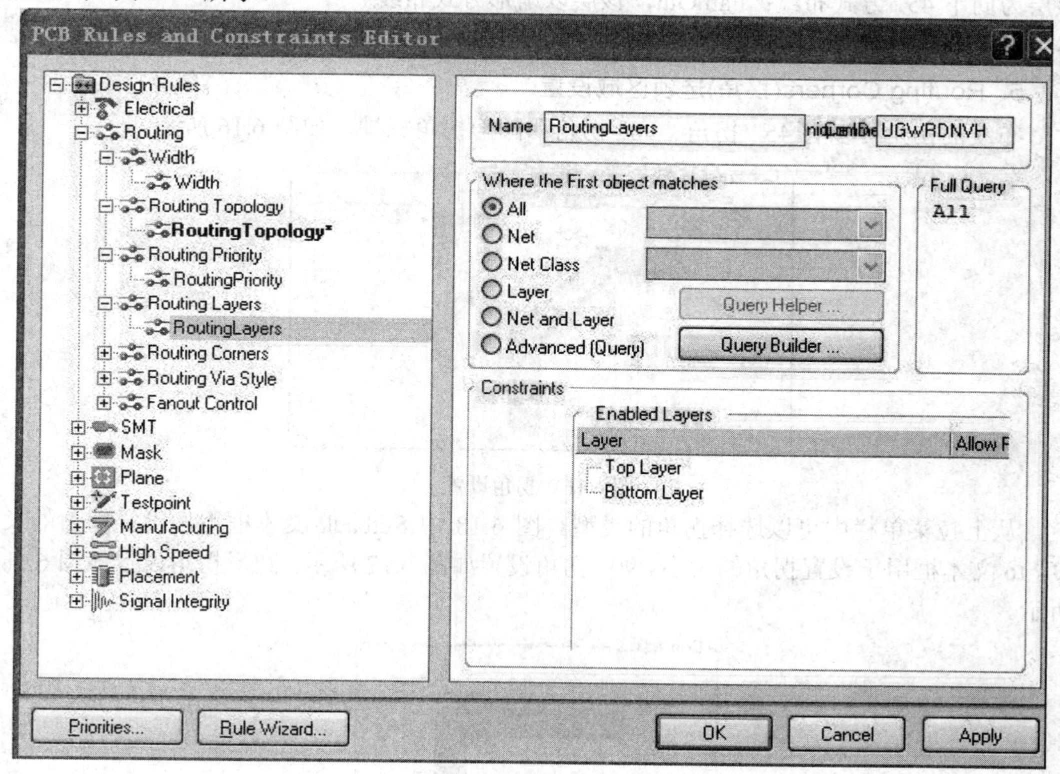

图 6.14　布线层设置

由于设计的是双层板，故 Mid-Layer1 到 Mid-Layer30 都是不存在的，这些选项为灰色不能使用，只能使用 Top Layer 和 Bottom Layer 两层。每层对应的右边为该层的布线走法。

Prote DXP 提供了 11 种布线走法，如图 6.15 所示。

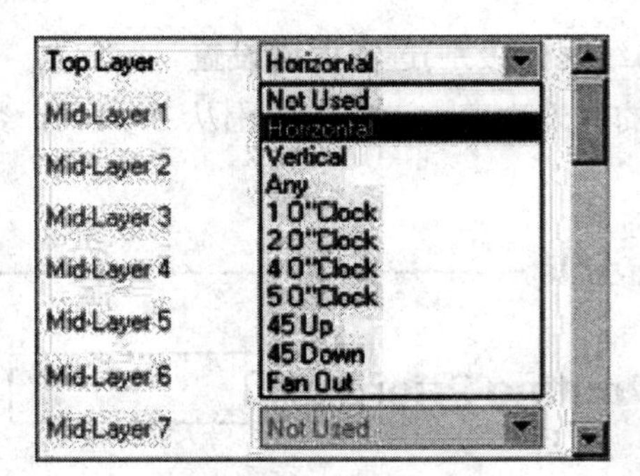

图 6.15　11 种布线法

各种布线方法为：Not Used，该层不进行布线；Horizontal，该层按水平方向布线；Vertical，该层为垂直方向布线；Any，该层可以任意方向布线；1O"Clock，该层为按一点钟方向布线；2O"Clock，该层为按两点钟方向布线；4O"Clock，该层为按四点钟方向布线；5O"Clock，该层为按五点钟方向布线；45 Up，该层为向上 45° 方向布线、45 Down，该层为向下 45° 方式布线；Fan Out，该层以扇形方式布线。

对于系统默认的双面板情况，一面布线采用 Horizontal 方式，另一面采用 Vertical 方式。

5. Routing Corners(拐角)选项区域设置

布线的拐角可以有 45° 拐角、90° 拐角和圆形拐角三种，如图 6.16 所示。

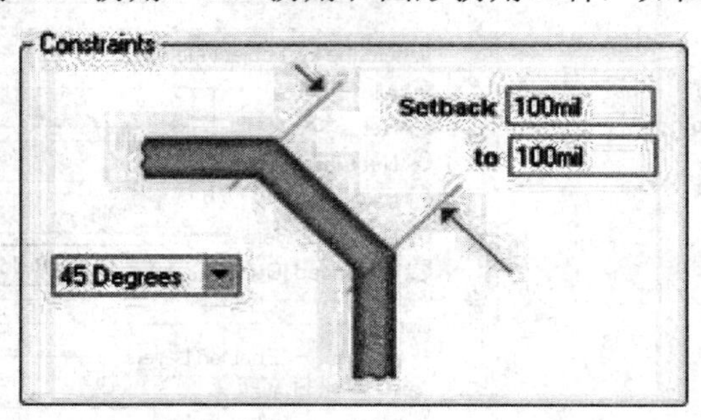

图 6.16　拐角设置

从上拉菜单栏中可以选择拐角的类型。图 6.18 中 Setback 文本框用于设定拐角的长度。to 文本框用于设置拐角的大小。90° 拐角设置如图 6.17 所示，圆形拐角设置如图 6.18 所示。

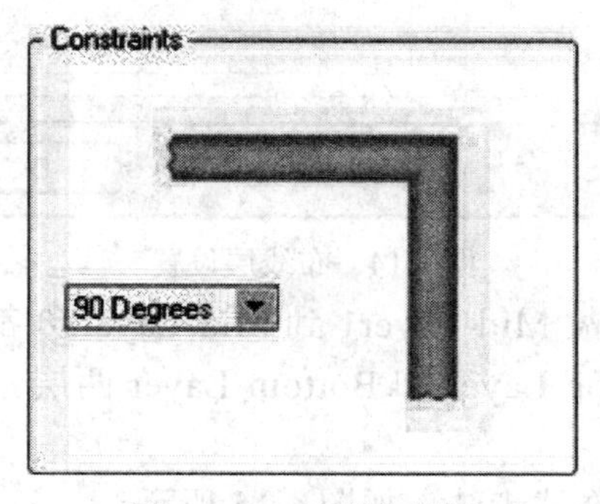

图 6.17　90° 拐角设置

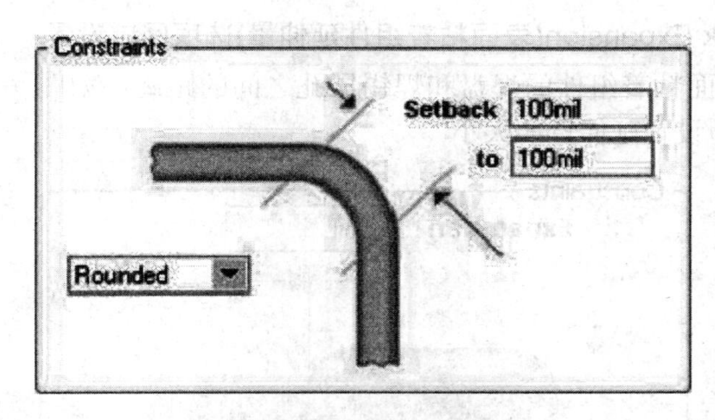

图 6.18 圆形拐角设置

6. Routing Via Style(过孔)选项区域设置

该规则设置用于设置布线中过孔的尺寸，其设置面板如图 6.19 所示。

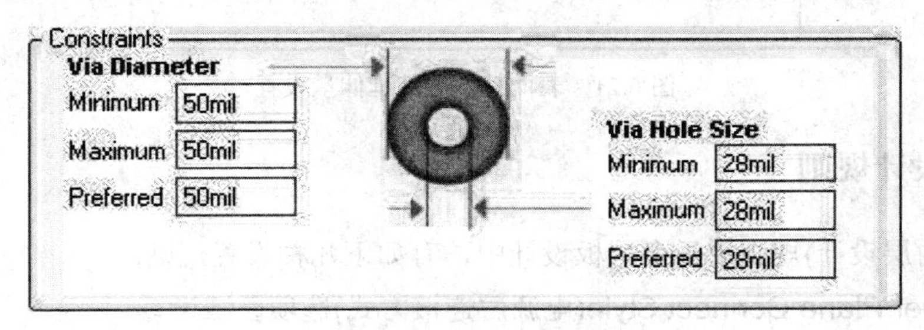

图 6.19 过孔设置

可以调整的参数有过孔的直径 Via Diameter 和过孔中的通孔直径 Via Hole Size，包括 Maximum(最大值)、Minimum(最小值)和 Preferred(最佳值)。设置时需注意过孔直径和通孔直径的差值不宜过小，否则将不宜于制板加工。合适的差值在 10 mil 以上。

三、阻焊层设计规则

Mask(阻焊层设计)规则用于设置焊盘到阻焊层的距离，有如下几种规则。

1. Solder Mask Expansion(阻焊层延伸量)选项区域设置

该规则用于设计从焊盘到阻碍焊层之间的延伸距离。在电路板的制作时，阻焊层要预留一部分空间给焊盘，这个空间就是防止阻焊层和焊盘相重叠，如图 6.20 所示系统默认值为 4 mil。

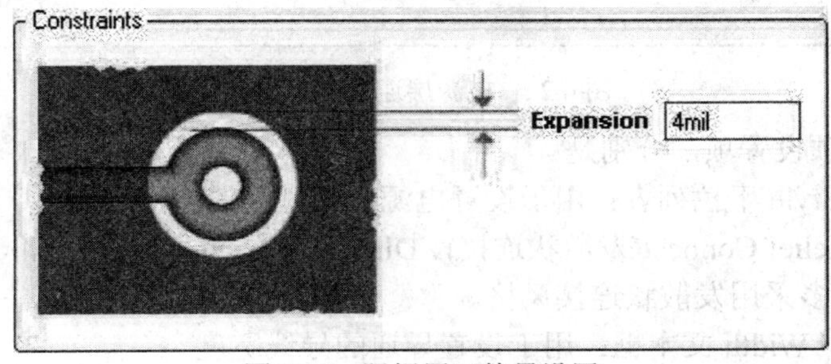

图 6.20 阻焊层延伸量设置

2. Paste Mask Expansion(表面粘着组件延伸量)选项区域设置

该规则设置表面粘着组件的焊盘和焊锡层孔之间的距离，如图 6.21 所示，图中的 Expansion 设置项为设置延伸量的大小。

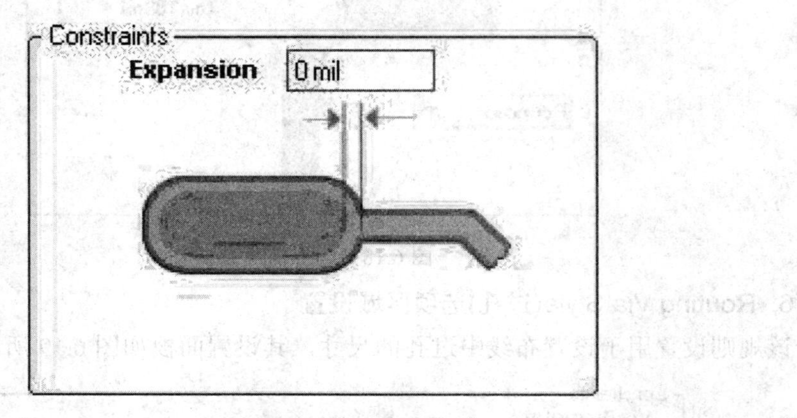

图 6.21　表面粘着组件延伸量设置

四、内层设计规则

Plane(内层设计)规则用于多层板设计中，有如下几种设置规则。

1. Power Plane Connect Style(电源层连接方式)选项区域设置

电源层连接方式规则用于设置过孔到电源层的连接，其设置面板如图 6.22 所示。

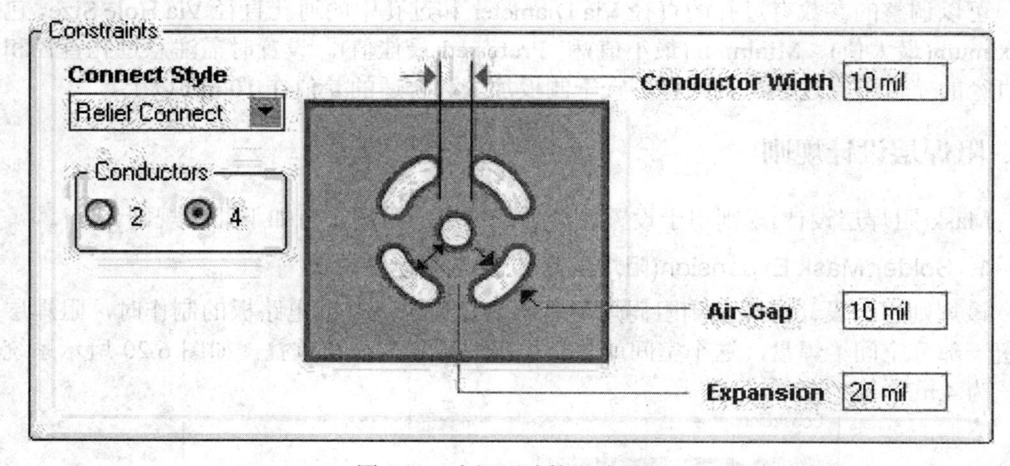

图 6.22　电源层连接方式设置

图中共有 6 项设置项，分别是：

- Connect Style 下拉列表：用于设置电源层和过孔的连接风格。下拉列表中有 3 个选项可以选择：Relief Connect(发散状连接)、Direct Connect(直接连接)和 No Connect(不连接)。工程制板中多采用发散状连接风格。
- Conductor Width 文本框：用于设置导通的导线宽度。

- Conductors 复选项：用于选择连通的导线的数目，有 2 条或者 4 条导线供选择。
- Air-Gap 文本框：用于设置空隙的宽度。
- Expansion 文本框：用于设置从过孔到空隙之间的距离。

2. Power Plane Clearance(电源层安全距离)选项区域设置

该规则用于设置电源层与穿过它的过孔之间的安全距离，即防止导线短路的最小距离，设置面板如图 6.23 所示，系统默认值为 20 mil。

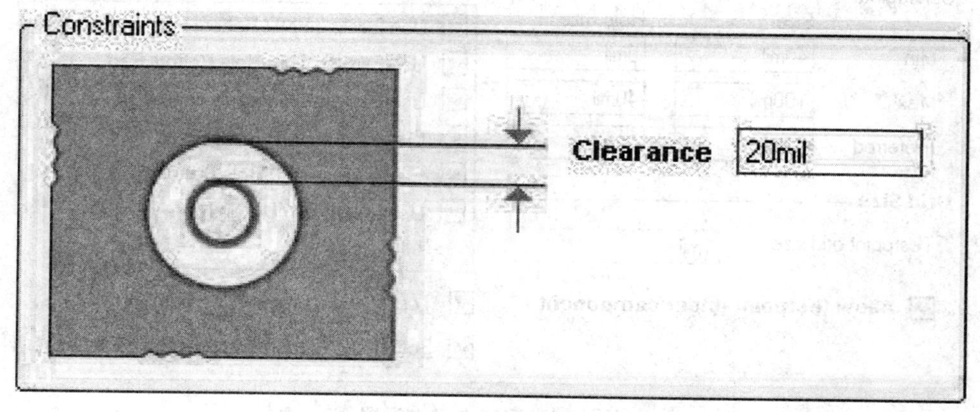

图 6.23 电源层安全距离设置

3. Polygon Connectstyle(敷铜连接方式)选项区域设置

该规则用于设置多边形敷铜与焊盘之间的连接方式，设置面板如图 6.24 所示。

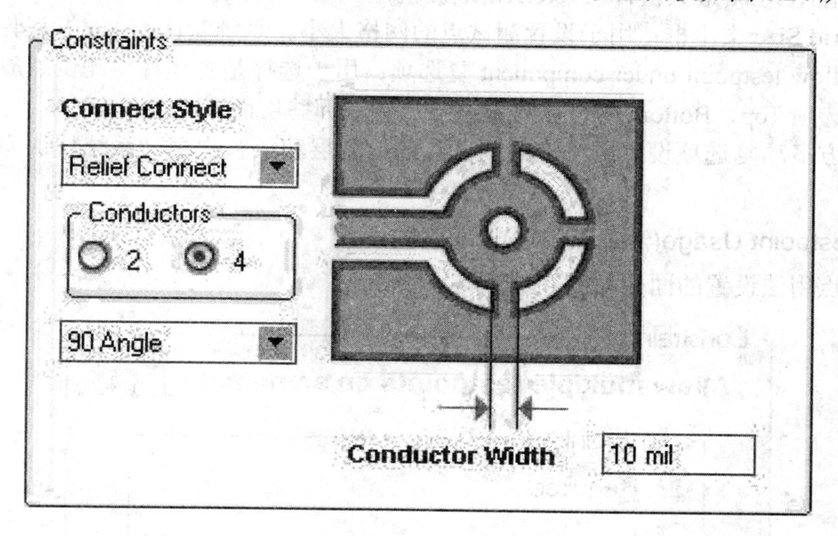

图 6.24 敷铜连接方式设置

该设置对话框中 Connect Style、Conductors 和 Conductor Width 的设置与 Power Plane Connect Style 选项设置意义相同，在此不再赘述。

最后可以设定敷铜与焊盘之间的连接角度，有 90 Angle(90°)和 45 Angle(45°)两种可选。

五、测试点设计规则

Testpiont(测试点设计)规则用于设计测试点的形状、用法等，有如下几项设置。

1. Testpoint Style(测试点风格)选项区域设置

该规则中可以指定测试点的大小和格点大小等，设置界面如图 6.25 所示。

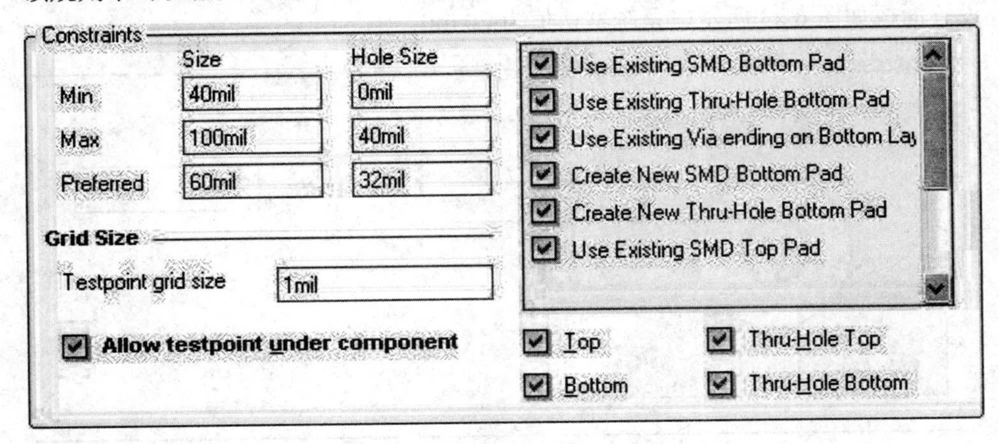

图 6.25　测试点风格设置

该设置对话框有如下选项：

- Size 文本框为测试点的大小，Hole Size 文本框为测试点的过孔的大小，可以指定 Min(最小值)、Max(最大值)和 Preferred(最优值)。
- Grid Size 文本框：用于设置测试点的网格大小。系统默认为 1 mil 大小。
- Allow testpoint under component 复选项：用于选择是否允许将测试点放置在组件下面。复选项 Top、Bottom 等可以将测试点放置在哪些层面上。

右上方多项复选项设置所允许的测试点的放置层和放置次序。系统默认为所有规则都选中。

2. Testpoint Usage(测试点用法)选项区域设置

测试点用法设置的面板如图 6.26 所示。

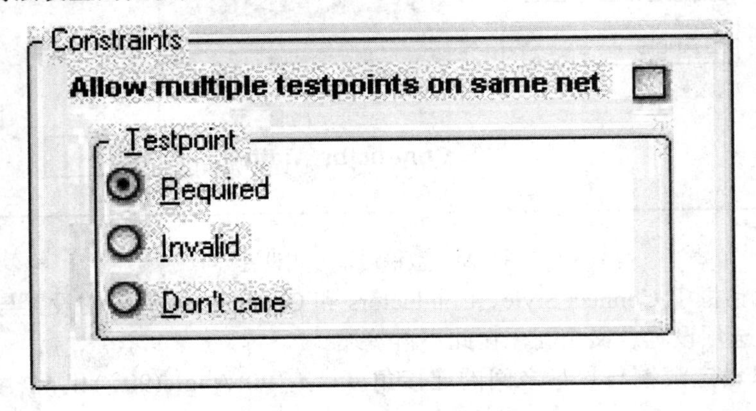

图 6.26　测试点用法设置

该设置对话框有如下选项：

• Allow multiple testpoints on same net 复选项：用于设置是否可以在同一网络上允许多个测试点存在。

• Testpoint 选项区域中的单选项选择对测试点的处理，可以是 Required(必须处理)、Invalid(无效)和 Don't care(可忽略)。

六、电路板制板规则

Manufacturing(电路板制板)规则用于对电路板制板的设置，有如下几类设置：

1. Minimumannular Ring(最小焊盘环宽)选项区域设置

电路板制作时的最小焊盘宽度，即焊盘外直径和过孔直径之间的有效期值，系统默认值为 10 mil。

2. Acute Angle(导线夹角设置)选项区域设置

设置两条铜膜导线的交角，不小于 90°。

3. Holesize(过孔直径设置)选项区域设置

该规则用于设置过孔的内直径大小。可以指定过孔的内直径的最大值和最小值。

Measurement Method 下拉列表中有两种选项：Absolute 表示以绝对尺寸来设计，Percent 表示以相对比例来设计。采用绝对尺寸的过孔直径设置对话框如图 6.27 所示(以 mil 为单位)。

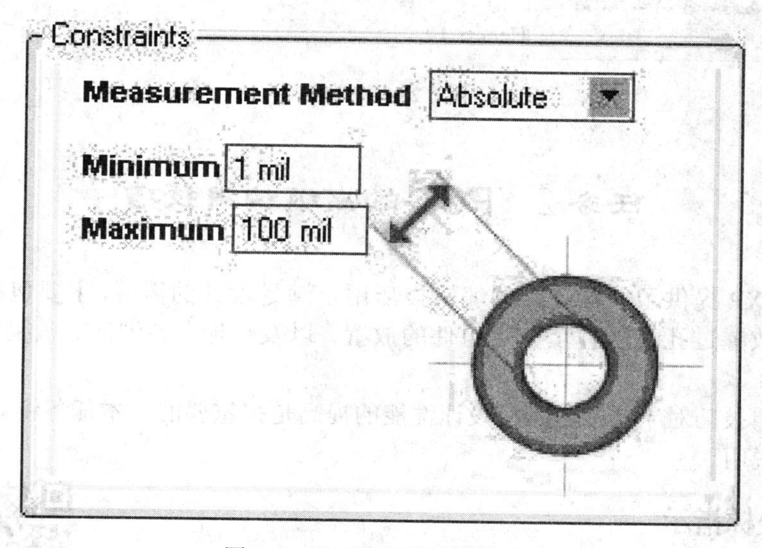

图 6.27　过孔直径设置对话框

4. Layers Pais(使用板层对)选项区域设置

在设计多层板时，如果使用了盲过孔，就要在这里对板层对进行设置。对话框中的复选取项用于选择是否允许使用板层对(layers pairs)设置。

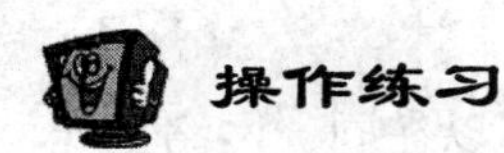

要求：手动布局，尽量手动布线，信号线线宽为：0.5 mm，电源线跟地线的线宽为：0.8 mm，如图 6.28 所示。

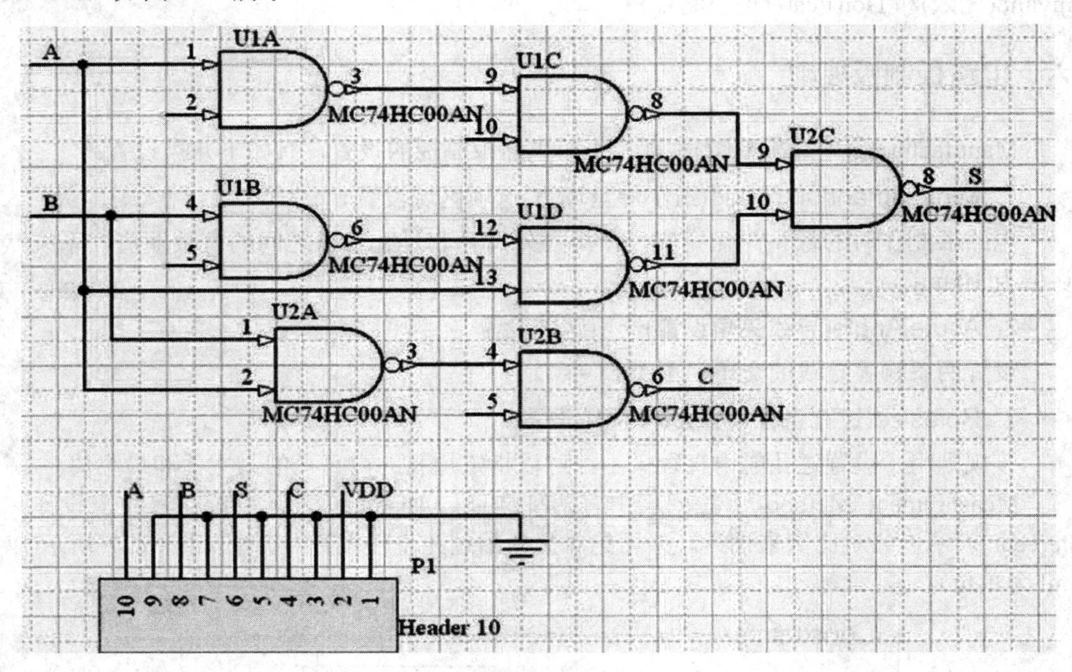

图 6.28　电路图

任务 2　PCB 的高级编辑技巧

Protel DXP 提供了一些高级的编辑技巧用于满足设计的需要，主要包括放置文字、放置焊盘、放置过孔和放置填充等组件的放置，以及包地、补泪滴、敷铜等 PCB 编辑技巧。

这些编辑技巧对于实际电路板设计性能的提高是很重要的，本任务将对这些编辑技巧进行详细说明。

一、放置坐标指示

PCB 的高级编辑

放置坐标指示可以显示出 PCB 板上任何一点的坐标位置。

启用放置坐标指示的方法如下：从主菜单中执行命令 Place→Coordinate，也可以用组件放置工具栏中的 (Place Coordinate)图标按钮。

进入放置坐标的状态后，鼠标将变成十字光标状，将鼠标移动，可以看到十字光标中心的坐标，移动到合适位置，单击鼠标确定放置，如图 6.29 所示。

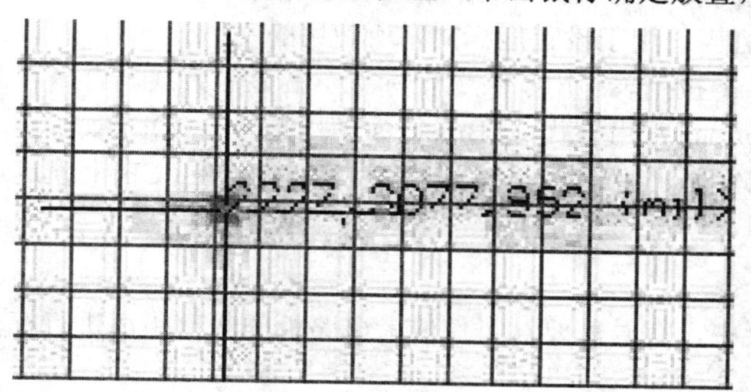

图 6.29 坐标指示放置

坐标指示属性设置可以通过以下方法之一：

(1) 在用鼠标放置坐标时按 Tab 键，将弹出 Coordinate(坐标指示属性)设置对话框，如图 6.30 所示。

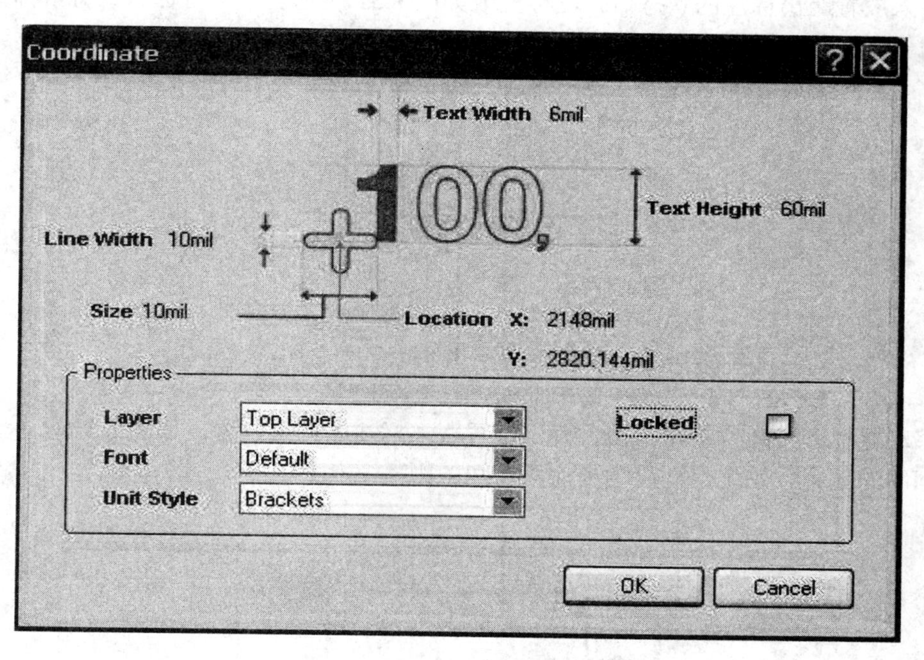

图 6.30 坐标指示属性设置

(2) 对已经在 PCB 板上放置好的坐标，直接双击该坐标指示也将弹出 Coordinate 属性设置对话框。

坐标指示属性设置对话框中有如下几项：

- Line Width：用于设置坐标线的线宽。
- Text Width：用于设置坐标的文字宽度。
- Text Height：用于设置坐标标注所占高度。
- Size：用于设置坐标的十字宽度。
- Location X 和 Y：用于设置坐标的位置 x 和 y。

- Layer 下拉列表：用于设置坐标所在的布线层。
- Font 下拉列表：用于设置坐标文字所使用的字体。
- Unit Style 下拉列表：用于设置坐标指示的显示方式。有 3 种显示方式，分别为 None(无单位)、Normal(常用方式)和 Brackets(使用括号方式)。
- Locked 复选项：用于设置是否将坐标指示文字在 PCB 上锁定。

二、距离标注

在电路板设计中，有时需要对组件或者电路板的物理距离进行标注，以便以后的检查使用。

1. 放置距离标注的方法

先将 PCB 电路板切换到 Keep-outLayer 层，然后从主菜单执行命令 Place→Dimension→Dimension，也可以用组件放置工具栏中的 Place Standard Dimension 按钮。

进入放置距离标注的状态后，鼠标变成如图 6.31 所示的十字游标状。将鼠标移动到合适的位置，单击鼠标确定放置距离标注的起点位置。

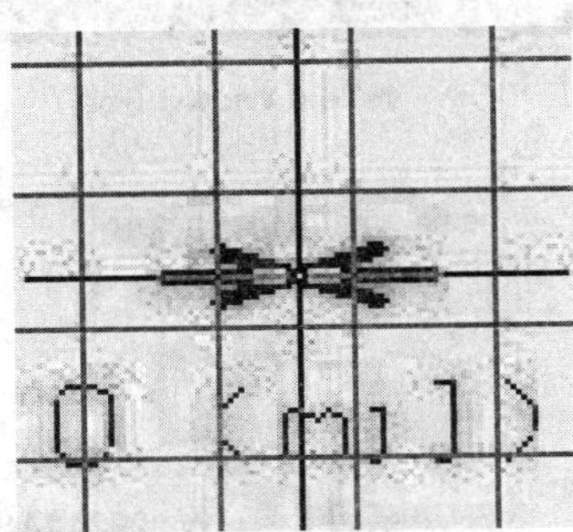

图 6.31　放置距离标注起点

移动鼠标到合适位置再单击，确定放置距离标注的终点位置，如图 6.32 所示，完成距离标注的放置。系统自动显示当前两点间的距离。

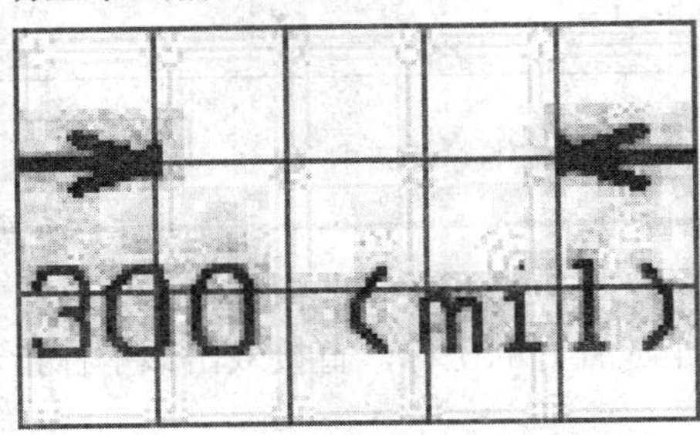

图 6.32　放置距离标注终点

2. 属性设置

属性设置的方法如下：

(1) 在用鼠标放置距离标注时按 Tab 键，将弹出 Dimension(距离标注属性)设置对话框，如图 6.33 所示。

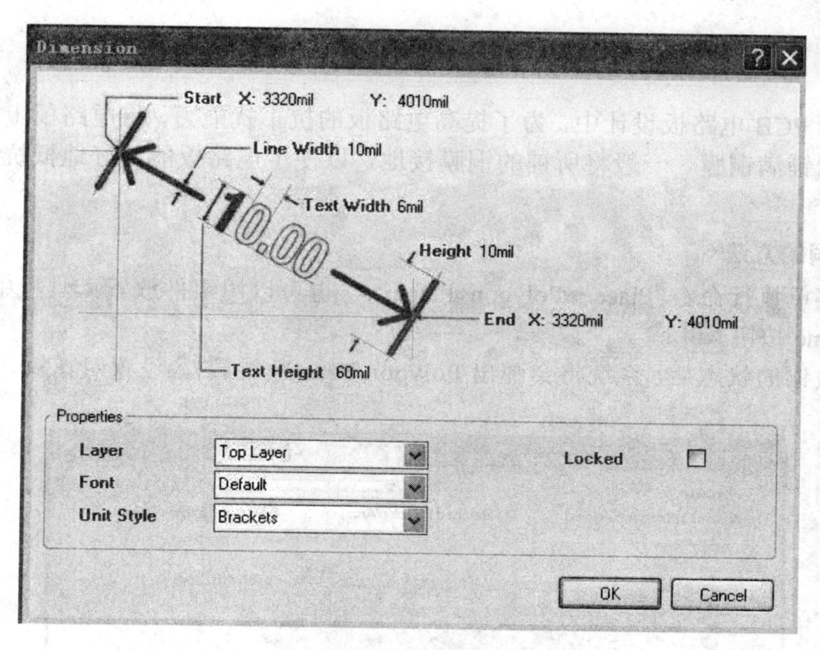

图 6.33　距离标注设置对话框

(2) 对已经在 PCB 板上放置好的距离标注，直接双击也可以弹出距离标注属性设置对话框。

距离标注属性设置对话框中有如下几项：

- Start X 和 Y：用于设置距离标注的起始坐标 x 和 y。
- Line Width：用于设置距离标注的线宽。
- Text Width：用于设置距离标注的文字宽度。
- Height：用于设置距离标注所占高度。
- End X 和 Y：用于设置距离标注的终止坐标 x 和 y。
- Text Height：用于设置距离标注文字的高度。
- Layer 下拉列表：用于设置距离标注所在的布线层。
- Font 下拉列表：用于设置距离标注文字所使用的字体。
- Locked 复选项：用于设置该距离注释是否要在 PCB 板上固定位置。
- Unit Style 下拉列表：用于设置距离单位的设置。有 3 种方式，分别为 None(无单位)、Normal(常用方式)和 Brackets(使用括号方式)。效果分别如图 6.34、图 6.35 和图 6.36 所示。

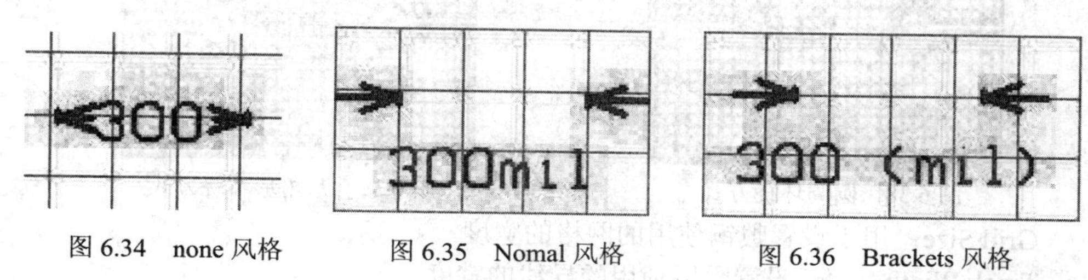

图 6.34　none 风格　　图 6.35　Nomal 风格　　图 6.36　Brackets 风格

三、敷铜

通常的 PCB 电路板设计中，为了提高电路板的抗干扰能力，将电路板上没有布线的空白区间铺满铜膜。一般将所铺的铜膜接地，以便于电路板能更好地抵抗外部信号的干扰。

1. 敷铜的方法

从主菜单执行命令 Place→Polygon Plane...，也可以用组件放置工具栏中的 Place Polygon Plane 按钮。

进入敷铜的状态后，系统将会弹出 Polygon Pour(敷铜属性)设置对话框，如图 6.37 所示。

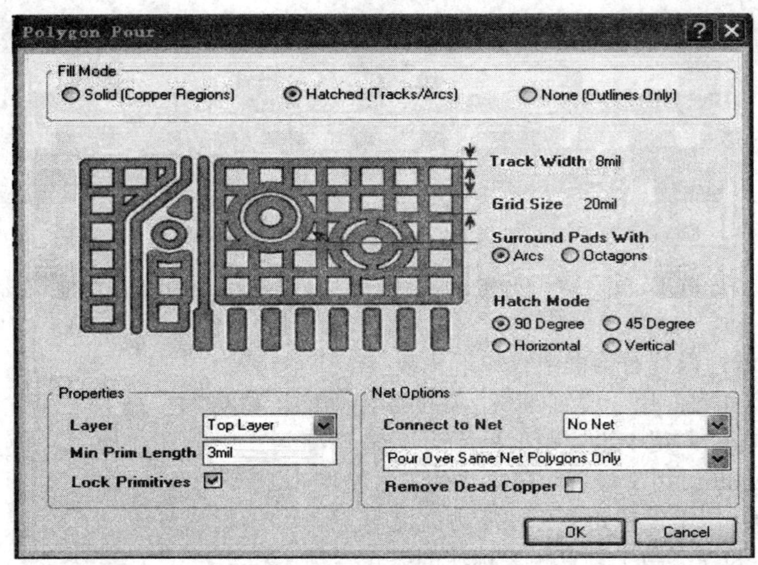

图 6.37　敷铜属性设置对话框

在敷铜属性设置对话框中，有如下几项设置：

· Surround Pads With 复选项：用于设置敷铜环绕焊盘的方式。有两种方式可供选择：Arcs(圆周环绕)方式和 Octagons(八角形环绕)方式。两种环绕方式分别如图 6.38 和图 6.39 所示。

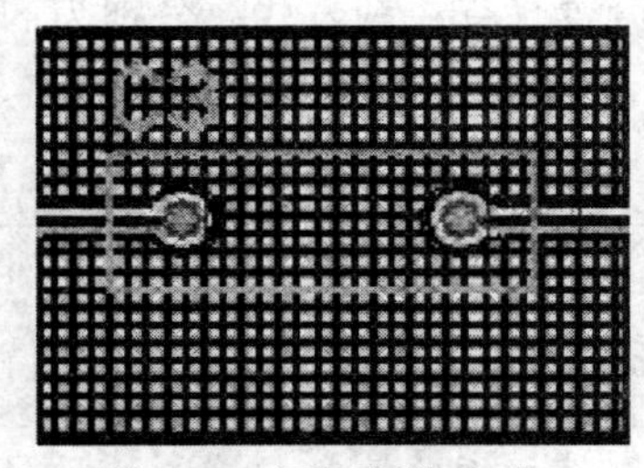

图 6.38　圆周环绕方式

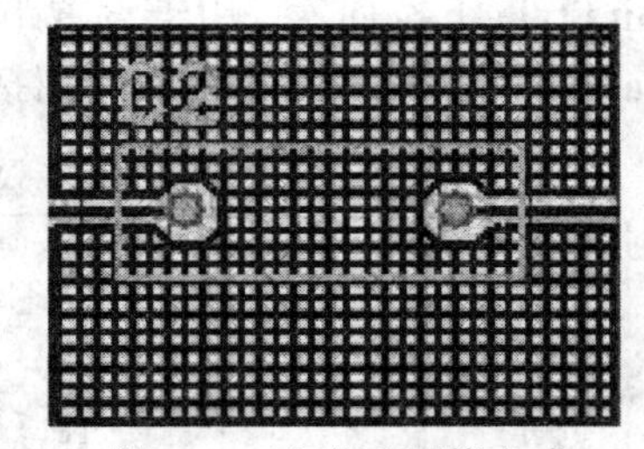

图 6.39　八角形环绕方式

- Grid Size：用于设置敷铜使用的网格的宽度。
- Track Width：用于设置敷铜使用的导线的宽度。

• Hatch Mode 复选项：用于设置敷铜时所用导线的走线方式。可以选择 None(不敷铜)、90° 敷铜、45° 敷铜、水平敷铜和垂直敷铜几种。几种敷铜导线走线方式分别如图 6.40、6.41、6.42、6.43 所示。当导线宽度大于网格宽度时，效果如图 6.45 所示。

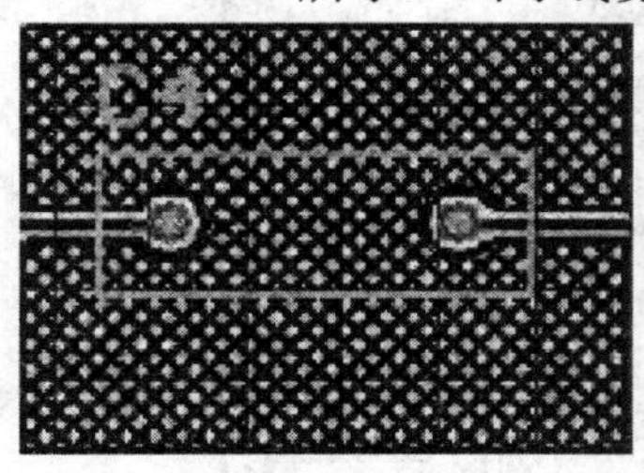

图 6.40　90° 敷铜

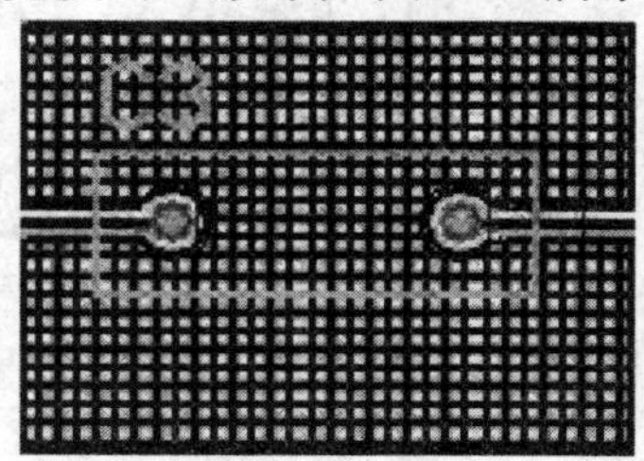

图 6.41　46° 敷铜

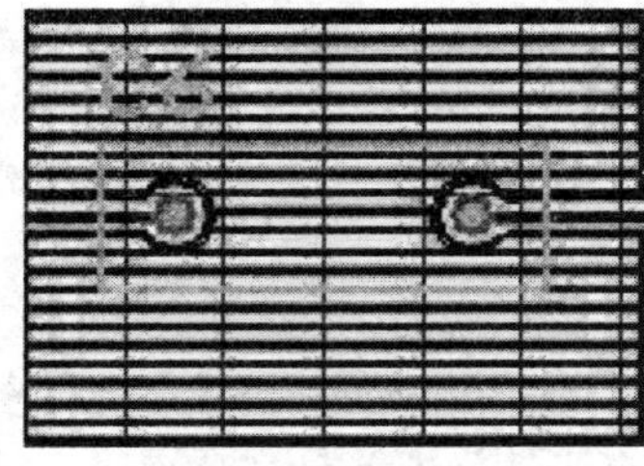

图 6.42　水平敷铜

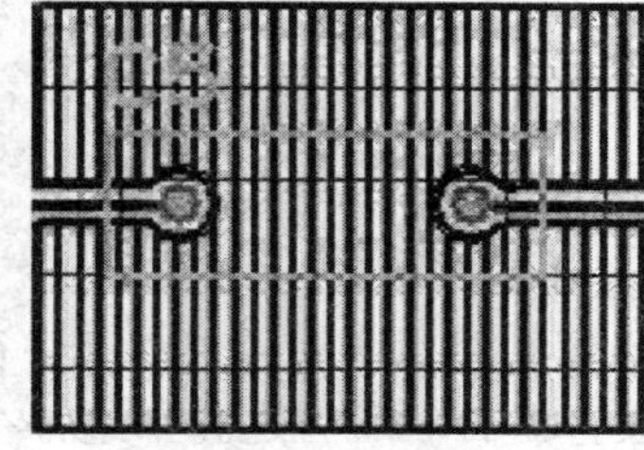

图 6.43　垂直敷铜

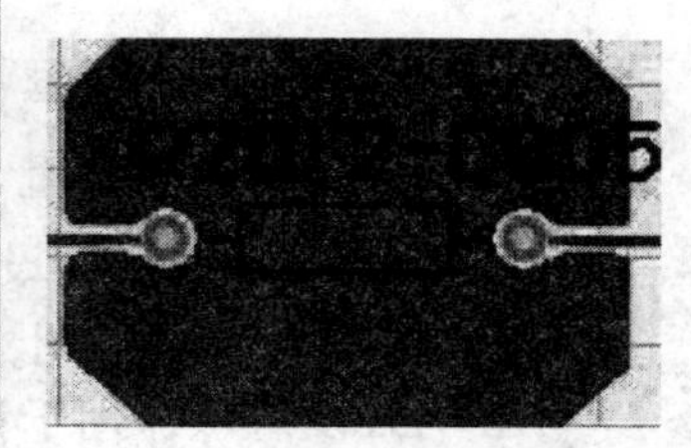

图 6.44　实心敷铜

• Layer 下拉列表：用于设置敷铜所在的布线层。

• Min Prim Length 文本框：用于设置最小敷铜线的长度。

• Lock Primitives 复选项：是否将敷铜线锁定，系统默认为锁定。

• Connect to Net 下拉列表：用于设置敷铜所连接到的网络，一般总将敷铜连接到信号地上。

• Pour Over Same Net 复选项：用于设置当敷铜所连接的网络和相同网络的导线相遇时，敷铜导线是否覆盖铜膜导线。

Remove Dead Copper 复选项：用于设置是否在无法连接到指定网络的区域进行敷铜。

2. 放置敷铜

设置好敷铜的属性后，鼠标变成十字光标形状，将鼠标移动到合适的位置，单击鼠标确定放置敷铜的起始位置。再移动鼠标到合适位置单击，确定所选敷铜范围的各个端点。

必须保证的是，敷铜的区域必须为封闭的多边形，比如电路板设计采用的是长方形电路板，最好沿长方形的四个顶角选择敷铜区域，即选中整个电路板。

敷铜区域选择好后，右击鼠标退出放置敷铜状态，系统自动进行敷铜并显示敷铜结果。

四、补泪滴

在电路板设计中，为了让焊盘更坚固，防止机械制板时焊盘与导线之间断开，常在焊盘和导线之间用铜膜布置一个过渡区，因其形状像泪滴，故常称做补泪滴(Teardrops)。

执行主菜单命令 Tools→Teardrops…，将弹出如图 6.45 所示的 Teardrop Options(泪滴)设置对话框。

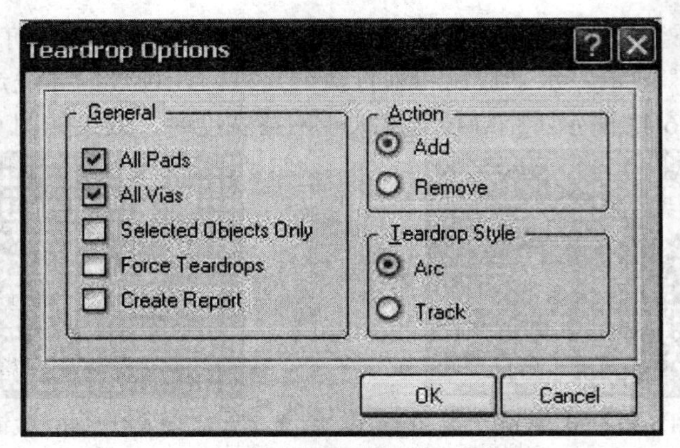

图 6.45　泪滴设置对话框

接下来对泪滴设置对话框中的各个选项区域的作用进行相应的介绍。

(1) General 选项区域设置。

General 选项区域各项的设置如下：

- All Pads 复选项：用于设置是否对所有的焊盘都进行补泪滴操作。
- All Vias 复选项：用于设置是否对所有过孔都进行补泪滴操作。
- Selected Objects Only 复选项：用于设置是否只对所选中的组件进行补泪滴操作。
- Force Teardrops 复选项：用于设置是否强制性地补泪滴。
- Create Report 复选项：用于设置补泪滴操作结束后是否生成补泪滴的报告文档。

(2) Action 选项区域设置。

Action 选项区域各基的设置如下：

- Add 单选项：表示泪滴的添加操作。
- Remove 单选项：表示泪滴的删除操作。

(3) teardrop Style 选项区域设置。

Teardrop Style 选项区域各项的设置介绍如下：

- Arc 单选项：表示选择圆弧形补泪滴。
- Track 单选项：表示选择用导线形做补泪滴。

所有泪滴属性设置完成后，单击 OK 按钮即可进行补泪滴操作。使用圆弧形补泪滴的方法操作结束后如图 6.46 所示。

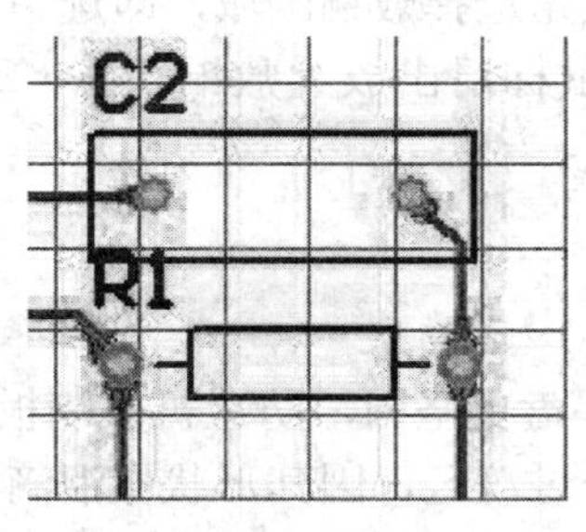

图 6.46　补泪滴效果示意图

五、网络包地

电路板设计中抗干扰的措施还有包地，即用接地的导线将某一网络包住，采用接地屏蔽的办法来抵抗外界干扰。

网络包地的使用步骤如下：

(1) 选择需要包地的网络或者导线。从主菜单中执行命令 Edit→Select→Net，光标将变成十字形状，移动光标对要进行包地的网络处单击，选中该网络。如果是组件没有定义网络，可以执行主菜单命令 Select→Connected Copper 选中要包地的导线。

(2) 放置包地导线。从主菜单中执行命令 Tools→Outline Selected Objects。系统自动对已经选中的网络或导线进行包地操作。包地操作前和操作后的效果如图 6.47 和图 6.48 所示。

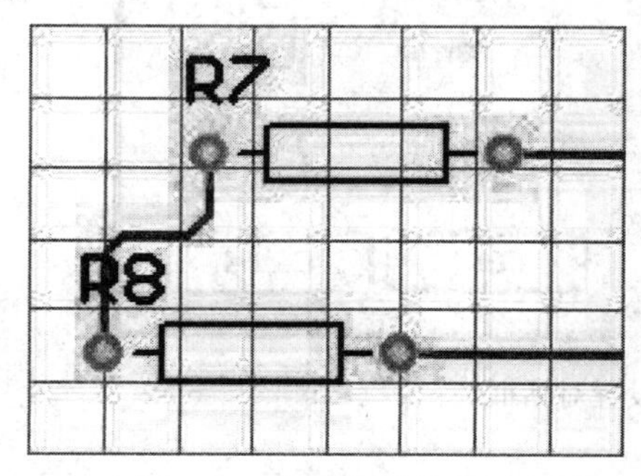

图 6.47　包地操作前效果图

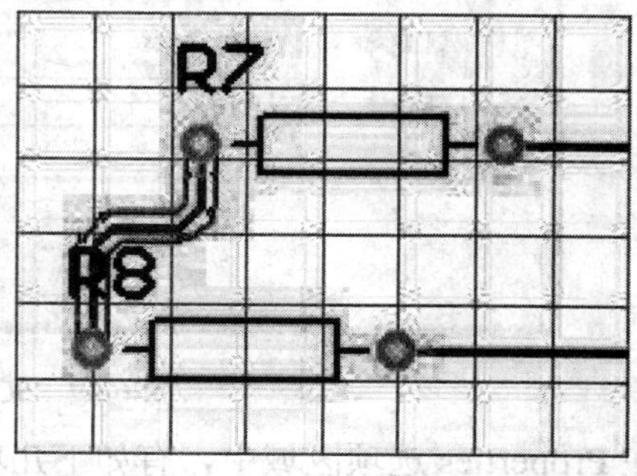

图 6.48　包地操作后效果图

(3) 对包地导线的删除。如果不再需要包地的导线，可以在主菜单中执行命令 Edit→Select→Connected Copper。此时光标将变成十字形状，移动光标选中要删除的包地导线，按 Delete 键即可。

六、放置文字

有时需要在布好的印刷板上放置相应组件的文字(String)标注，或者电路注释及公司的产品标志等。

必须注意的是所有的文字都放置在 Silkscreen(丝印层)上。

放置文字的方法包括：执行主菜单命令 Place→String，或单击组件放置工具栏中的T (Place String)按钮。

选中放置后，鼠标变成十字光标状，将鼠标移动到合适的位置，单击鼠标就可以放置文字。系统默认的文字是 String，可以用以下的办法对其编辑。

可以在用鼠标放置文字时按 Tab 键，将弹出 String(文字属性)设置对话框，如图 6.49 所示。

对已经在 PCB 板上放置好的文字，直接双击文字，也可以弹出 String 设置对话框。

其中可以设置的项是文字的 Height(高度)、Width(宽度)、Rotation(放置的角度)和放置点的 x 和 y 的坐标位置 Location X/Y。

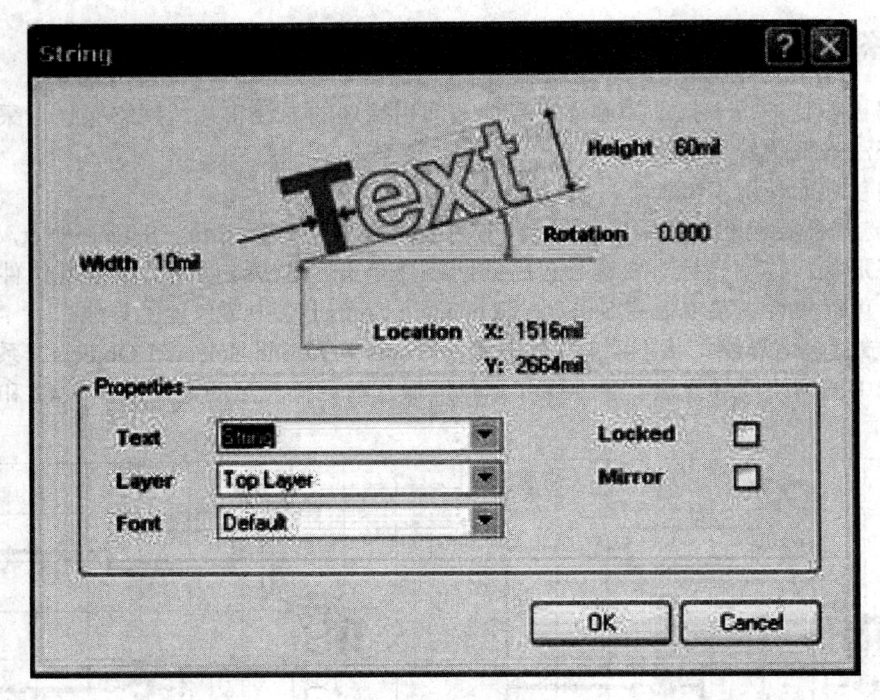

图 6.49　文字属性设置对话框

在 Properties 选项区域中，有如下几项：

- Text 下拉列表：用于设置要放置的文字的内容，可根据不同设计需要而进行更改。
- Layer 下拉列表：用于设置要放置的文字所在的层面。
- Font 下拉列表：用于设置放置的文字的字体。
- Locked 复选项：用于设定放置后是否将文字固定不动。
- Mirror 复选项：用于设置文字是否镜像放置。

七、放置过孔

当导线从一个布线层穿透到另一个布线层时，就需要放置过孔(Via)；过孔是用于不同板层之间导线的连接。

1. 放置过孔的方法

可以执行主菜单命令 Place→Via，也可以单击组件放置工具栏中的 Place Via 按钮。

进入放置过孔状态后，鼠标变成十字光标状，将鼠标移动到合适的位置，单击鼠标，就完成了过孔的放置。

2. 过孔的属性设置

过孔的属性设置有以下两种方法：

(1) 在用鼠标放置过孔时按 Tab 键，将弹出 Via(过孔属性)设置对话框，如图 6.50 所示。

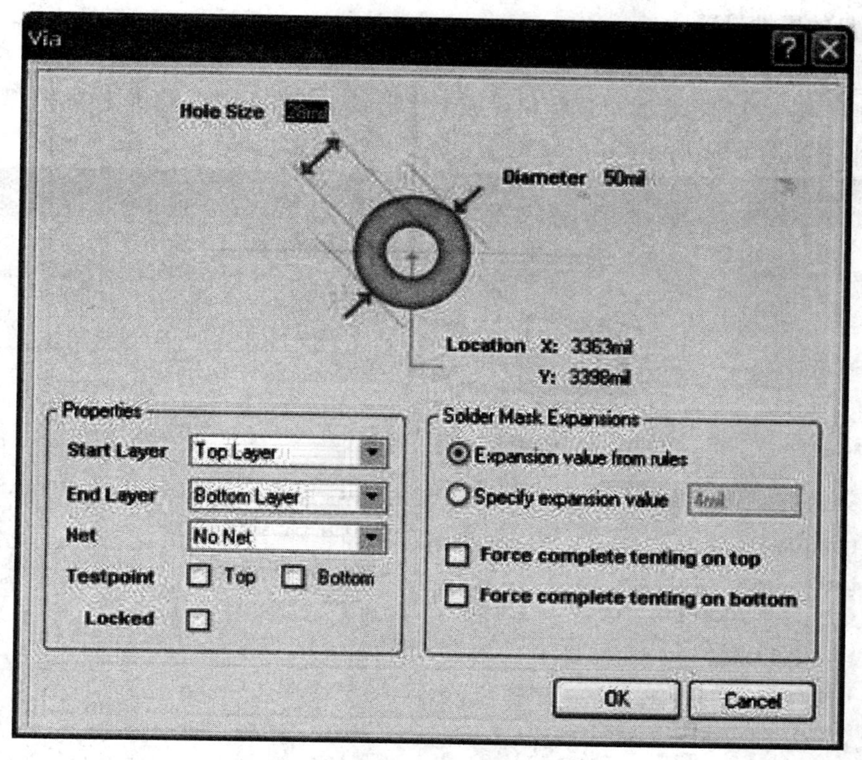

图 6.50　过孔属性设置对话框

(2) 对已经在 PCB 板上放置好的过孔，直接双击，也可以弹出过孔属性设置对话框。过孔属性设置对话框中可以设置的项目有：

- Hole Size：用于设置过孔内直径的大小。
- Diameter：用于设置过孔的外直径大小。
- Location：用于设置过孔的圆心的坐标 x 和 y 位置。
- Start Layer 下拉列表：用于选择过孔的起始布线层。
- End Layer 下拉列表：用于选择过孔的终止布线层。
- Net 下拉列表：用于设置过孔相连接的网络。
- Testpoint 复选项：用于设置过孔是否作为测试点，注意可以做测试点的只有位于顶层的和底层的过孔。
- Locked 复选项：用于设定放置过孔后是否将过孔固定不动。
- Solder Mask Expansions：设置阻焊层。

八、放置焊盘

1. 放置焊盘的方法

可以执行主菜单中命令 Place→Pad，也可以用组件放置工具栏中的 Place Pad 按钮。

进入放置焊盘(Pad)状态后，鼠标将变成十字形状，将鼠标移动到合适的位置上单击就完成了焊盘的放置。

2. 焊盘的属性设置

焊盘的属性设置有以下两种方法：

(1) 在用鼠标放置焊盘时，鼠标将变成十字形状，按 Tab 键，将弹出 Pad (焊盘属性) 设置对话框，如图 6.51 所示。

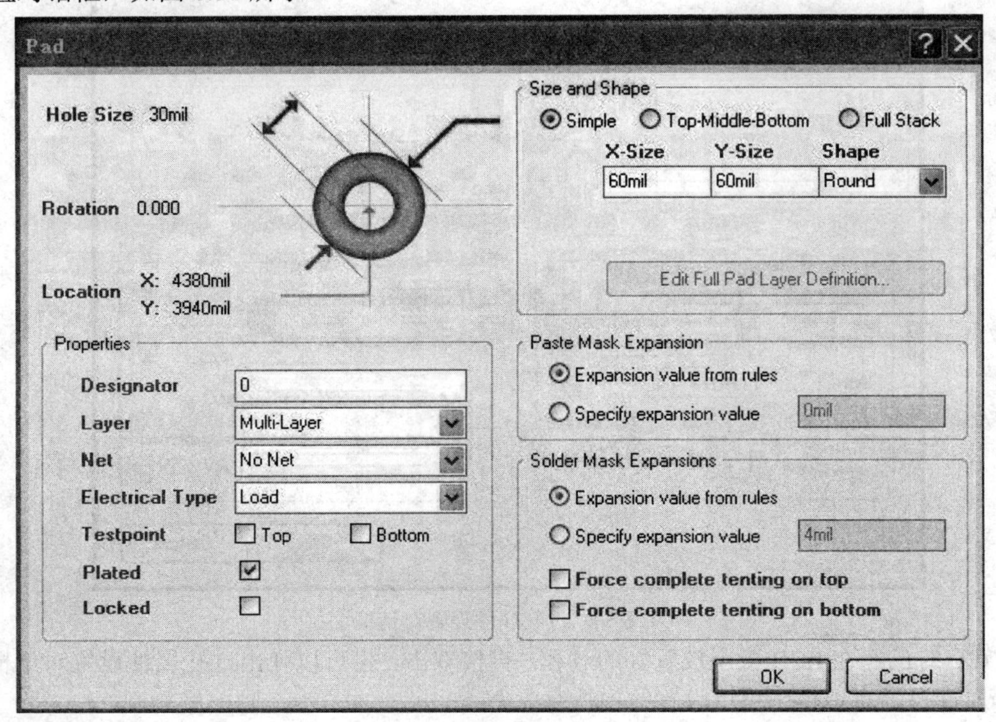

图 6.51　焊盘属性设置对话框

(2) 对已经在 PCB 板上放置好的焊盘，直接双击，也可以弹出焊盘属性设置对话框。在焊盘属性设置对话在框中有如下几项设置：

- Hole Size：用于设置焊盘的内直径大小。
- Rotation：用于设置焊盘放置的旋转角度。
- Location：用于设置焊盘圆心的 x 和 y 坐标的位置。
- Designator 文本框：用于设置焊盘的序号。
- Layer 下拉列表：从该下拉列表中可以选择焊盘放置的布线层。
- Net 下拉列表：该下拉列表用于设置焊盘的网络。
- Electrical Type 下拉列表：用于选择焊盘的电气特性。该下拉列表共有 3 种选择：Load(节点)、Source(源点)和 Terminator(终点)。
- Testpoint 复选项：用于设置焊盘是否作为测试点，可以做测试点的只有位于顶层的和底层的焊盘。
- Locked 复选项：选中该复选项，表示焊盘放置后位置将固定不动。
- Size and Shape 选项区域：用于设置焊盘的大小和形状。
- X-Size 和 Y-Size：分别设置焊盘的 x 和 y 的尺寸大小。

• Shape 下拉列表：用于设置焊盘的形状，有 Round(圆形)、Octagonal(八角形)和 Rectangle (长方形)三种选择。

• Paste Mask Expansion 选项区域：用于设置助焊层属性。

• Solder Mask Expansions 选项区域：用于设置阻焊层属性。

九、放置填充

上机练习 13

铜膜矩形填充(Fill)也可以起到导线的作用，同时也稳固了焊盘。

1. 放置填充的方法

可以执行主菜单命令 Place→Fill，也可以用组件放置工具栏中的 Place Fill 按钮。

进入放置填充状态后，鼠标变成十字光标状，将鼠标移动到合适的位置拖动出一个矩形范围，完成矩形填充的放置。

2. 填充的属性设置

填充的属性设置有以下两种方法：

(1) 在用鼠标放置填充的时候按 Tab 键，将弹出 Fill (矩形填充属性)设置对话框，如图 6.52 所示。

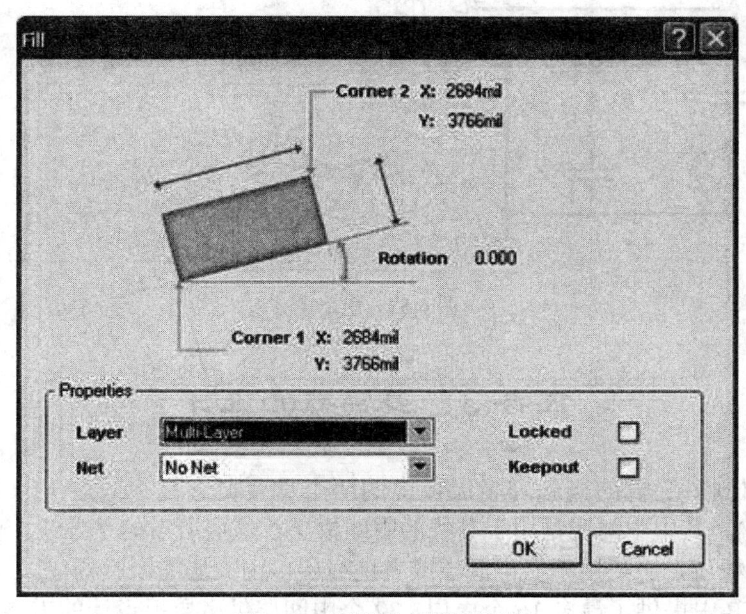

图 6.52　矩形填充属性设置

(2) 对已经在 PCB 板上放置好的矩形填充，直接双击也可以弹出矩形填充属性设置对话框。

矩形填充属性设置对话框中有如下几项：

• Corner 1 X 和 Y：设置矩形填充的左下角的坐标。

• Corner 2 X 和 Y：设置矩形填充的右上角的坐标。

• Rotation：设置矩形填充的旋转角度。

- Layer 下拉列表：用于选择填充放置的布线层。
- Net 下拉列表：用于设置填充的网络。
- Locked 复选项：用于设定放置后是否将填充固定不动。
- Keepout 复选项：用于设置是否将填充进行屏蔽。

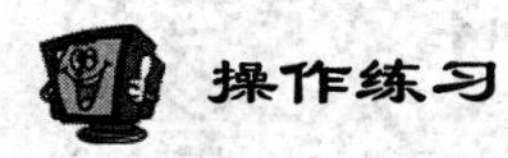

操作练习

要求：按照电路图 6.53 对 PCB 板设置，手动布局，手动布线，单面板。电源线地线：0.8 mm，信号线：0.5 mm。

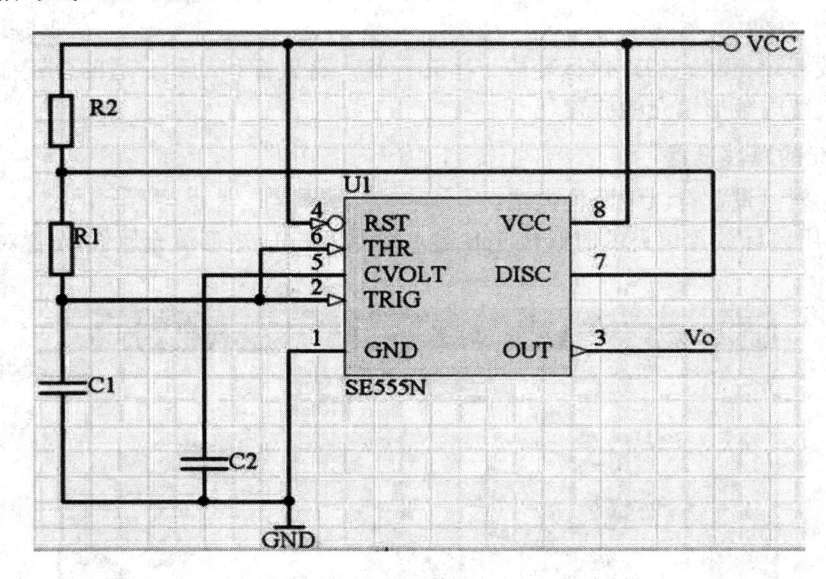

图 6.53　电路图

任务 3　多层板的设计

前面介绍过多层板的概念，多层板中的两个重要概念是中间层(Mid-Layer)和内层(Internal Plane)。其中中间层是用于布线的中间板层，该层所布的是导线。而内层是不用于布线的中间板层，主要用于做电源层或者地线层，由大块的铜膜构成。

Protel DXP 中提供了最多 16 个内层，32 个中间层供多层板设计的需要。在这里以常用的四层电路板为例，介绍多层电路板的设计过程。

一、内层的建立

4 层电路板，就是有两层内层，分别用于电源层和地层。这样在 4 层板的顶层和底层不需要布置电源线和布置地线，所有电路组件与电源和地的连接将通过盲过孔的形式连接到两层内层中的电源层和地层。

内层的建立方法是：打开要设计的 PCB 电路板，进入 PCB 编辑状态。图 6.54 是一幅双面板的电路图，其中较粗的导线为地线 GND。然后执行主菜单命令 Design→Layer Stack Manager…，系统将弹出 Layer Stack Manager(板层管理器)对话框。

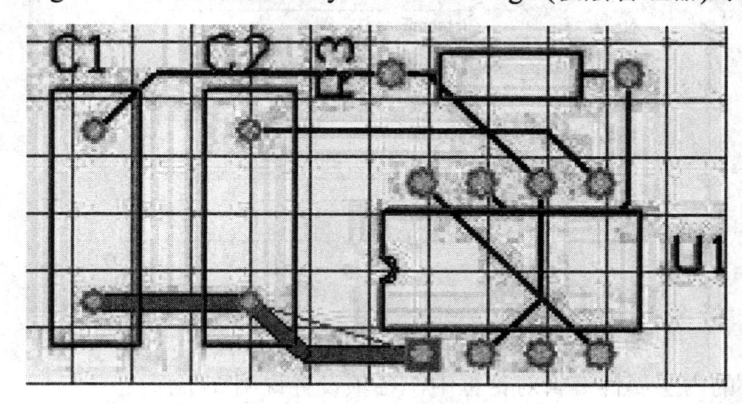

图 6.54　双面板电路图举例

在板层管理器中，单击 Add Plane 按钮，会在当前的 PCB 板中增加一个内层，在这里要添加两个内层，添加了两个内层的效果如图 6.55 所示。

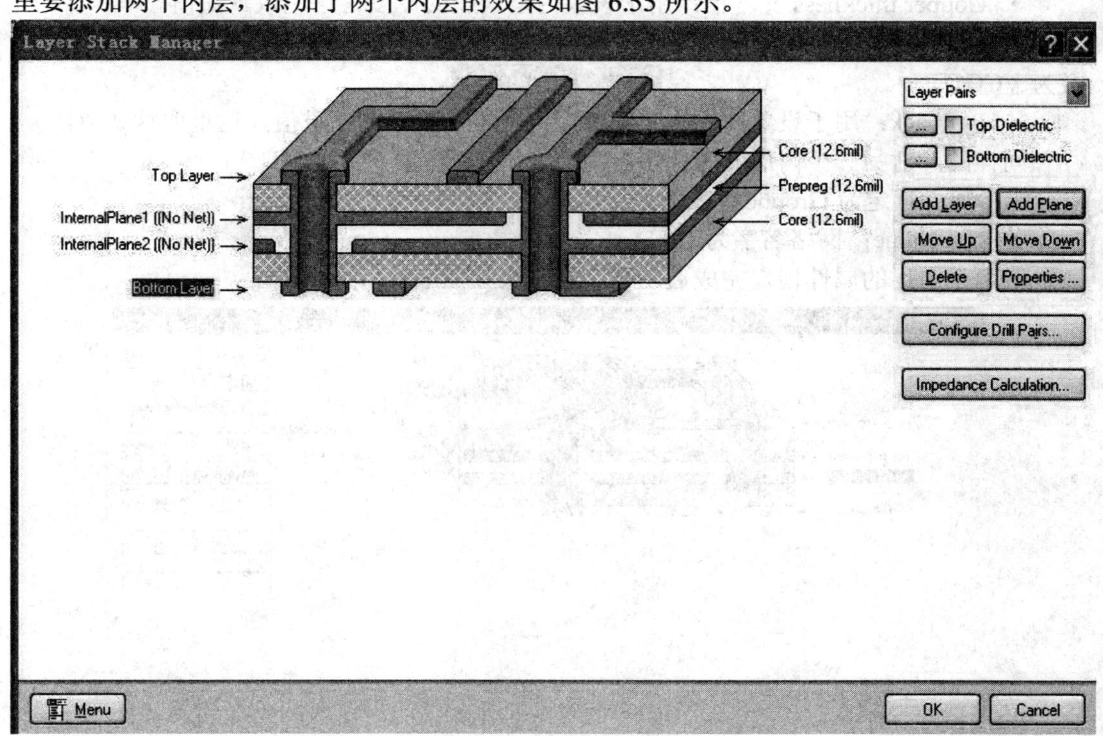

图 6.55　增加两个内层的 PCB 板

用鼠标选中第一个内层(Internal Planel)，双击将弹出 Edit Layer(内层属性编辑)对话框，如图 6.56 所示。

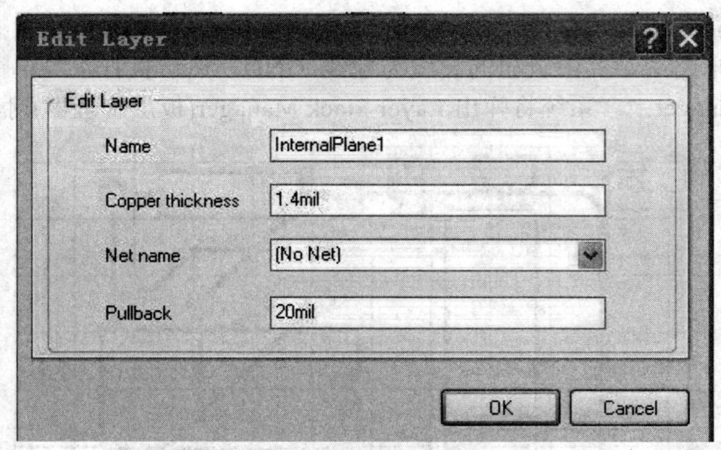

图 6.56　内层属性编辑对话框

在图 6.56 的内层属性编辑对话框中，各项设置说明如下：

- Name 文本框：用于给该内层指定一个名字，在这里设置为 Power，表示布置的是电源层。
- Copper thickness 文本框：用于设置内层铜膜的厚度，这里取默认值。
- Net Name 下拉列表：用于指字对应的网络名，对应 PCB 电源的网络名，这里定义为 VCC。
- Pullback：用于设置内层铜膜和过孔铜膜不相交时的缩进值，这里取默认值。

同样的，对另一个内层的属性指定为：

- Name：定为 Ground，表示是接地层。
- Net Name：网络名字为 GND。

对两个内层的属性指定完成后，其设置结果如图 6.57 所示。

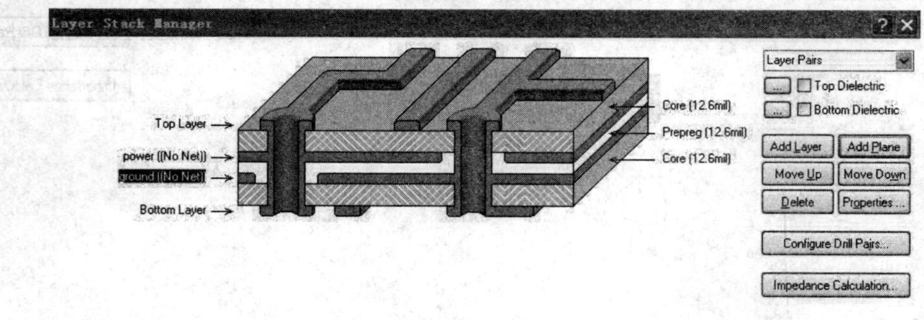

图 6.57　内层设置完成效果图

二、删除所有导线

内层设置完毕后，要删除以前的导线，方法是在主菜单下执行菜单命令 Tools→Un-Route→All，将以前所有的导线删除。

三、重新布置导线

重新布线的方法是在主菜单下执行菜单命令 Auto Route→All。Protel 将对当前 PCB 板进行重新布线，布线结果如图 6.58 所示。

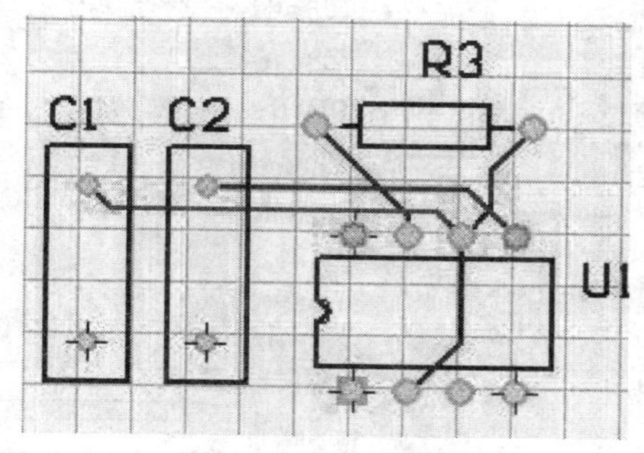

图 6.58　多层板布线结果图

从图 6.58 中可以看出，原来与 VCC 和 GND 的连接都不使用导线，它们都使用过孔与两个内层相连接，表现在 PCB 图上为十字符号标注。

四、内层的显示

在 PCB 图纸上右击鼠标，在弹出的右键菜单中执行命令 Options→Board Layers & Colors，系统将弹出 Board Layers and Colors (板层和颜色管理)对话框，如图 6.59 所示。

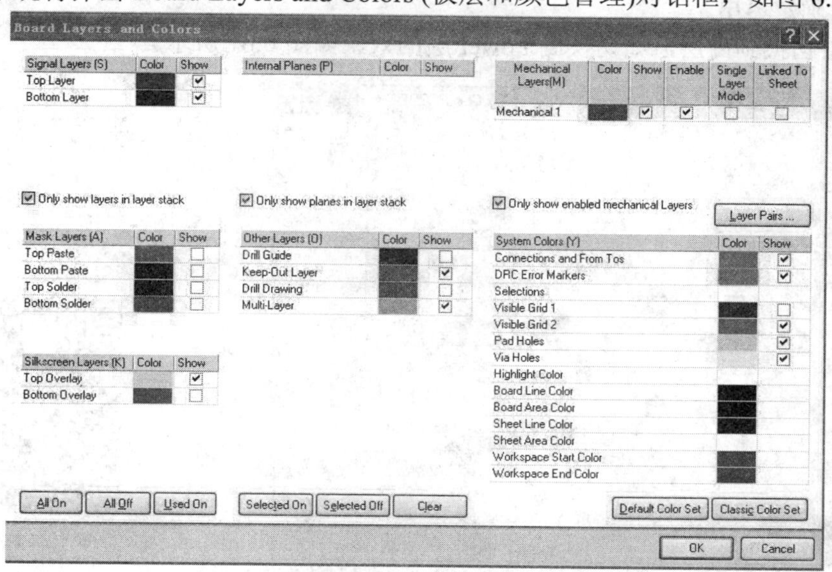

图 6.59　板层和颜色管理对话框

在板层和颜色管理对话框中，Internal Planes 栏列出了当前设置的两层内层，分别为 Power 层和 Ground 层。用鼠标选中这两项的 Show 复选按钮，表示显示这两个内层。单击 OK 后退出。

再在 PCB 编辑页面下，右击鼠标，在弹出的快捷菜单中执行命令 Options→Show→ode…，将弹出 Preferences(属性)设置对话框，单击 Display 卷标，将出现 Display 选项卡，如图 6.60 所示。

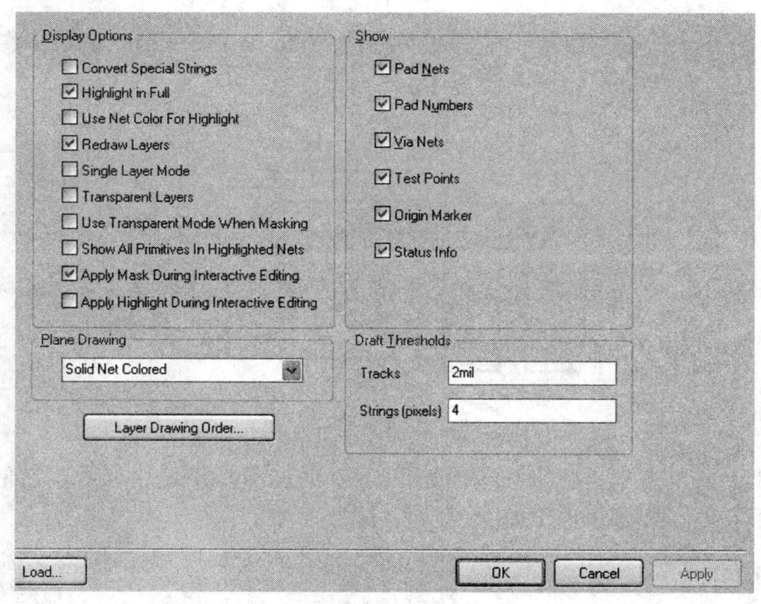

图 6.60　显示属性设置对话框

选定 Display Options 选项区域下的 Single Layer Mode(单层显示模式)复选项，单击 OK 按钮后确定退出。

将板层切换到内层，如切换到 Power 层的效果如图 6.61 所示。

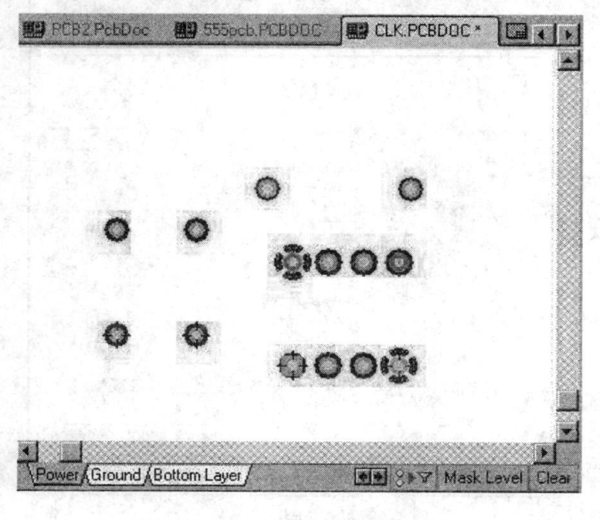

图 6.61　内层显示效果图

上机练习 14

如图 6.61 所示，可以看到在网络名为 VCC 的网路标号的过孔处有一虚线圆，表示 VCC 电源内层的使用情况。

综合案例示范一　红外线报警器

综合案例示范二　单片机控制霓虹灯系统电路板

操作练习

1. 设置 PCB 板，要求机械轮廓(位于机械层的第一层)尺寸大小：45 mm×60 mm，尺寸线标注于机械层的第四层。

2. 放置螺丝孔和电源接线铜柱，根据机械层定位孔的位置，放置 2 个 3 mm 螺丝孔和 2 个接线铜柱(直径 7 mm，孔径 5 mm)。螺丝孔的焊盘编号均设置为 0，接线铜柱的焊盘编号分别设置为 1 和 2。

3. 绘制图 6.62，要求：单面板，手动布局，尽量手动布线，信号线线宽：0.5 mm，电源线跟地线线宽：0.8 mm。

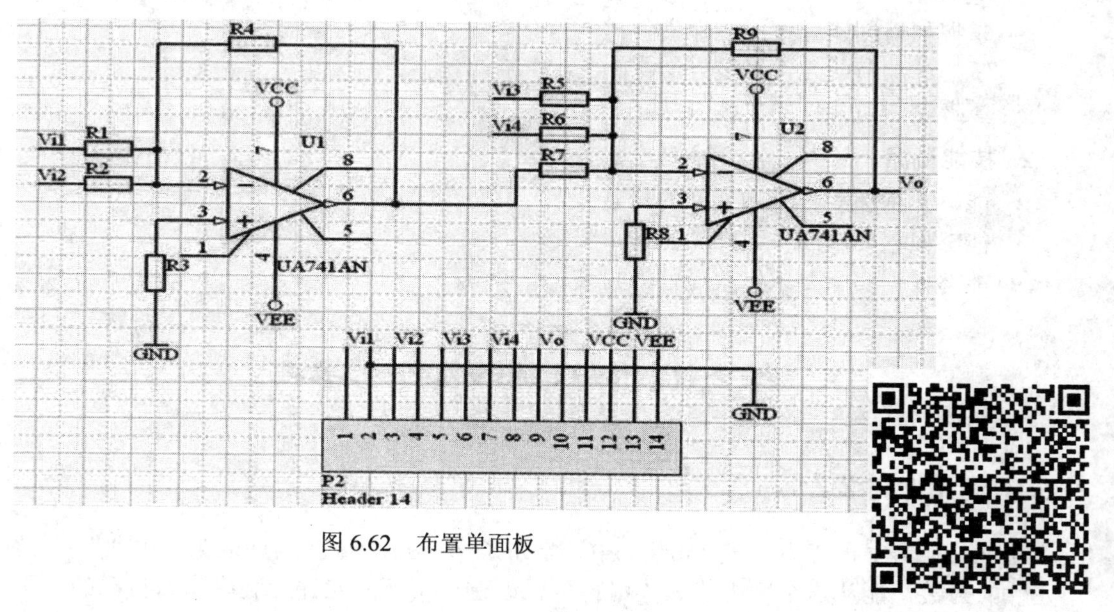

图 6.62　布置单面板

综合实训一～十二

项目七　元 件 封 装

【项目导读】

元件封装指的是实际元件焊接到电路板上时，在电路板上所显示的外形和焊点位置。元件封装只是空间的概念，大小要和实际器件匹配，引脚的排布以及引脚之间的距离和实际器件一致，这样在实际使用的时候，就能够将器件安装到电路板上对应的封装位置。如果尺寸不匹配，则无法安装。

不同的元件可以使用同一种封装，比如电阻、电容、二极管都是具有两个引脚的元件，那么它们可以使用同一种封装，只要封装的两个焊盘间的距离和实际器件匹配就可以了。

本项目的主要任务是如何进行元件封装的制作。

【项目目标】

1. 知识目标

- 掌握如何创建元件封装库文件；
- 掌握添加新的元件封装方法；
- 掌握制作新元件的封装方法。

2. 技能目标

- 能够熟练加载、查询元件的封装；
- 能够根据要求制作元件的封装；
- 能够根据实际要求修改元件的封装。

任务 1　创建新的元件封装库

一、创建元件封装库

在 Protel DXP 的库文件夹(Library)中，自带了一个元件封装库(库名为“PCB”)，常用元件的封装都能从这个库中找到。用户可以创建一个新的元件封装库作为自己的专用库，把平时自己创建的特殊元件封装放置到这个专用库中(库名：Myuse.PCBLIB)。制作元件封装和建立元件封装库是使用 Protel DXP 的元件封装编辑器来进行的。在项目“My PCB.PRJPCB”下，执行 File→New→PCB Library 命令，就可以进入元件封装编辑器工作界面，如图 7.1 所示，然后可以执行 File→Save As…命令，将元件封装库保存起来。

二、元件封装编辑器

元件封装编辑器界面如图 7.1 所示。

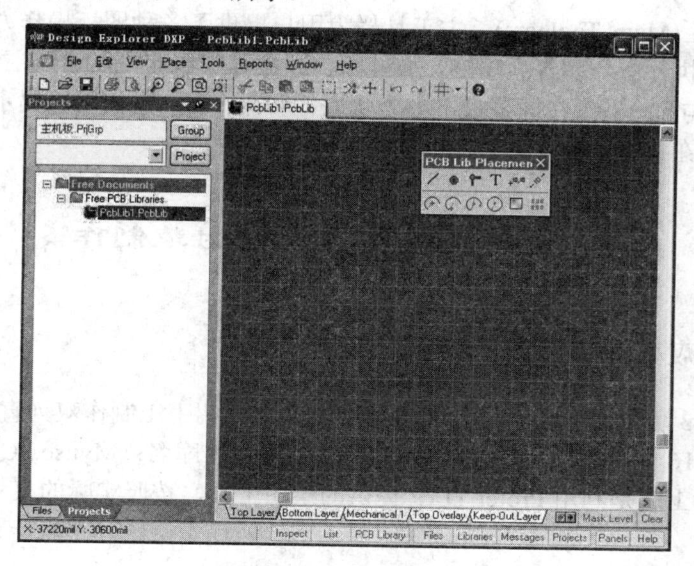

图 7.1　元件封装编辑器界面

元件封装编辑器的界面和元件库编辑器的界面类似。下面简单地介绍一下元件封装编辑器的组成(见图 7.2)及其界面的管理，使用户对元件封装编辑器有一个简单的了解。从图 7.1 中可以看出，整个编辑器可以分为以下几个部分：

(1) 主菜单。主菜单主要是给设计人员提供编辑、绘图命令，以便于创建一个新元件封装。

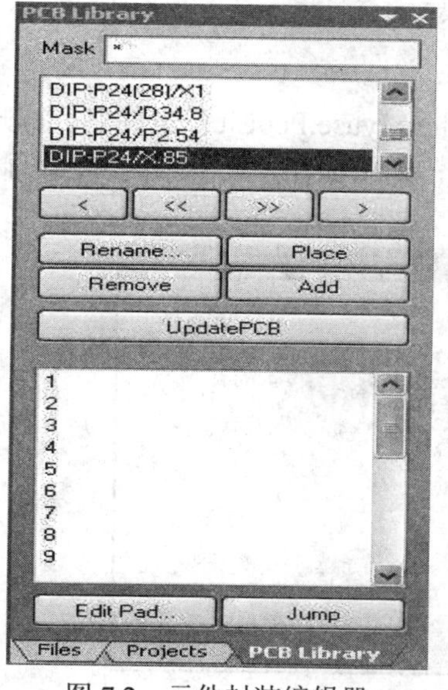

图 7.2　元件封装编辑器

PCB 封装的制作

(2) 元件编辑界面(Components Editor Panel)。元件编辑界面主要用于创建一个新元件，将元件放置到 PCB 工作平面上，更新 PCB 元件库，添加或删除元件库中的元件等各项操作。

(3) 主工具栏(Main Toolbars)。主工具栏为用户提供了各种图标操作方式，可以让用户方便、快捷地执行命令和各项功能，如打印、存盘等操作均可以通过主工具栏来实现。

(4) 状态栏与命令行。在屏幕最下方为状态栏和命令行，它们用于提示用户当前系统所处的状态和正在执行的命令。

任务 2　DIP16 元件封装制作

一、手工制作双列直插封装

下面以图 7.3 所示的双列直插封装(DIP16)为例，介绍手工制作双列直插封装的步骤，并将创建的 DIP16 元件封装放置到用户自己的专用库中(库名：Myuse.PCBLIB)。手工制作元件封装实际上就是利用 Protel DXP 提供的绘图工具，按照实际的尺寸绘制出该元件封装。

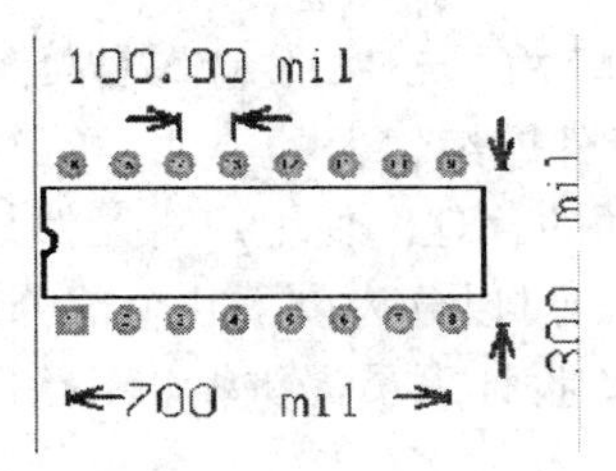

图 7.3　双列直插封装

1. 新建元件封装库

首先在项目管理器(Projects)面板中双击“Myuse.PcbLib”文件名，打开新创建的库文件。执行菜单命令 Tools→New Component，弹出如图 7.4 所示的界面，此界面是元件封装向导界面。

图 7.4　元件封装向导界面

然后单击按钮取消元件封装向导，进入手工制作环境，这时库里面会出现一个默认名为“PCBCOMPONENT_1-DUPLICATE”的空元件封装，如图7.5所示。光标指到该封装名称处，单击鼠标右键，在弹出的菜单中执行Rename命令，再在随后弹出的如图7.6所示的对话框中更改封装名称为“DIP16”，然后单击OK按钮，此时库中显示输入新元件封装名称“DIP16”。

图7.5　库中显示空元件封装名

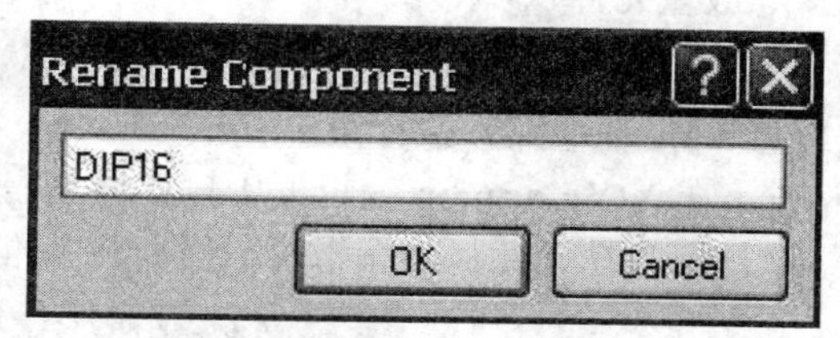

图7.6　更改元件封装名称

2. 设置元件封装参数

当新建一个PCB元件封装库文件后，一般需要先对板面参数进行设置，例如度量单位、过孔的内孔层、设置鼠标移动的最小间距等。

设置板面参数的操作步骤如下：

(1) 执行菜单命令Tools→Library Options，系统将弹出图7.7所示的封装库参数设置对话框。

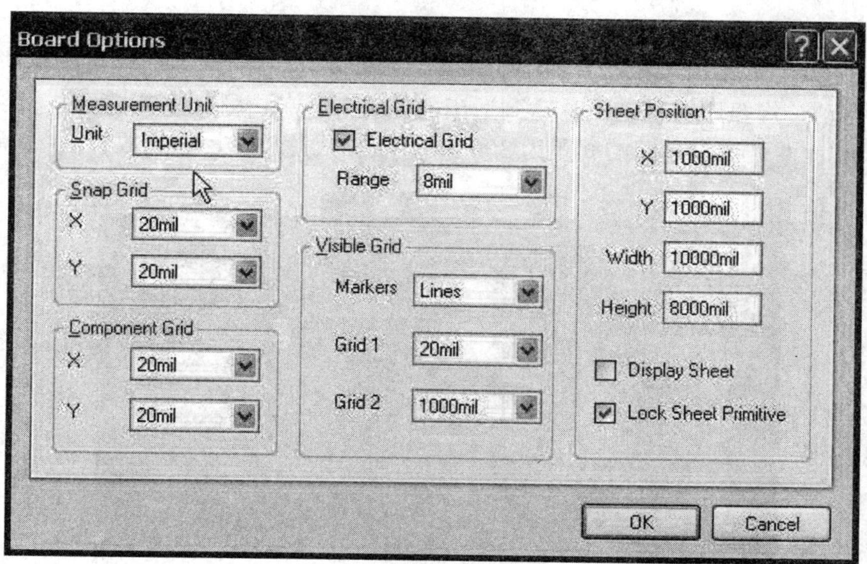

图7.7　封装库参数设置对话框

(2) 在该对话框中，板面参数都是分组设置的，下面主要介绍板面参数的具体设置方法：

① Measurement Unit (度量单位)：用于设置系统度量单位。系统提供了两种度量单位，即 Imperial(英制)和 Metric(公制)，系统默认为英制。

② Snap Grid (栅格)：用于设置移动栅格。移动栅格主要用于控制工作空间中的对象移动时的栅格间距，用户可以分别设置 X、Y 向的栅格间距。

③ Component Grid (元件栅格)：用于设置元件移动的间距。

④ Electrical Grid (电气栅格)：主要用于设置电气栅格的属性。

⑤ Visible Grid (可视栅格)：用于设置可视栅格的类型和栅距。

⑥ Sheet Position (图纸位置)：该操作选取项用于设置图纸的大小和位置。

3. 放置元件

放置元件的操作步骤如下：

(1) 确定基准点。执行菜单 Edit→Jump→Location 命令，系统将弹出如图 7.8 所示的对话框，在 X/Y-Location 编辑框中输入原点坐标值(0，0)，单击按钮后，光标指向原点位置。这是因为在元件封装编辑时，需要将基准点设定在原点位置。

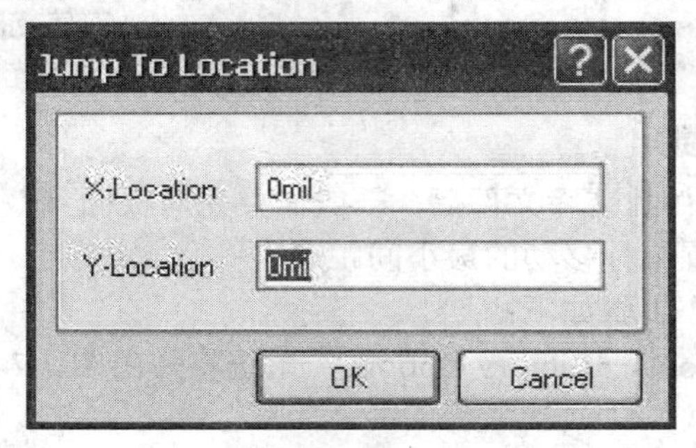

图 7.8　位置设置对话框

(2) 放置焊盘。单击绘图工具栏中的按钮，光标变为十字形，中间带有一个焊盘，随着光标的移动，焊盘跟着移动。移动到适当的位置后，单击鼠标将其定位。相邻焊盘间距为 100 mil，两列焊盘之间的间距为 300 mil。根据尺寸要求，连续放置 16 个焊盘，如图 7.9 所示。

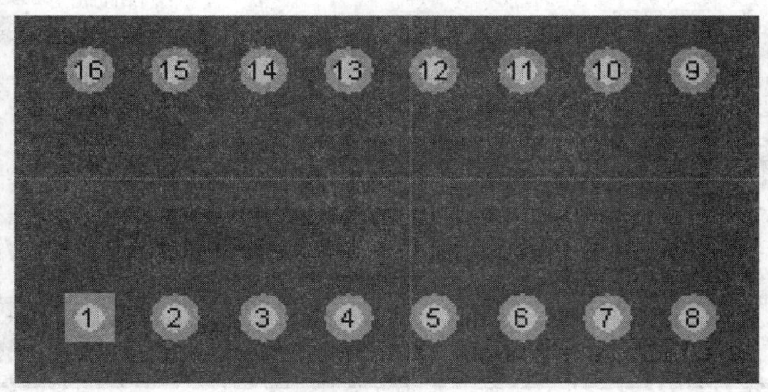

图 7.9　在图纸上放置焊盘

(3) 修改焊盘属性。放置焊盘时，如按 Tab 键可进入如图 7.10 所示的焊盘属性对话框，以便设置焊盘的属性。

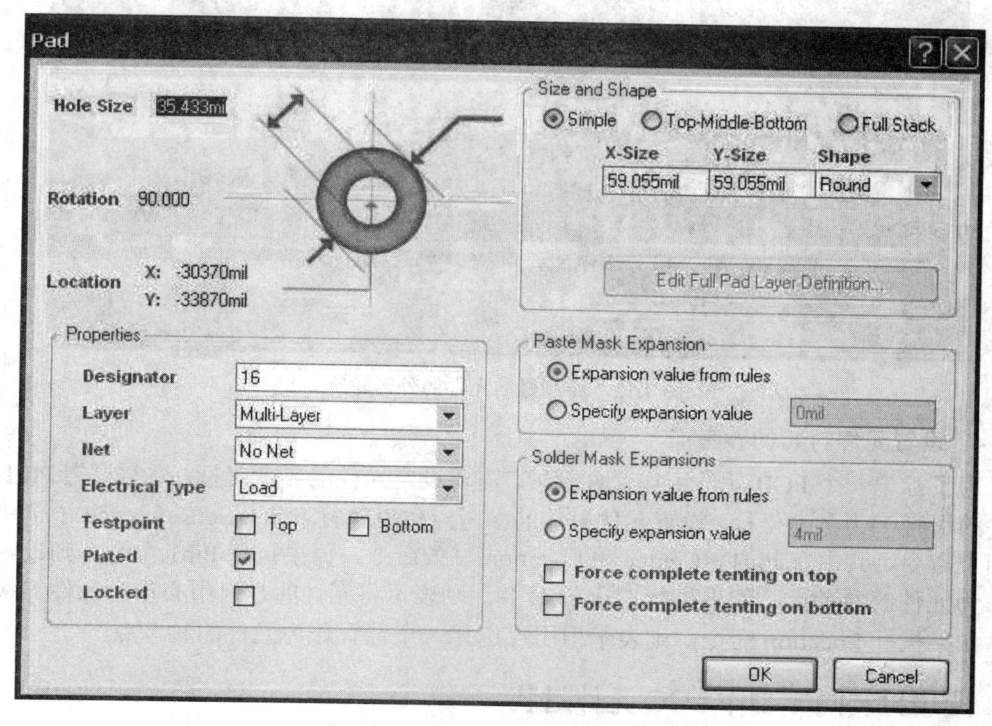

图 7.10　焊盘属性对话框

(4) 放置外轮廓线。将工作层面切换到顶层丝印层，即 Top Overlay 层。单击绘图工具栏中的按钮，光标变为十字。将光标移动到适当的位置后，单击鼠标左键确定元件封装外形轮廓线的起点，随之绘制元件的外形轮廓，如图 7.11 所示。

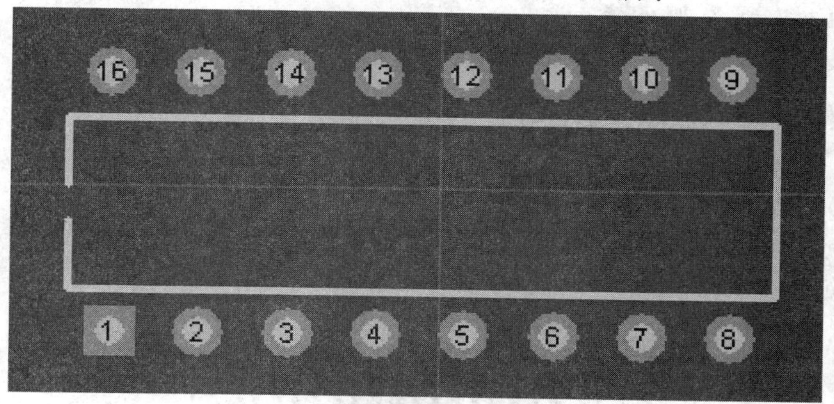

图 7.11　绘制外轮廓后的图形

(5) 绘制圆弧。单击绘图工具栏中的按钮，在外形轮廓线上绘制圆弧。圆弧的参数为半径 25 mil，起始角 270°，终止角 90°。执行命令后，光标变为十字形。将光标移动到适当的位置后，先单击鼠标左键确定圆弧的中心，然后移动鼠标并单击右键确定圆弧的半径，最后确定圆弧的起点和终点。绘制完的图形如图 7.12 所示。

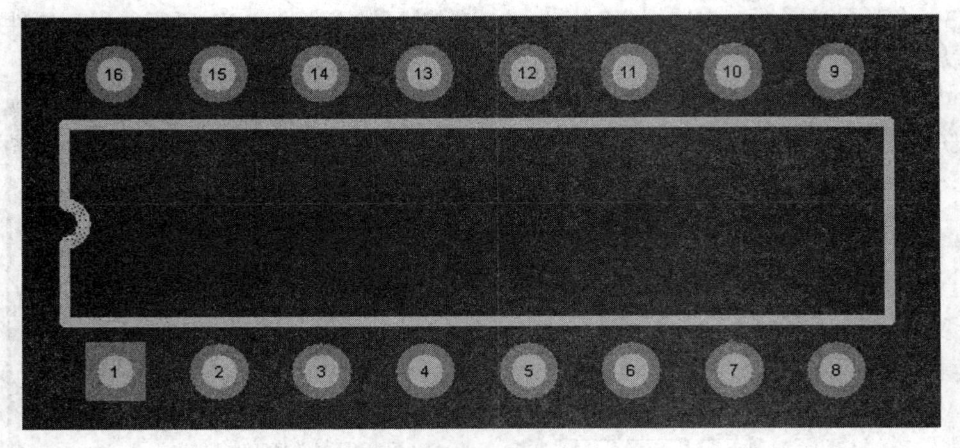

图 7.12　绘制好的元件的外形轮廓

4. 设置元件封装的参考点

为了标记一个 PCB 元件用作元件封装，需要设定元件的参考坐标，通常设定 Pin1(即元件的引脚 1)为参考坐标。设置元件封装的参考点可以执行 Edit→SetReference 子菜单中的相关命令。其中有 Pin1、Center 和 Location 三条命令。如果执行 Pin1 命令，则设置引脚 1 为元件的参考点；如果执行 Center 命令，则表示将元件的几何中心作为元件的参考点；如果执行 Location 命令，则表示由用户选择一个位置作为元件的参考点。

二、使用封装向导制作 LCC 元件封装

手工制作元件封装是非常繁琐的工作，Protel DXP 提供的元件封装向导(Component Wizard)使设计工作变得非常简单，常用的标准封装都可以通过封装向导来实现。下面以图 7.13 所示的 LCC68 封装为例，介绍利用向导创建元件封装的基本步骤。

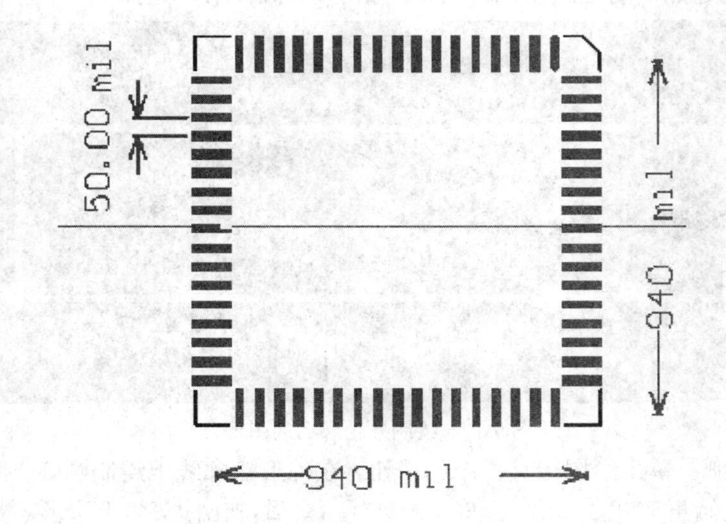

图 7.13　LCC68 封装

(1) 在项目管理器(Projects)面板中双击“Myuse.PCBLIB”文件名，打开新创建的库

文件。执行菜单 Tools→New Component 命令，弹出如图 7.14 所示的界面，此界面是元件封装向导界面。然后就可以选择封装形式，并可以定义设计规则。

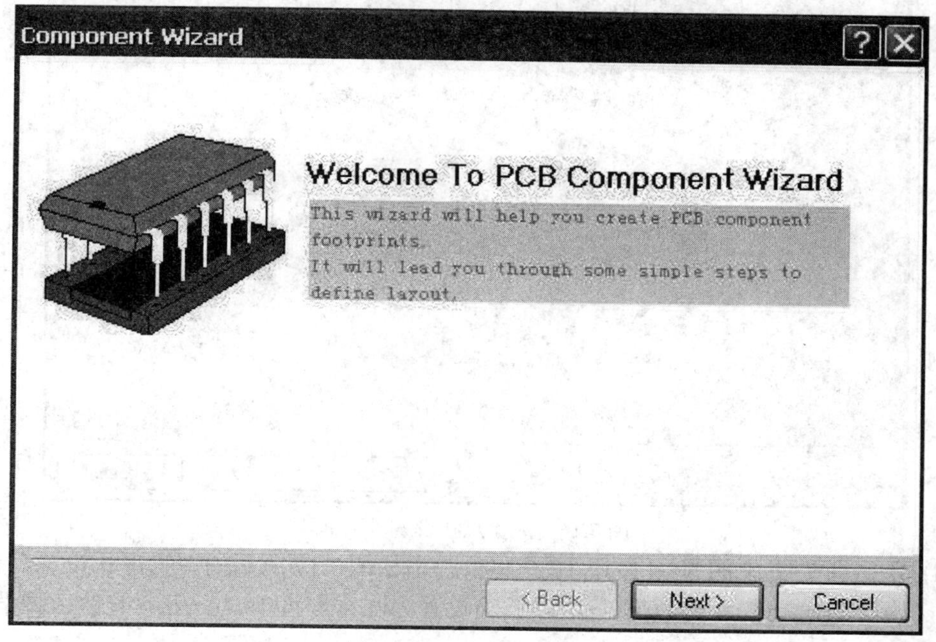

图 7.14 元件封装向导

(2) 用鼠标左键单击图中的 Next 按钮，系统将弹出如图 7.15 所示的对话框。用户在该对话框中可以设置元件的类型。

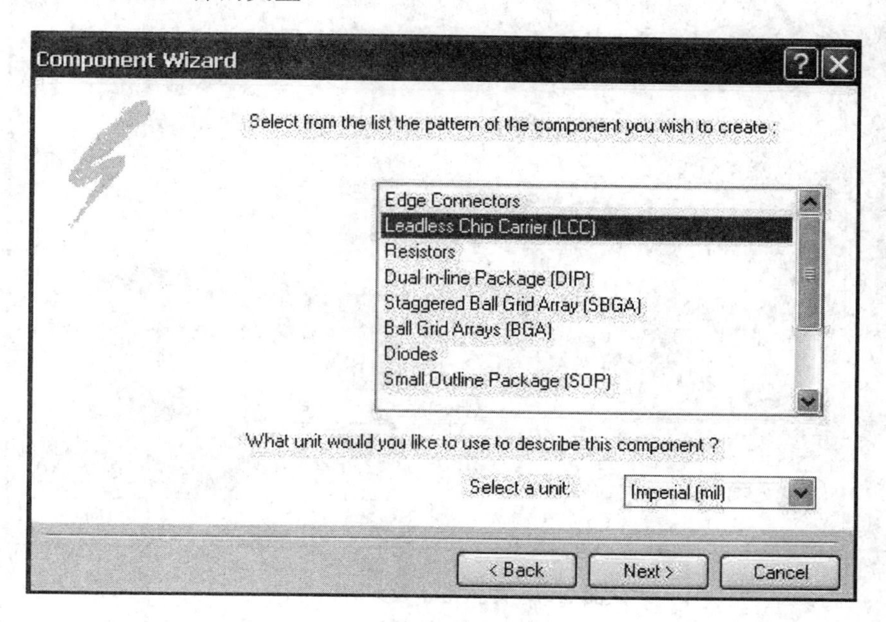

图 7.15 选择封装类型

(3) 单击图 7.15 中的 Next 按钮，系统会弹出如图 7.16 所示的焊盘尺寸设置对话框。

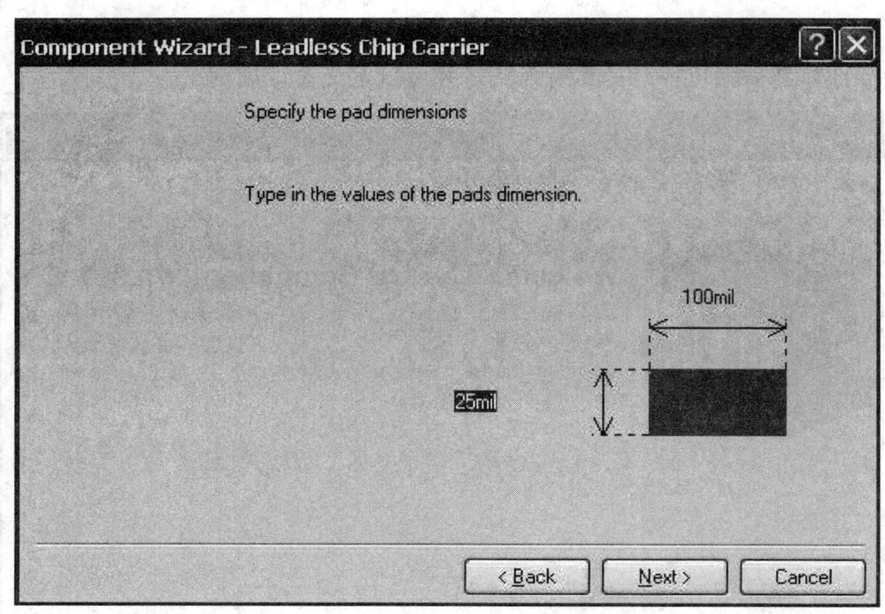

图 7.16　焊盘尺寸设置对话框

(4) 单击图 7.16 中的 Next 按钮，系统将会弹出如图 7.17 所示的焊盘形状设置对话框。一般情况下，For the first pad (第一引脚)选项设置为圆角焊盘(Rounded)，其他引脚设置为方形焊盘(Rectangular)。

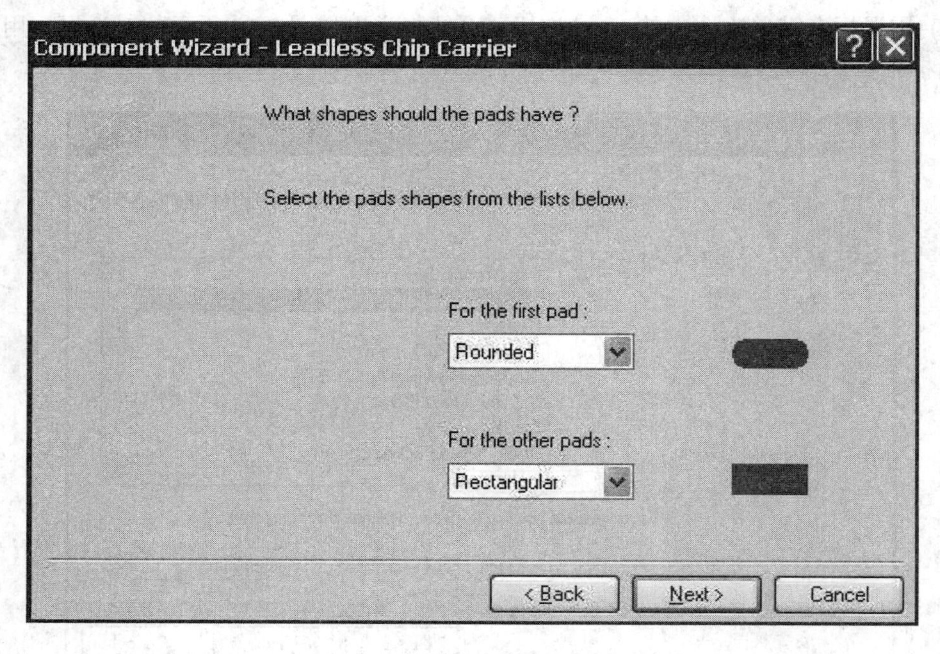

图 7.17　焊盘形状设置对话框

(5) 单击图 7.17 中的 Next 按钮，系统会弹出如图 7.18 所示的对话框。用户在该对话框中可以设置丝印层导线宽度。本例将丝印层导线宽度设置为 10 mil。

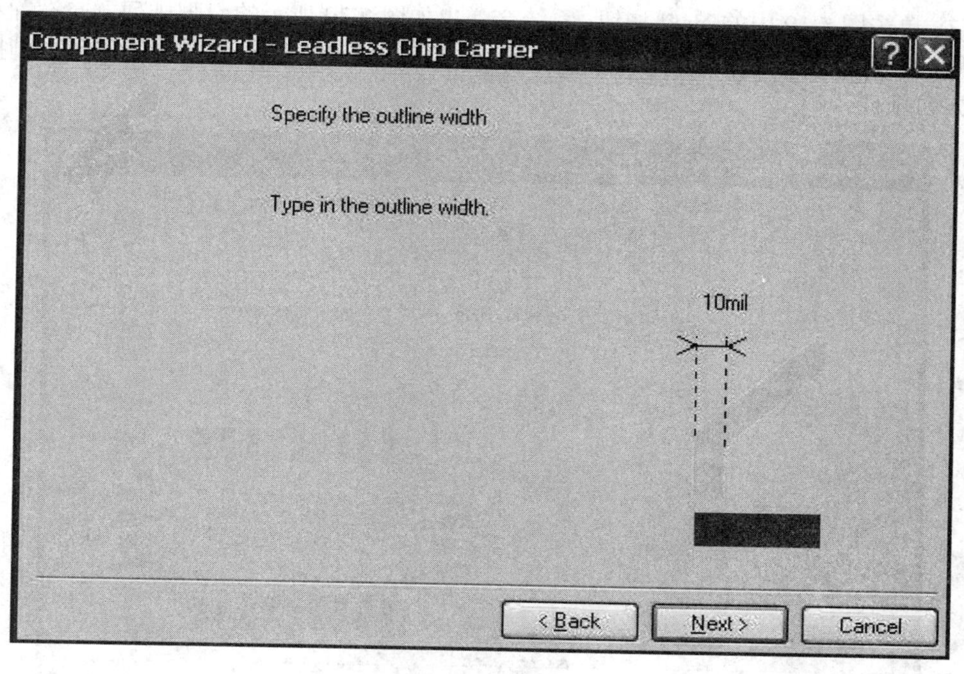

图 7.18 丝印层导线宽度设置对话框

(6) 单击图 7.18 中的 Next 按钮，系统会弹出如图 7.19 所示的对话框。用户在该对话框中可以设置焊盘的水平间距、垂直间距和尺寸。注意这些尺寸要严格根据产品手册给出的尺寸来设置，否则会导致制作出来的封装与实际元件尺寸不一致。本实例采用默认值。

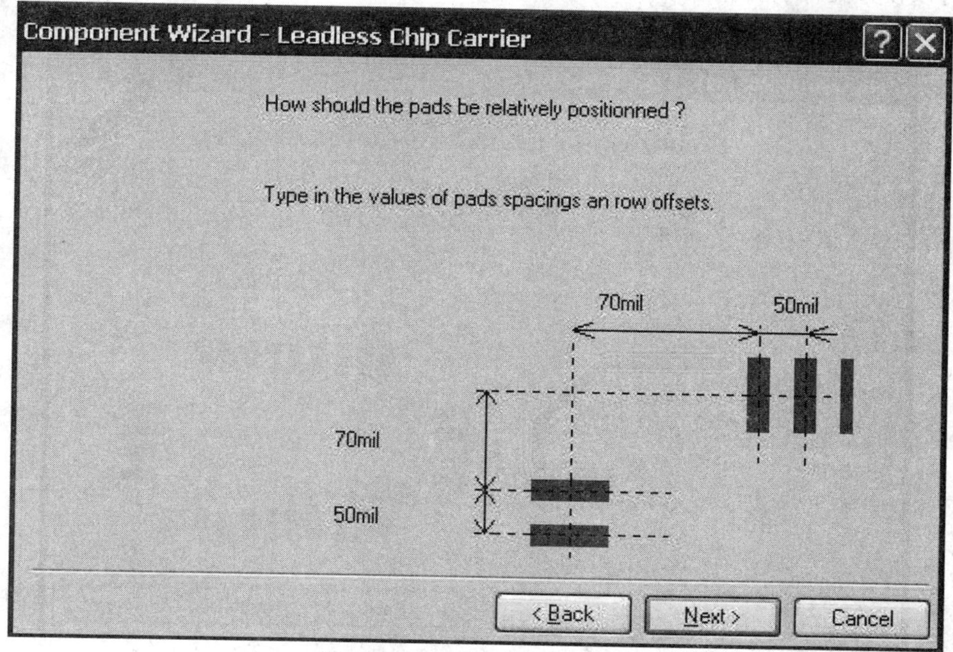

图 7.19 焊盘间距设置对话框

(7) 单击图 7.19 中的 Next 按钮，系统会弹出如图 7.20 所示的引脚排列方向设置对话框。用户在该对话框中可以设置元件第一脚所在的位置和引脚排列方向。本例引脚按逆时针方向排列。

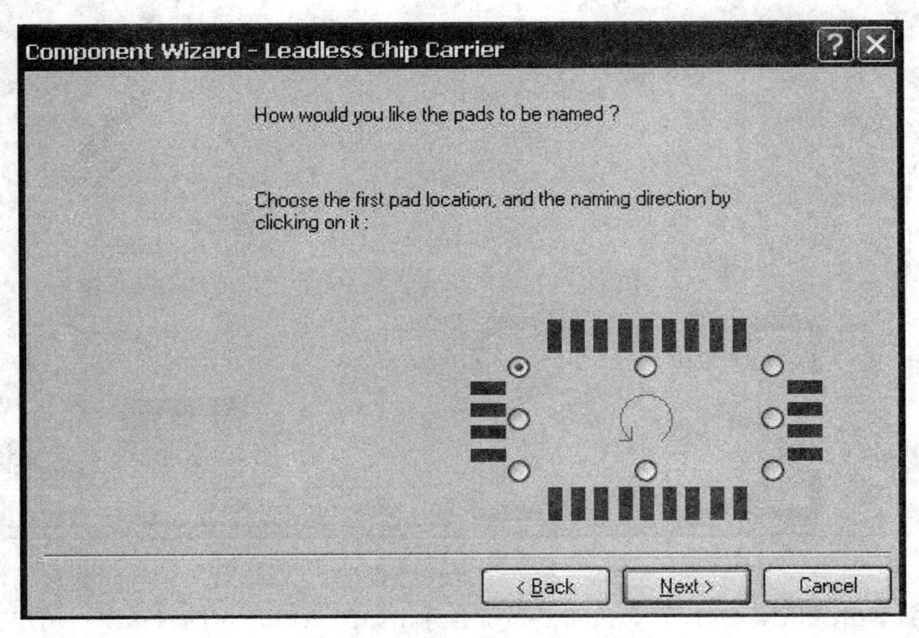

图 7.20　引脚排列方向设置对话框

(8) 单击图 7.20 中的 Next 按钮，系统会弹出如图 7.21 所示的对话框。用户在该对话框中可以设置元件引脚数量。本实例封装因有 68 根引脚，每边 17 根，故只需在指定位置输入元件引脚数量“17”即可。

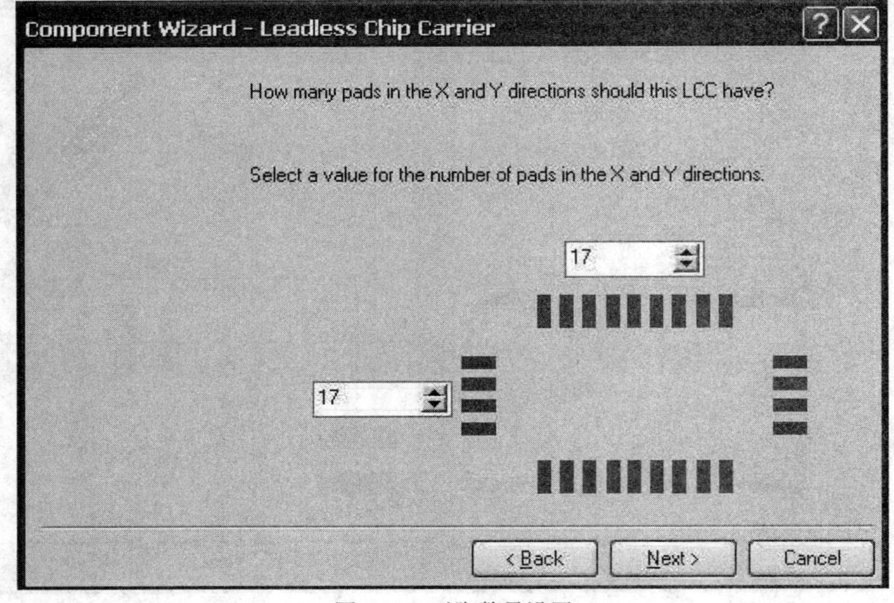

图 7.21　引脚数量设置

(9) 单击图 7.21 中的 Next 按钮，系统会弹出如图 7.22 所示的元件封装名称设置对话框。用户在该对话框中可以设置元件的名称。本实例封装命名为“LCC68”。

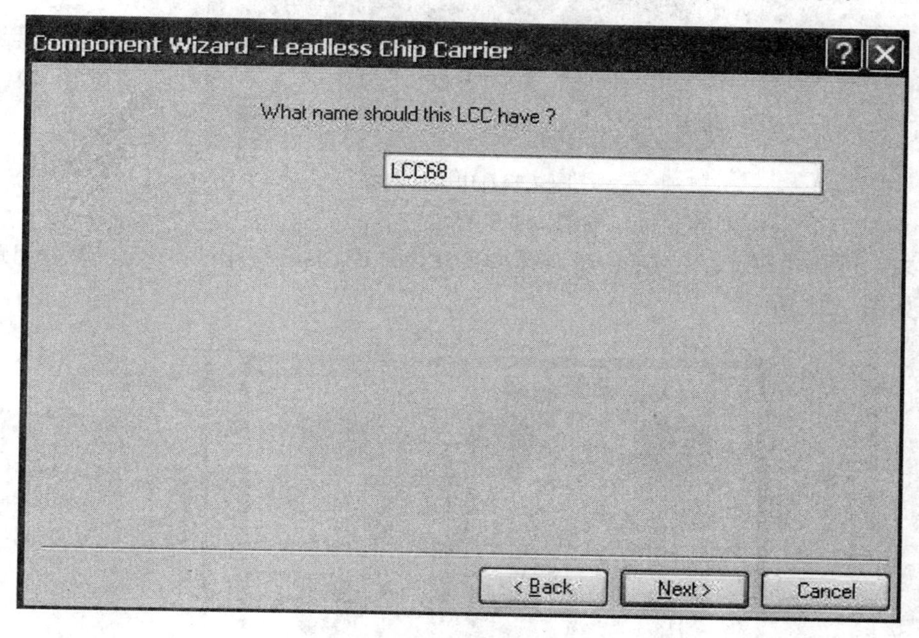

图 7.22　元件封装名称设置对话框

(10) 单击图 7.22 中的 Next 按钮，系统会弹出结束提示对话框，单击 Finish 按钮，即可完成对新元件封装的制作。完成后的元件封装如图 7.23 所示。

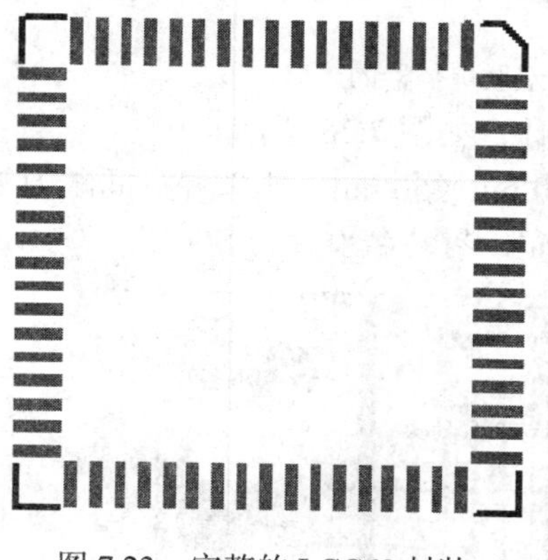

图 7.23　完整的 LCC68 封装

上机练习 15

操作练习

1. 完成立式电阻的封装，如图 7.24 所示。

要求：过孔式设计，封装名 AXIAL-0.1，焊盘间距 160 mil。焊盘形状为圆形，尺寸为 60 mil，焊盘孔径为 30 mil，圆形轮廓半径为 45 mil。

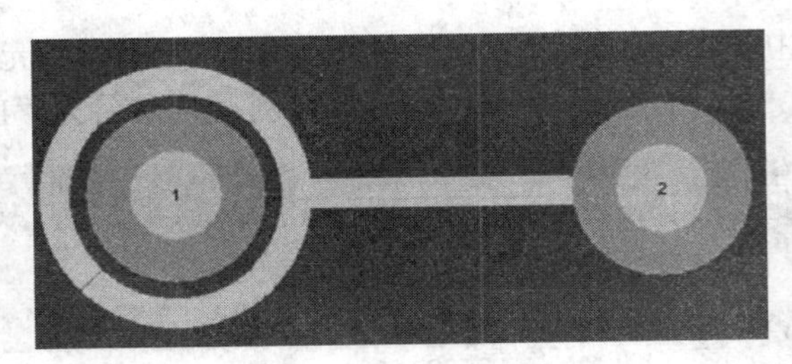

图 7.24　电阻的封装

2. 完成双联电位器的封装，如图 7.25 所示。

要求：过孔式设计，封装名 VR，焊盘尺寸为外径 2 mm，孔径 1 mm，焊盘间距及轮廓尺寸如图 7.25 所示。

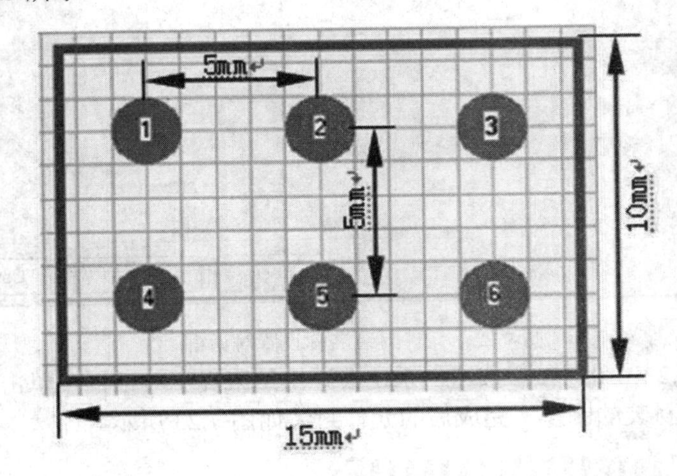

图 7.25　双联电位器的封装

3. 根据向导完成贴片元件的封装设计，如图 7.26 所示。

要求：贴片式设计，焊盘大小为 100 mil×50 mil，相邻焊盘间距为 100 mil，两排焊盘间的间距为 300 mil，线宽设置为 10 mil，封装名设置为 SOP8。

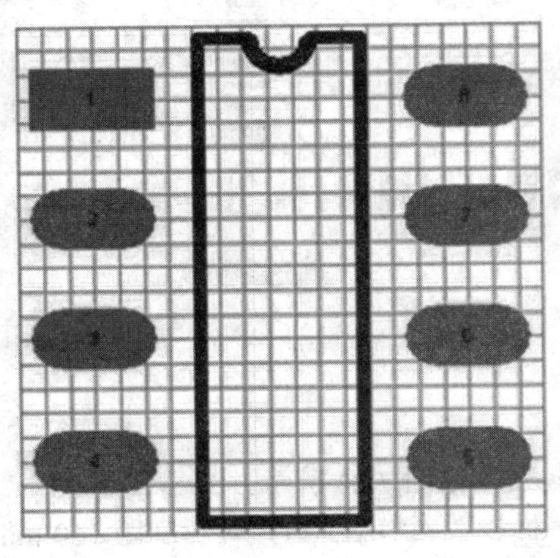

图 7.26　贴片元件的封装

4. 完成电解电容的封装设计，如图 7.27 所示。

要求：封装名为：RB.1/.2，焊盘中心间距为 100 mil，焊盘尺寸为外径 80 mil，内径 40 mil，元件外形半径为 100 mil。

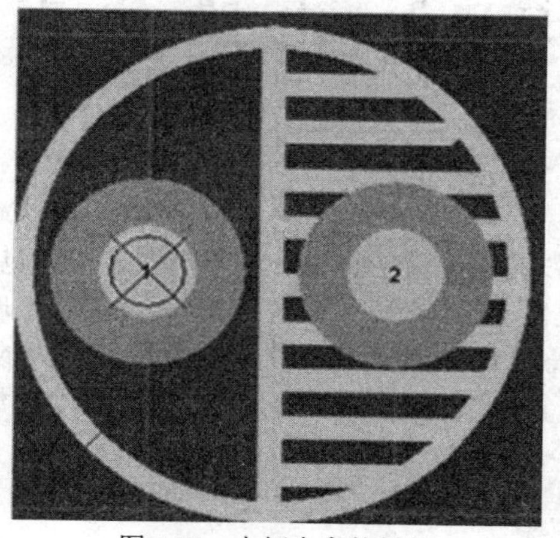

图 7.27　电解电容的封装

典型封装制作实训一～六

项目八　电 路 仿 真

【项目导读】

在设计一个电子产品之前，通常应将设计的原理图接成面包板，然后使用电源、信号发生器、示波器、万用表等电子设备对原理图的各项指标进行检验。Protel DXP 为用户提供了一个功能强大的数/模混合电路仿真器，利用它可以进行模拟信号、数字信号、模/数混合信号的仿真。

【项目目标】

1. 知识目标

- 熟悉仿真元件库；
- 了解仿真参数的设置规则；
- 了解电路仿真的运行流程。

2. 技能目标

- 能正确加载元件仿真库；
- 能根据电路合理地进行元件参数的设置；
- 能正确地运行电路仿真。

任务 1　仿真元件库

一、认识仿真元件库

电路中只有采用仿真元件才能实现仿真。Protel DXP 为设计者提供了大部分仿真元件，常用的仿真元件库是 Miscellaneous Devices.IntLib，仿真信号源的元件库为 Simulation Sources.IntLib，仿真专用函数元件库为 Simulation Special Function.IntLib，仿真数学函数元件库为 Simulation Math Function.IntLib，信号仿真传输线元件库为 Simulation Transmission Line.IntLib。

知识链接 8.1　常用仿真元件库

Protel DXP 为设计者提供了一个常用仿真元件库，即 Miscellaneous Devices.IntLib。该元件库包含电阻、电容、电感、振荡器、三极管、二极管、电池、熔断器等多种常用元件，所有元件均定义了仿真特性，仿真时只要选择默认属性或者修改为自己需要的仿真属性即可。

下面介绍仿真信号源元件库中的各个元件。

知识链接 8.2　仿真信号源元件库

(1) 直流源。

在库 Simulation Sources.IntLib 中，包含了如下的直流源元件：VSRC(直流电压源)，ISRC(直流电流源)。

仿真库中的直流电压源和直流电流源符号如图 8.1 所示。这些直流源提供了激励电路的电压或电流。

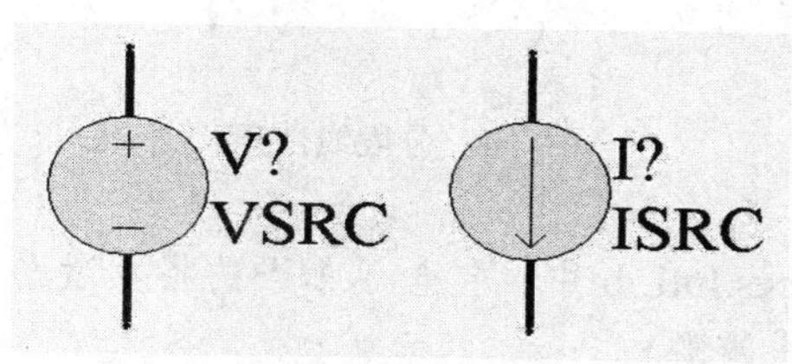

图 8.1　直流电压源和直流电流源

(2) 正弦仿真源。

在库 Simulation Sources.IntLib 中，包含了如下的正弦源元件：VSIN(正弦电压源)，ISIN(正弦电流源)。

仿真库中的正弦电压源和正弦电流源符号如图 8.2 所示，通过这些仿真源可创建正弦电压源和正弦电流源。

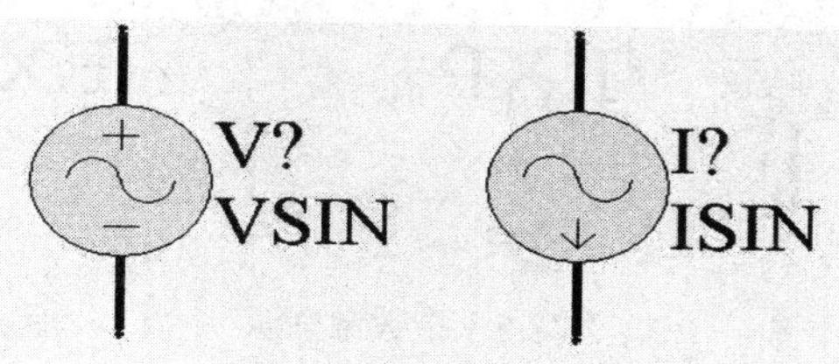

图 8.2　正弦电压源和正弦电流源

(3) 周期脉冲源。

在库 Simulation Sources.IntLib 中，包含了如下的周期脉冲源元件：VPULSE(电压周期脉冲源)，IPULSE(电流周期脉冲源)。

利用这些源可以创建周期性的连续的脉冲。周期脉冲源的符号如图 8.3 所示。

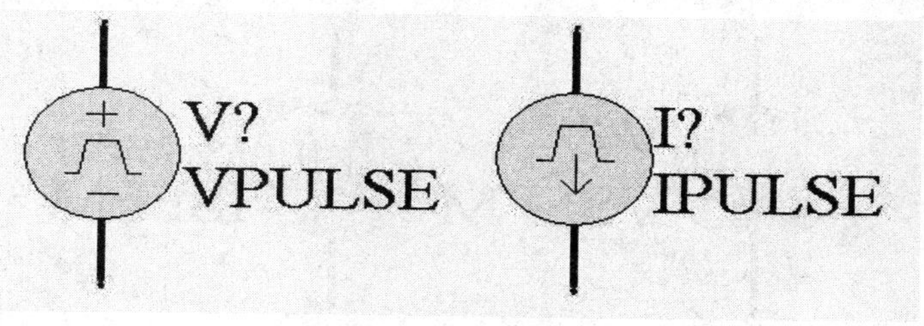

图 8.3　周期脉冲源

(4) 分段线性源。

在库 SimulationSources.IntLib 中，包含了如下的分段线性源元件；VPWL(分段线性电压源)，IPWL(分段线性电流源)。

图 8.4 是仿真库中的分段线性源符号，使用该分段线性源可以创建任意形状的波形。

图 8.4　分段线性源

(5) 指数激励源。

在库 Simulation Sources.IntLib 中，包含了如下的指数激励源器件：VEXP(指数激励电压源)，IEXP(指数激励电流源)。

通过这些指数激励源可创建带有指数上升沿或下降沿的脉冲波形。图 8.5 所示是仿真库中的指数激励源器件符号。

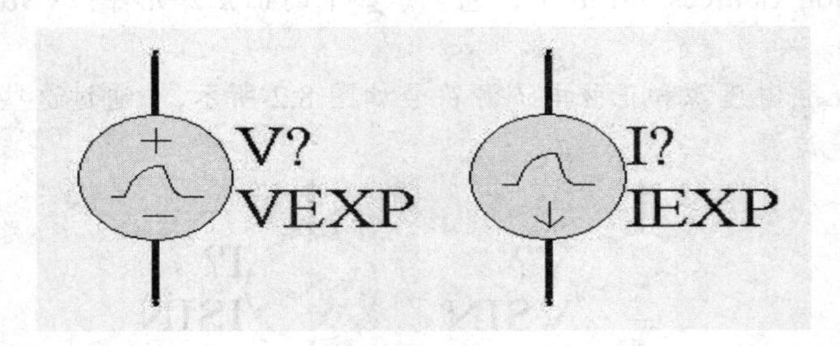

图 8.5　指数激励源

(6) 单频调频源。

在库 Simulation Sources.IntLib 中，包含了如下的单频调频源器件：VSFFM(频调频电压源)，ISFFM(单频调频电流源)。

通过单频调频源可创建一个单频调频波。图 8.6 所示为仿真库中的单频调频源器件符号。

图 8.6　单频调频源

(7) 线性受控源。

在库 Simulation Sources.IntLib 中，包含了如下的线性受控源器件：HSRC(线性电流控制电压源)，GSRC(线性电压控制电流源)，FSRC(线性电流控制电流源)，ESRC(线性电压控制电压源)。

图 8.7 是仿真器中的线性受控源器件符号。

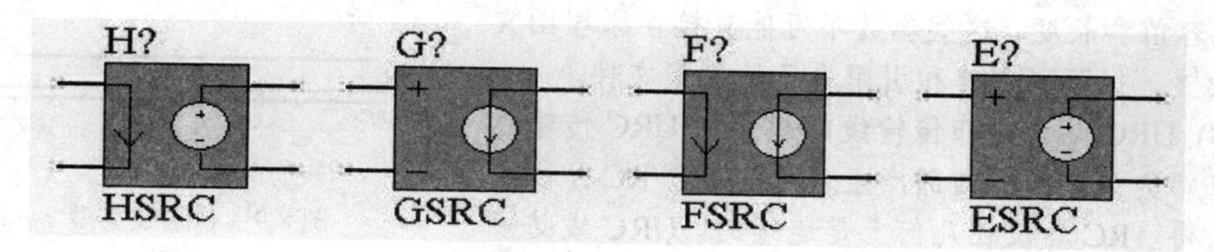

图 8.7　线性受控源器件

(8) 非线性受控源。

在库 Simulation Sources.IntLib 中，包含了如下的非线性受控源器件：BVSRC(非线性受控电压源)，BISRC(非线性受控电流源)。

图 8.8 是仿真器中包括的非线性受控源器件符号。

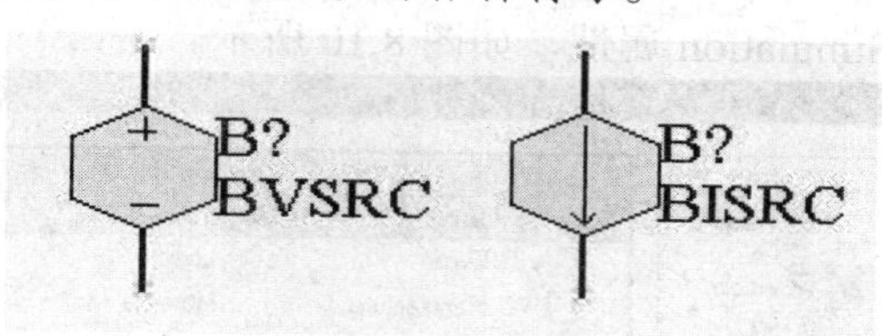

图 8.8　非线性受控源符号

知识链接 8.3　仿真专用函数元件库

Simulation Special Function.IntLib 元件库中的元件是一些专门为信号仿真而设计的函数元件，该元件库提供了常用的运算函数元件，比如增益、加、减、乘、除、求和、压控振荡源等专用的元件。

知识链接 8.4　仿真数学函数元件库

Simulation Math Function.IntLib 元件库中主要是一些仿真数学函数元件，比如求正弦、余弦、绝对值、反正弦、反余弦、开方等数学计算的函数元件，使用这些函数元件可以对仿真电路中的信号进行数学计算，从而获得自己需要的仿真信号。

知识链接 8.5　信号仿真传输线元件库

Simulation Transmission Line.IntLib 元件库中主要包括三个信号仿真传输线元件，即 URC(均匀分布传输线)、LTRA(有损耗传输线)、LLTRA(无损耗传输线)元件，如图 8.9 所示。

(1) LLTRA(无损耗传输线)。该传输线是一个双向的理想的延迟线，有两个端口。节点定义了端口的正电压的极性。

(2) LTRA(有损耗传输线)。单一的损耗传输线将使用两端口响应模型，模型属性包含了电阻值、电感值、电容值和长度，这些参数不可能直接在原理图文件中设置，但可以创建和引用自己的模型文件。

(3) URC(均匀分布传输线)。模型由URC传输线的子电路类型扩展成内部产生节点的集总RC分段网络而获得。RC各段在几何上是连续的。URC线必须严格地由电阻和电容段构成。

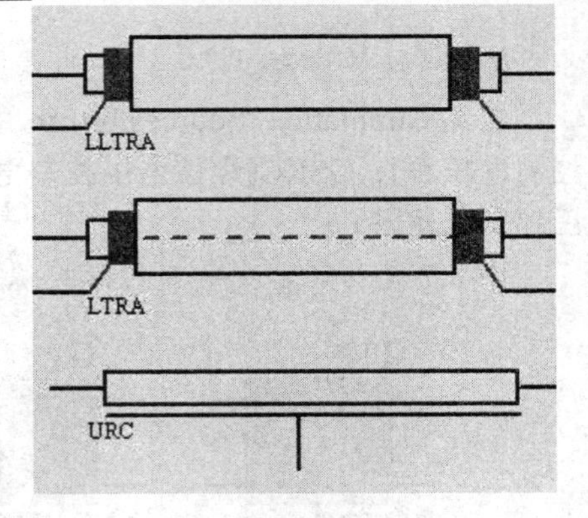

图8.9 传输线类型

二、元件仿真属性编辑

在电路仿真时，所有元件必须具有仿真属性，如果没有，那么在电路仿真操作时会提出警告或错误信息，此时要为元件添加仿真属性。打开元件属性对话框后，在元件的模式列表框中不会显示Simulation属性，如图8.10所示。

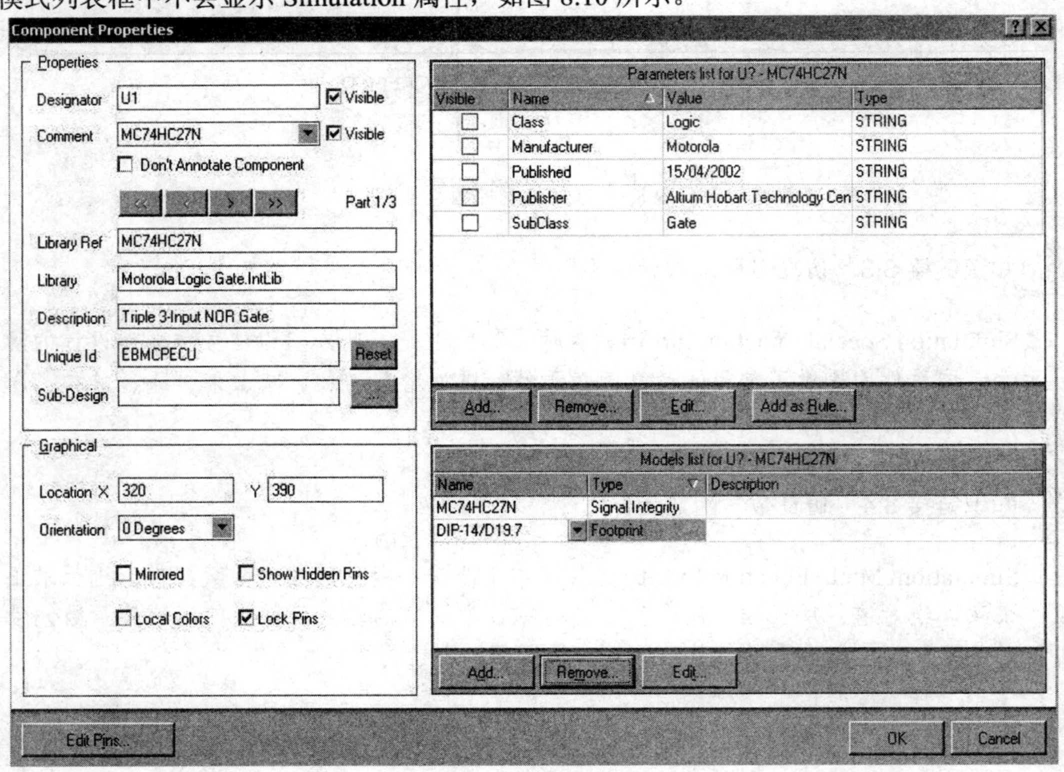

图8.10 元件属性对话框

为了使元件具有仿真特性，可以按Models列表框下的 Add... 按钮，系统将弹出如图8.11所示的添加新模式对话框。

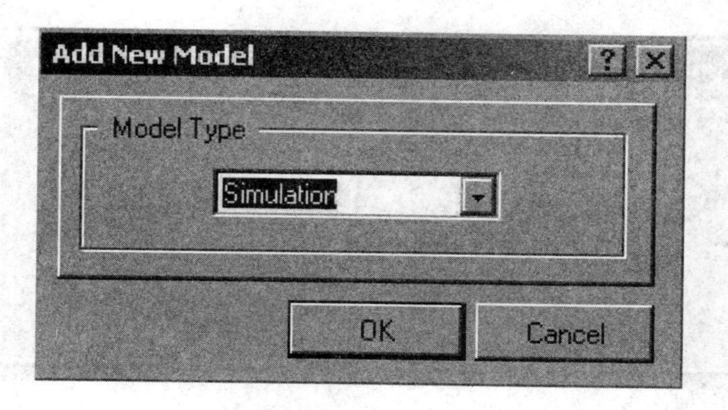

图 8.11　添加新模式对话框

在图 8.11 所示对话框中选择 Simulation(仿真)类型，单击 OK 按钮，会打开如图 8.12 所示的仿真模式参数设置对话框。

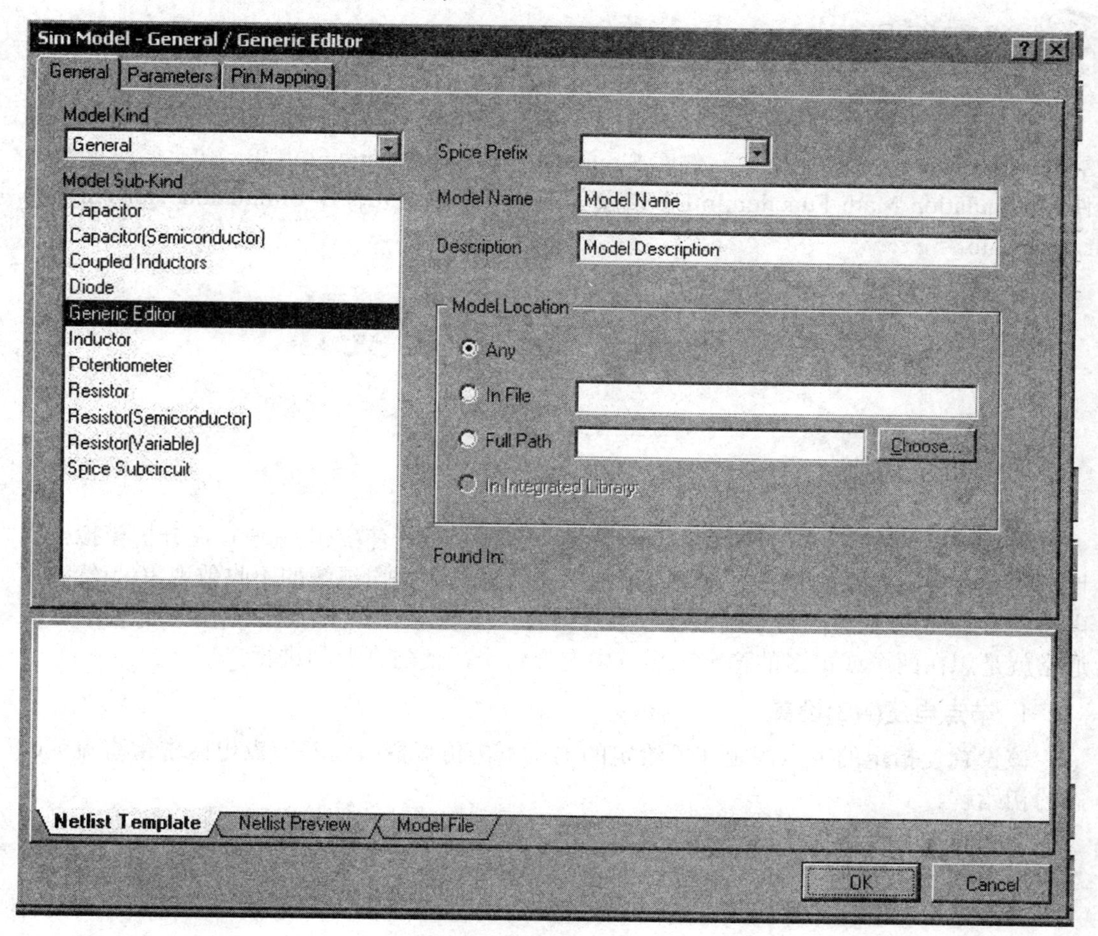

图 8.12　仿真模式参数设置对话框

图 8.13 所示为仿真源工具栏。执行菜单命令 View→Toolbars→Simulation Sources，就可以显示仿真源工具栏。

图 8.13　仿真源工具栏

练习加载仿真元件库 Miscellaneous Devices.IntLib、仿真信号源的元件库 Simulation Sources.IntLib、仿真专用函数元件库 Simulation Special Function.IntLib、仿真数学函数元件库 Simulation Math Function.IntLib 以及信号仿真传输线元件库 Simulation Transmission Line.IntLib。

任务2　仿 真 设 置

一、初始状态设置

设置初始状态是为计算偏置点而设定一个或多个电压值(或电流值)。在分析模拟非线性电路、振荡电路及触发器电路的直流或瞬态特性时，常出现解的不收敛现象(当然实际电路是有解的)，其原因是点发散或收敛的偏置点不能适应多种情况。设置初始值的原因通常就是想在两个或更多的稳定工作点中选择一个，使仿真顺利进行。

1. 节点电压(NS)设置

该设置使指定的节点固定在所给定的电压下，仿真器按这些节点电压求得直流或瞬态的初始解。

该设置对双稳态或非稳态电路收敛性的计算是必需的，它可使电路摆脱“停顿”状态，而进入所希望的状态。其余情况下，则没有必要设置该值。

节点电压可以在元件属性对话框中设置，即打开如图 8.10 所示的对话框后，对元件仿真属性进行编辑。接着进行仿真模式参数设置，系统打开如图 8.12 所示的对话框，在 Model Kind 下拉列表中选中 Initial Condition 选项，然后在 Model Sub-Kind 列表框中选择 Initial Node Voltage Guess 选项，然后进入 Parameters 标签页设置其初始值。

2. 初始条件(IC)设置

该设置是用来设置瞬态分析初始条件的，不要把该设置和上述的设置相混淆。NS 只是用来帮助直流解的收敛，并不影响最后的工作点(对多稳态电路除外)。IC 仅用于设置偏置点的初始条件，它不影响 DC 扫描。

瞬态分析中，一旦设置了参数 UseInitial Conditions 和 IC 时，瞬态分析就先不进行直流工作点的分析(初始瞬态值)，因而应在 IC 中设定各点的直流电压。如果瞬态分析中没有设置参数 UseInitial Conditions，那么就要在瞬态分析前计算直流偏置(初始瞬态)解。这时，IC 设置中指定的节点电压仅当做求解直流工作点时相应的节点的初始值。

该设置同样可以在元件属性对话框中进行。打开如图 8.10 所示的对话框，对元件仿真属性进行编辑，接着系统打开如图 8.12 所示的对话框，在 Model Kind 下拉列表中选中 Initial Condition 选项，然后在 Model Sub-Kind 列表框中选择 Set Initial Condition 选项，然后进入 Parameters 标签页设置其初始值。

Protel DXP 在库 Simulation Sources.IntLib 中提供了两个特别的初始状态定义符，如图 8.14 所示。图中，NS 即 NODESET，IC 即 Initial Condition (初始条件)。

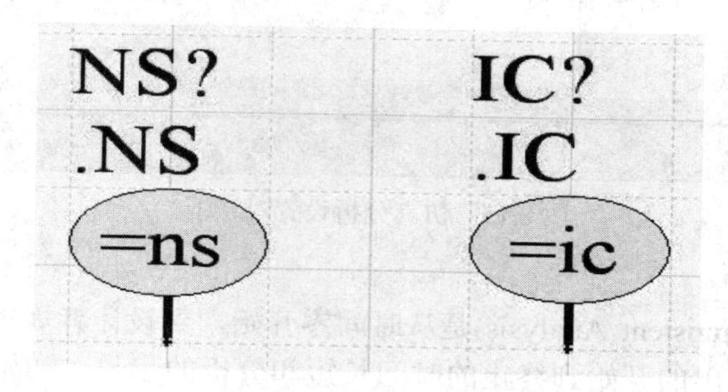

图 8.14　节点电压和初始条件状态定义符号

初始状态的设置共有三种：“.IC”设置、“.NS”设置、定义元件属性。在电路仿真时，当有这三种或两种共存时，在分析中优先考虑的次序是：定义元件属性、“.IC”设置、“.NS”设置。如果“.NS”和“.IC”共存，则“.IC”设置将取代“.NS”设置。

二、仿真分析设置

1. 仿真分析设置步骤

(1) 执行 Design→Simulate→Mixed Sim 命令，进入电路仿真分析设置对话框，如图 8.15 所示。

(2) 选择 General Setup 选项，此时在对话框中显示的是仿真分析的一般设置，如图 8.15 所示。在 Available Signals 列表中显示的是可以进行仿真分析的信号，设计者可以选择分析对象；Active Signals 列表框中显示的是激活的信号，即将要进行仿真分析的信号；按 > 和 < 按钮可设置激活的信号。

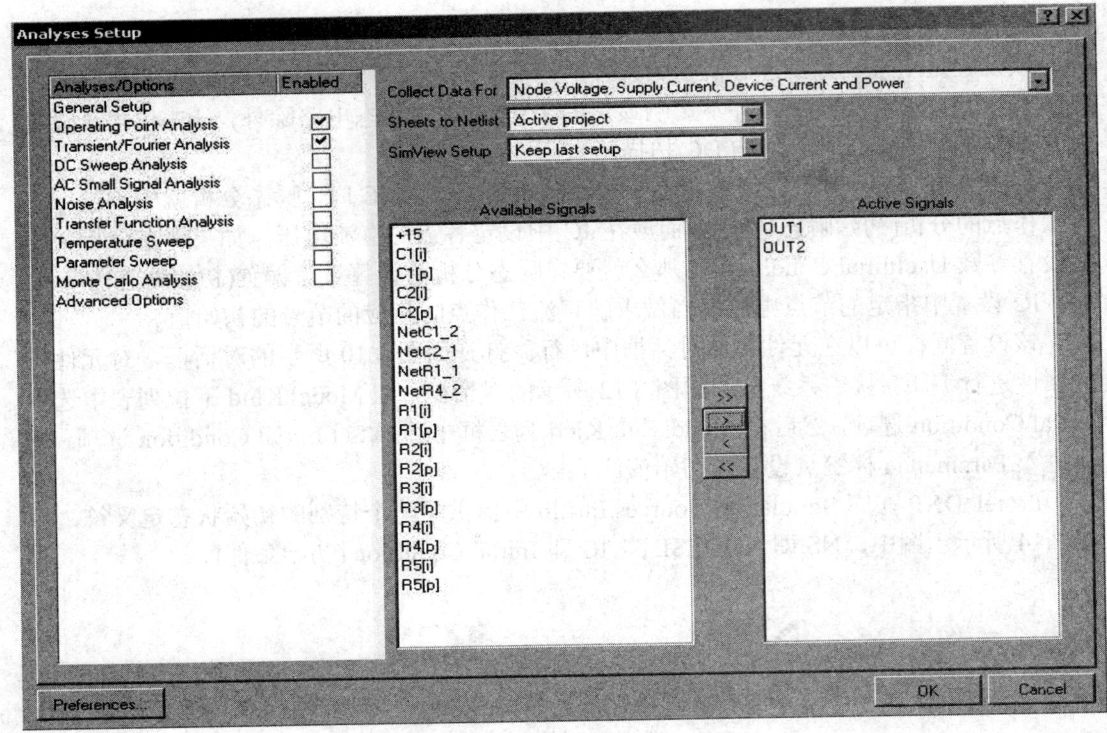

图 8.15　仿真分析设置对话框

2. 瞬态特性分析

瞬态特性分析(Transient Analysis)是从时间零开始，到设计者规定的时间范围内进行的。设计者可规定输出的开始到终止的时间长短和分析的步长，初始值可由直流分析部分自动确定。所有与时间无关的源，可以用它们的直流值，也可以用设计者规定的各元件的电平值作为初始条件进行瞬态分析。

要在 Protel DXP 中设置瞬态分析的参数，可以通过命令 Transient→Fourier Analysis 选项，在如图 8.16 所示的瞬态分析/傅里叶分析参数设置对话框进行设置。

瞬态分析的输出是在一个类似示波器的窗口中，在设计者定义的时间间隔内计算变量瞬态输出电流或电压值。如果不使用初始条件，则静态工作点分析将在瞬态分析前自动执行，以测得电路的直流偏置。

瞬态分析通常从时间零开始。在时间零和开始时间(Start Time)之间，瞬态分析照样进行，但并不保存结果。在开始时间(Start Time)和终止时间(Stop Time)的间隔内将保存结果，用于显示。

步长(Step Time)通常是用在瞬态分析中的时间增量。实际上，步长设置不是固定不变的。采用变步长，是为了自动完成收敛。最大步长(Max Step Time)限制了分析瞬态数据时的时间片的变化量。

瞬态分析中，如果选择了 UseInitial Conditions 选项，则瞬态分析就不先进行直流工作点的分析(初始瞬态值)，因而应在 IC 中设定各点的直流电压。

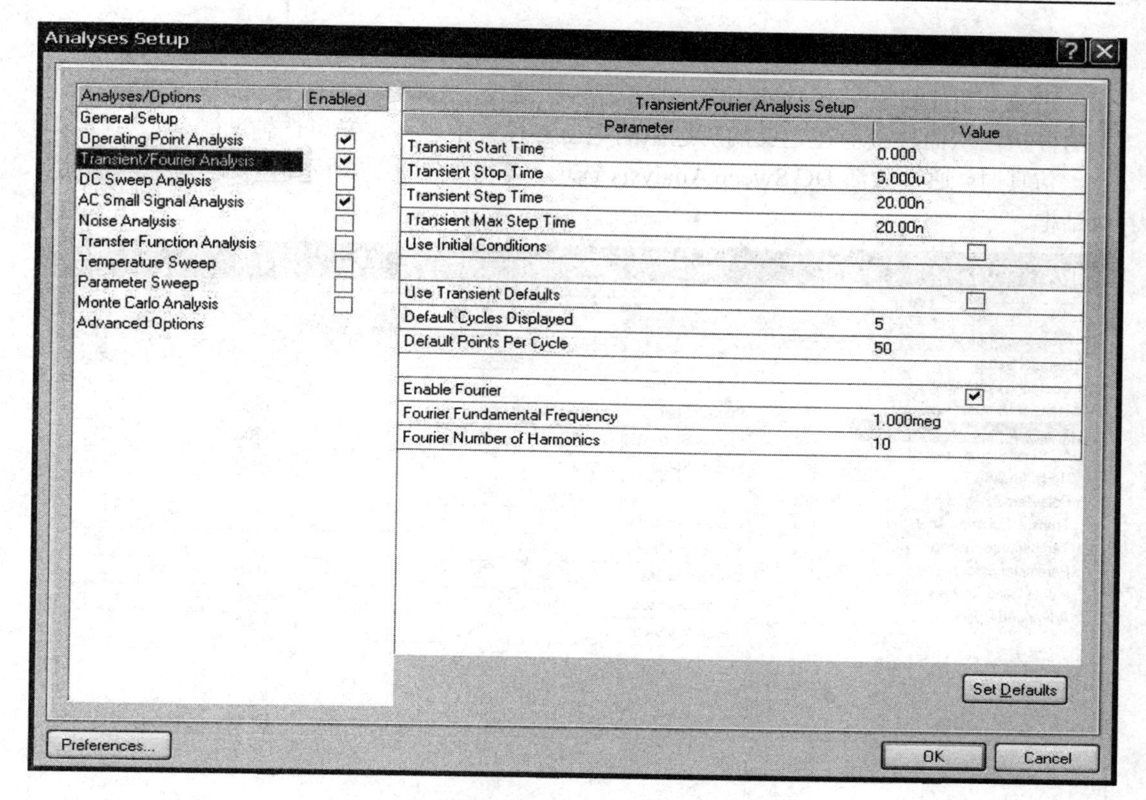

图 8.16　瞬态分析/傅里叶分析参数设置对话框

仿真时，如果设计者并不确定所需输入的值，可选择默认值，从而自动获得瞬态分析所用参数。开始时间(Start Time)一般设置为零。Stop Time、Step Time 和 Max Step Time 与显示周期(Cycles Displayed)、每周期中的点数(Points Per Cycle)以及电路激励源的最低频率有关。如选中 Use Transient Defaults 选项，则每次仿真时将使用系统默认的设置。

3. 傅里叶分析

傅里叶分析(Fourier Analysis)是计算瞬态分析结果的一部分，从中可得到基频、DC 分量和谐波。傅里叶分析不是所有的瞬态分析结果都要用到，只用到瞬态分析终止时间之前的基频的一个周期。

若 PERIOD 是基频的周期，则 PERIOD=1/FREQ，就是说，瞬态分析至少要持续 1/FREQ(s)。

如图 8.16 所示，要进行傅里叶分析，必须选中 Transient/Fourier Analysis 选项。在此对话框中，可设置傅里叶分析的参数：

- Enable Fourier，选中它则可以进行傅里叶分析。
- Fourier Fundamental Frequency：设置傅里叶分析的基频。
- Fourier Number of Harmonics：设置所需要的谐波数。

傅里叶分析中每次谐波的幅值和相位信息将保存在 Filename.sim 文件中。

4. 直流扫描分析

直流分析(DC Sweep Analysis)产生直流转移曲线。直流分析将执行一系列的静态工作点的分析，从而改变前述定义的所选源的电压。设置中，可定义可选辅助源。

仿真时，通过激活 DC Sweep Analysis 选项，可得如图 8.17 所示的直流分析参数设置对话框。

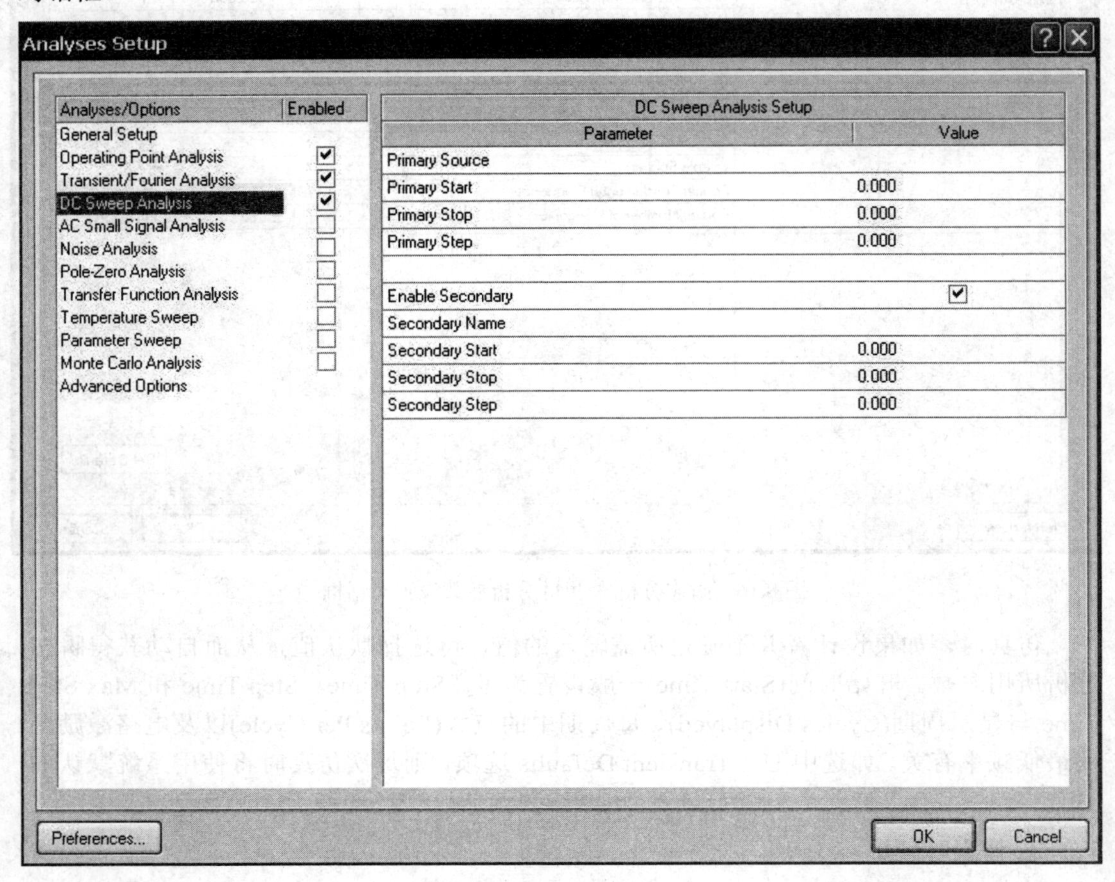

图 8.17　直流分析参数设置对话框

图 8.17 中的 Primary Source 定义了电路中的主电源，选中 Enable Secondary 选项可以使用从电源。Primary/Secondary Start、Primary/Secondary Stop 和 Primary/Secondary Step 定义了主/从电源的扫描范围和步长。

5. 交流小信号分析

交流小信号分析(AC Small Signal Analysis)将交流输出变量作为频率的函数计算出来。

先计算电路的直流工作点，决定电路中所有非线性元件的线性化小信号模型参数，然后在设计者所指定的频率范围内对该线性化电路进行分析。交流小信号分析所希望的输出通常是一个传递函数，如电压增益、传输阻抗等。

在 Protel DXP 仿真时，设置交流小信号分析的参数，可以通过激活 AC Small Signal

Analysis 选项，打开如图 8.18 所示的交流小信号分析参数设置对话框。

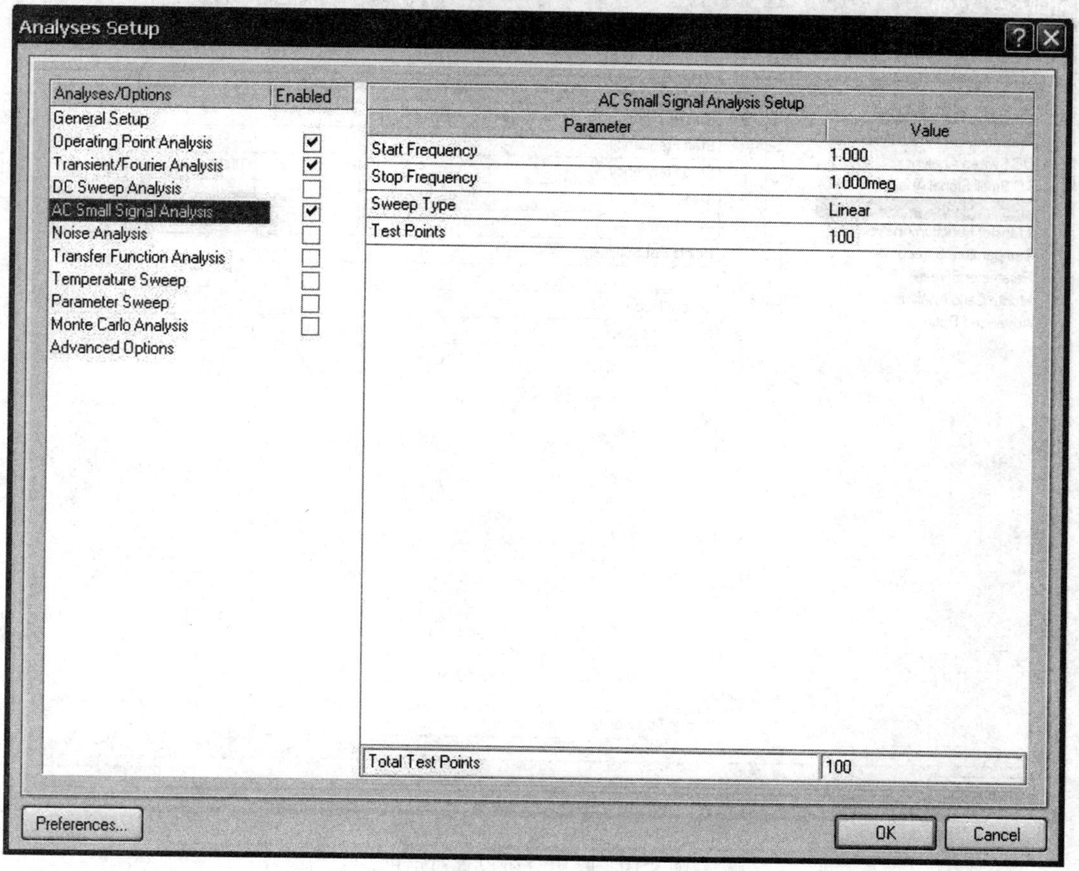

图 8.18　交流小信号分析参数设置对话框

图中的扫描类型(Sweep Type)和测试点数目(Test Points)决定了频率的增量。扫描类型共有三种选择：

(1)　Linear 定义扫描中测试点数线性递增。

(2)　Decade 定义扫描中测试点数以 10 的倍数递增。

(3)　Octave 定义扫描中测试点数以 8 的倍数递增。

在进行交流小信号分析前，原理图至少必须包括一个交流源，且该交流源已适当设置。

6. 噪声分析

噪声分析(Noise Analysis)是同交流分析一起进行的。电路中产生噪声的元件有电阻器和半导体元件，对每个元件的噪声源，在交流小信号分析的每个频率上计算出其相应的噪声，并传送到一个输出节点。所有传送到该节点的噪声进行 RMS(均方根)值相加，就得到了指定输出端的等效输出噪声。同时计算出从输入源到输出端的电压(电流)增益，由输出噪声和增益就可得到等效输入噪声值。

设置噪声分析的参数，可激活 Noise Analysis 选项，打开如图 8.19 所示的噪声分析设置对话框来操作。

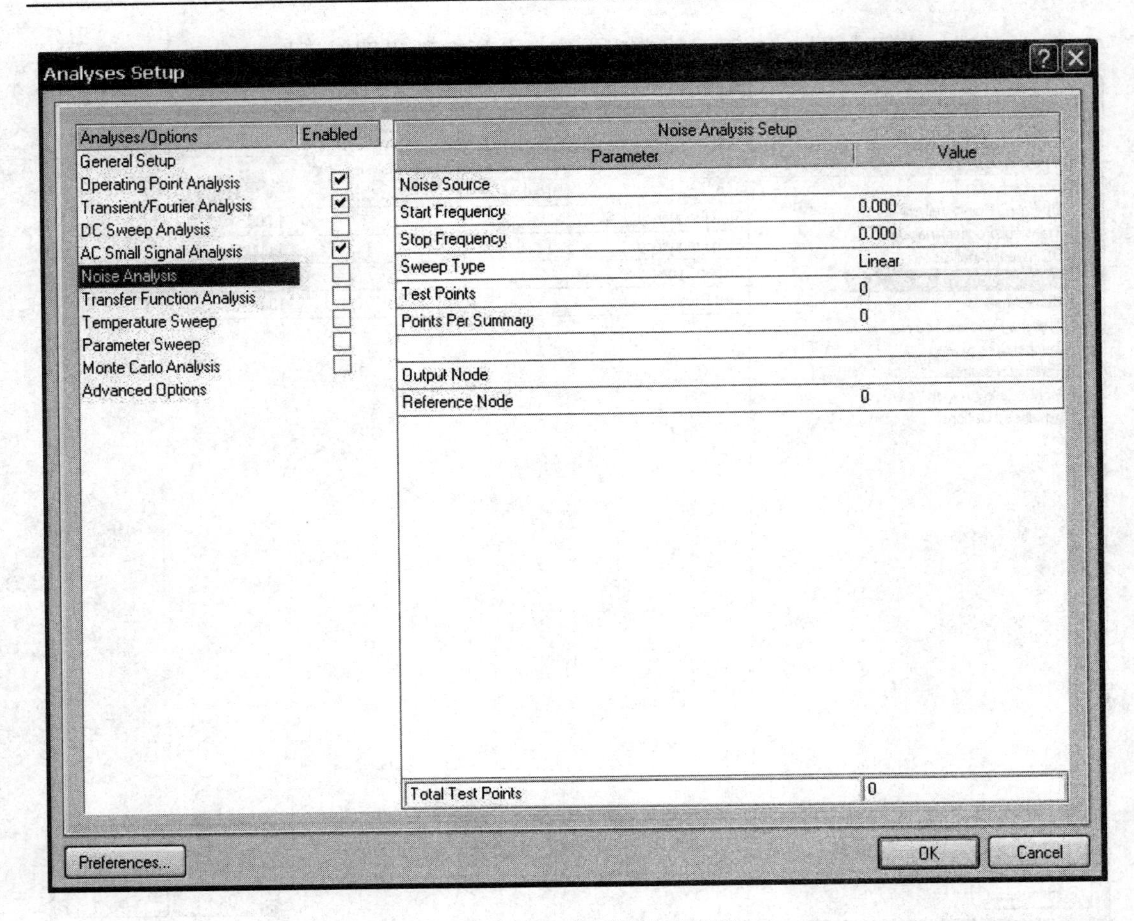

图 8.19　噪声分析设置对话框

在该对话框中，可以设置噪声源(Noise Source)、起始频率、中止频率、扫描类型、测试点数、输出节点和参考节点等参数值。

7. 传递函数分析

传递函数分析(Transfer Function Analysis)用来计算直流输入阻抗、输出阻抗以及直流增益。设置传递函数分析的参数，可激活 Transfer Function Analysis 选项，打开如图 8.20 所示的传递函数分析对话框。

8. 扫描温度分析

扫描温度分析(Temperature Sweep Analysis)是和交流小信号分析、直流分析及瞬态特性分析中的一种或几种相连的，该设置规定了在什么温度下进行仿真。如设计者给了几个温度，则对每个温度都要做一遍所有的分析。

设置扫描温度分析的参数，可通过激活 Temperature Sweep 选项，打开如图 8.21 所示的扫描温度分析对话框进行操作。

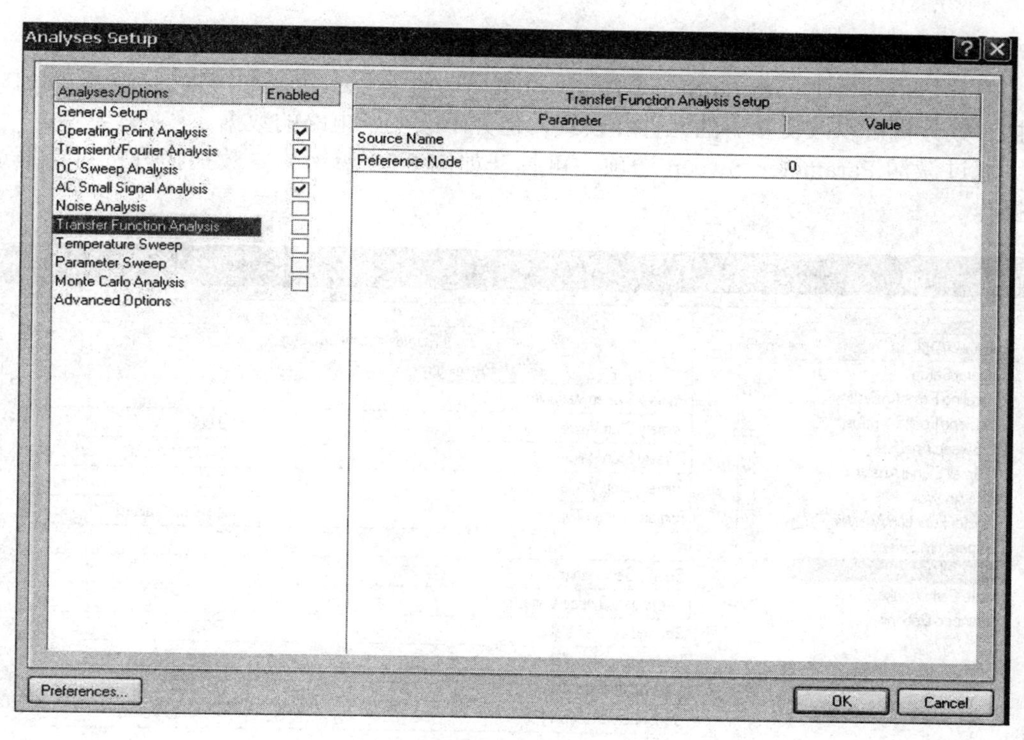

图 8.20　传递函数分析对话框

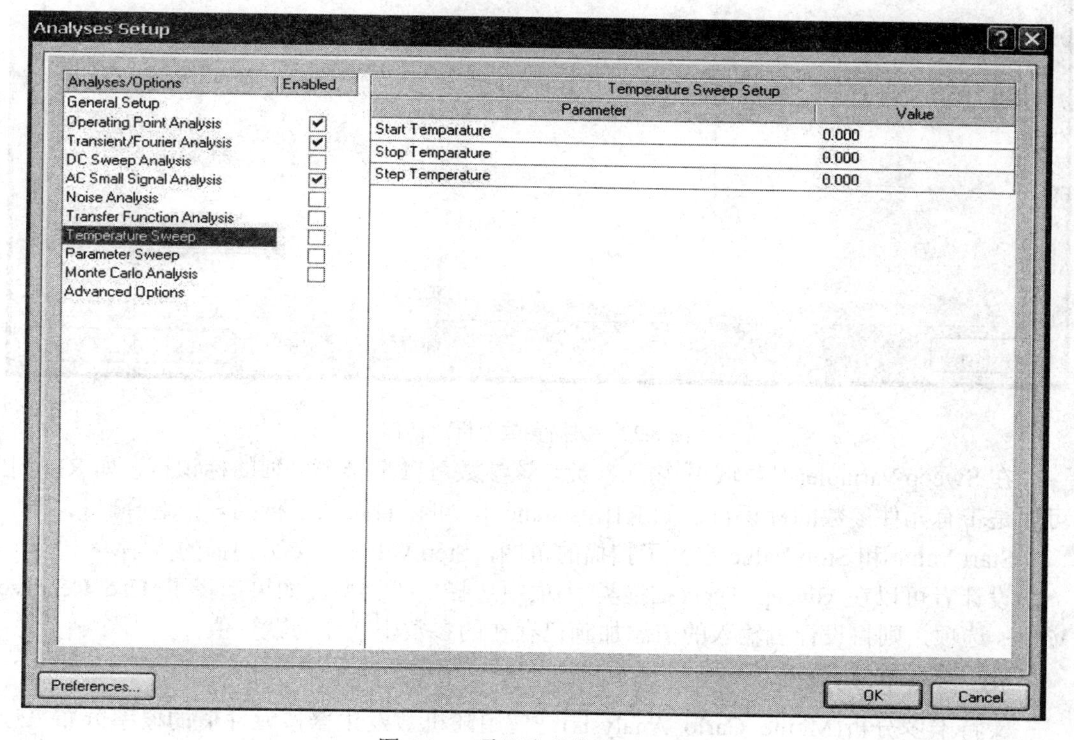

图 8.21　项目选项设置对话框

9. 参数扫描分析

参数扫描分析(Parameter Sweep Analysis)允许设计者以自定义的增幅扫描元件的值。扫描参数分析可以改变基本的元件和模式，但并不改变子电路的数据。

通过激活 Parameter Sweep 选项，可打开如图 8.22 所示的参数扫描分析对话框进行操作。

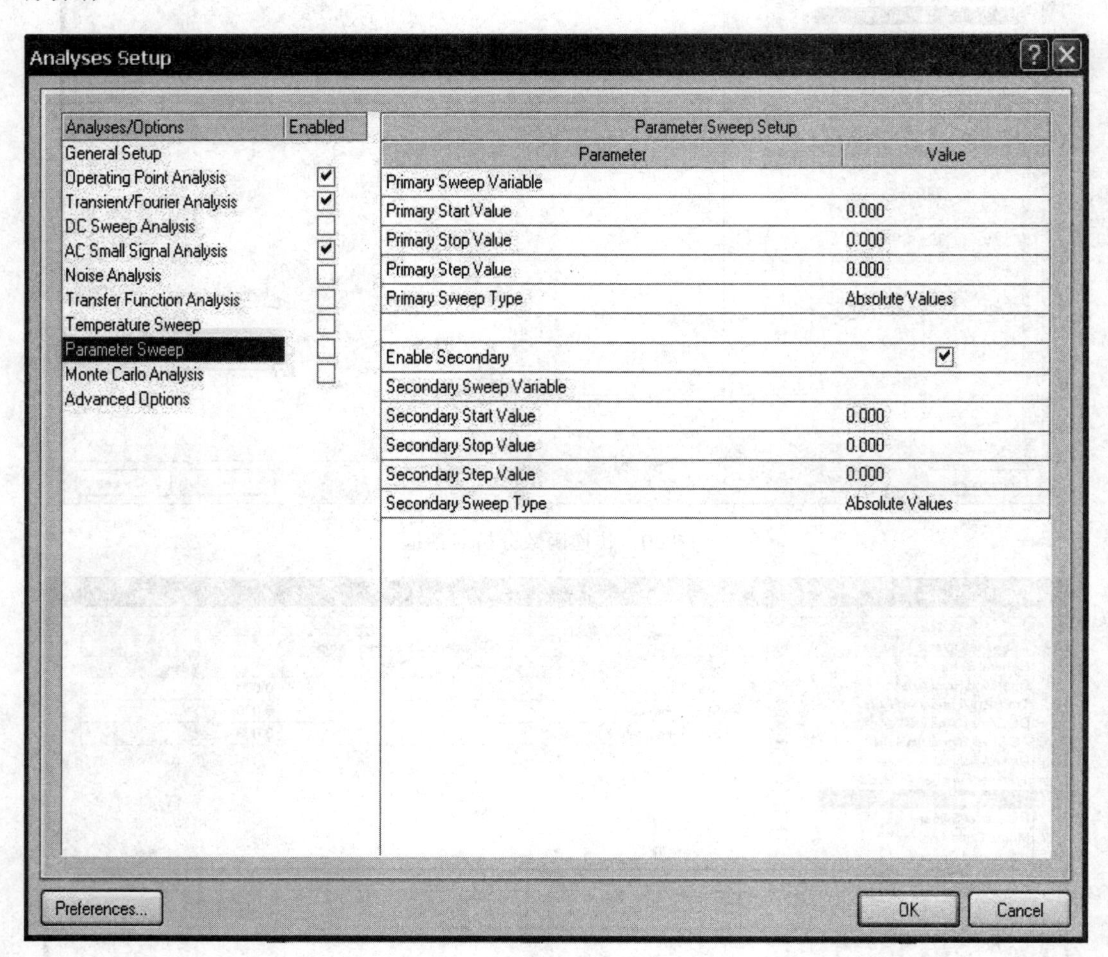

图 8.22　扫描参数分析对话框

在 Sweep Variable(参数域)中输入参数，该参数可以是一个单独的标识符，如 R1；也可以是带有元件参数的标识符，如 R1[resistance]，可以直接从下拉列表中选择。

Start Value 和 Stop Value 定义了扫描的范围，Step Value 定义了扫描的步幅。

设计者可以在 Sweep Type(扫描类型)项中选择扫描类型。如果选择了 Use Relative Values 选项，则将设计者输入的值添加到已存在的参数中或作为默认值。

10. 蒙特卡罗分析

蒙特卡罗分析(Monte Carlo Analysis)是使用随机数发生器按元件值的概率分布来选择元件，然后对电路进行模拟分析。蒙特卡罗分析可在元件模型参数赋给的容差范围内，进行各种复杂的分析，包括直流分析、交流及瞬态特性分析。这些分析结果可以用来预测电路生产时的成品率及成本等。

在 Protel DXP 仿真时，激活 Monte Carlo Analysis 选项打开如图 8.23 所示的蒙特卡罗分析参数设置对话框，进行蒙特卡罗直流分析参数设置。

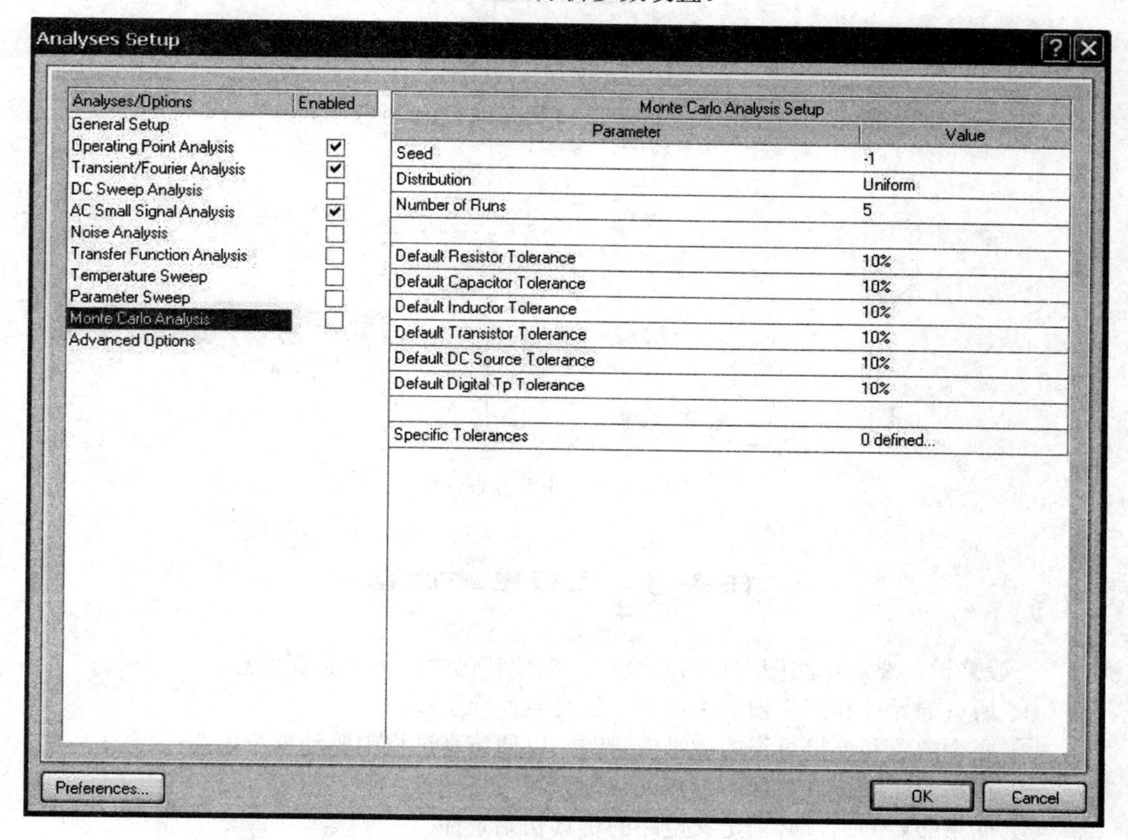

图 8.23　蒙特卡罗分析参数设置对话框

蒙特卡罗分析是用来分析在给定电路中各元件容差范围内的分布规律，然后用随机数对各元件取值。Protel DXP 中元件的分布规律(Distribution)有：

- Uniform：平直分布，元件值在定义的容差范围内统一分布。
- Gaussian：高斯曲线分布，在元件值的定义中心值加上容差±3 的范围里呈高斯分布。
- Worst Case：与 Uniform 类似，但只使用该范围的结束点。

对话框中的 Number of Runs 选项，为设计者定义的仿真数，如定义 10 次，则将在容差允许范围内，每次运行将使用不同的元件值来仿真 10 次。设计者如果希望用一系列的随机数来仿真，则可设置 Seed 选项，该项的默认值为 -1。

蒙特卡罗分析的关键在于产生随机数，随机数的产生依赖于计算机的具体字长。用一组随机数取出一组新的元件值，然后就做指定的电路模拟分析。只要进行的次数足够多，就可得出满足一定分布规律的、一定容差的元件在随机取值下整个电路性能的统计分析。

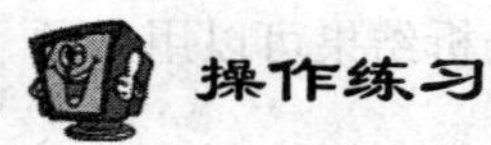

操作练习

试根据工作点分析，求出 N1 节点处电压，电路如图 8.24 所示。

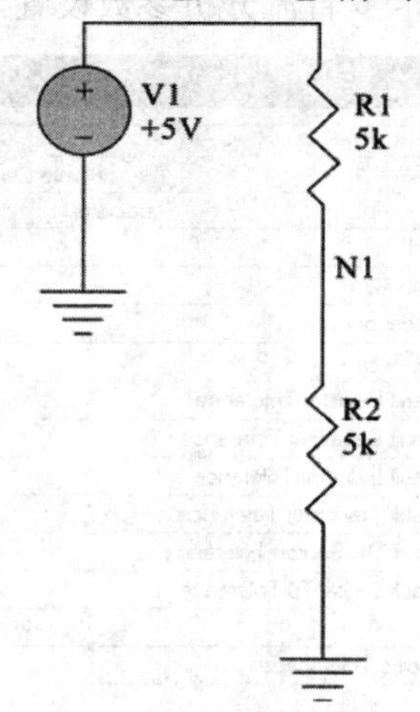

图 8.24　直流电源静态分析

任务 3　运行电路仿真

一般来说，要对电路图进行仿真分析，应使其包含以下的必要信息：

① 所有的元件和部件须引用适当的仿真器件模型；

② 必须放置和连接可靠的激励信号源，以便仿真过程中驱动整个电路；

③ 在需要绘制仿真数据的节点处必须添加网络标号；

④ 如果必要的话，必须定义电路的仿真初始条件。

一、电路图进行仿真分析的方法步骤

混合信号仿真的设计流程如图 8.25 所示。

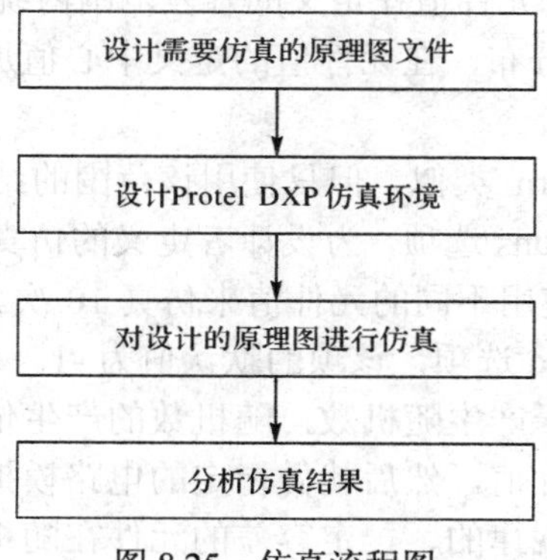

图 8.25　仿真流程图

设计仿真原理图步骤为：

(1) 加载仿真元件库，仿真元件库存放路径为 Altium/Library/Simulation，仿真元件库如图 8.26 所示。

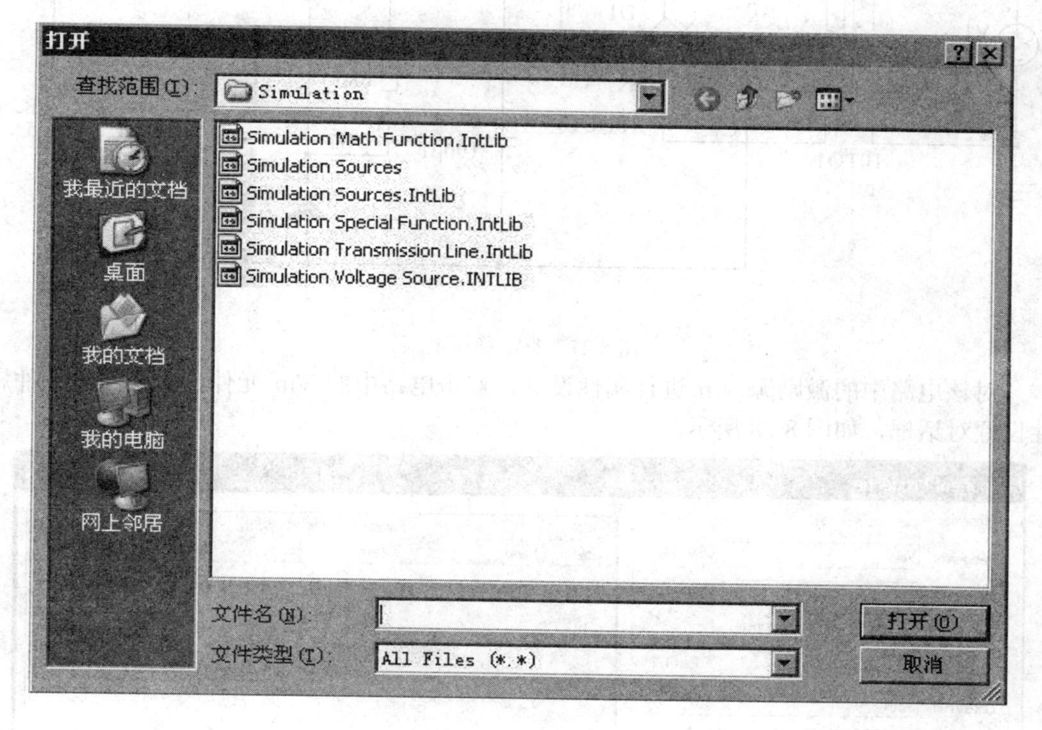

图 8.26 仿真元件库

(2) 原理图中所放置的所有部件都必须包含特别的仿真信息。一般情况下是引用适当的 Spice 器件模型。

(3) 放置元件连接线路。将具有仿真信息的元件放置到原理图。

(4) 添加激励源和网络标号。在电路实施仿真之前，一定要给所设计电路添加合适的激励源，以便仿真器进行仿真。同时在需要观测输出波形的节点处，定义网络标号，以便于仿真器的识别。

(5) 实施仿真。在设计好仿真原理图后，先对该原理图进行 ERC 检查，如有错误，返回到原理图设计中进行修正，直至完全正确。接着，设计者就可以对仿真器设置，确定对原理图进行何种仿真分析，并设置分析所用的参数。若设置不正确，仿真器可能在仿真前报告警告信息，仿真后将仿真过程中的错误写入 Filename.err 文件中。

二、简易整流稳压电路仿真

步骤如下：

(1) 设计仿真原理图文件。

采用如图 8.27 所示简易整流稳压电路。

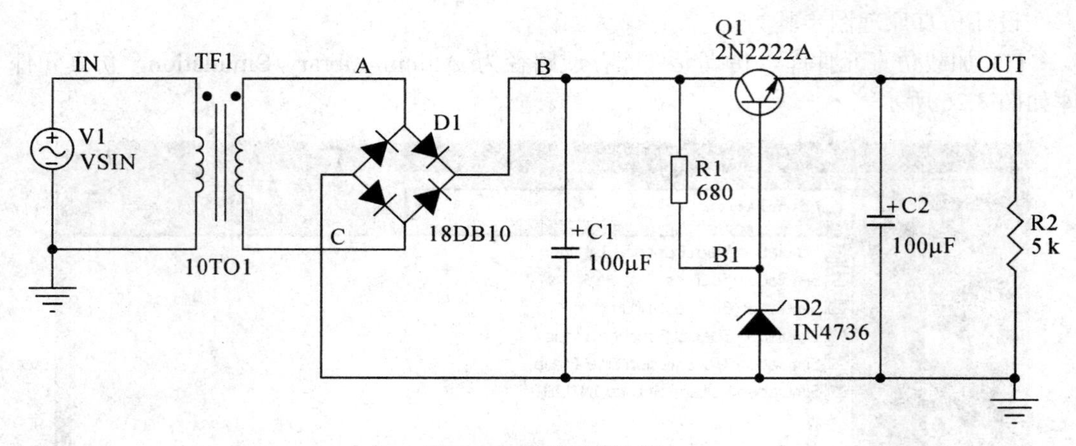

图 8.27　整流稳压电源

对该电路中的激励源 Vin 进行属性设置，双击电路中的 Vin 元件，会弹出该元件属性设置对话框，如图 8.28 所示。

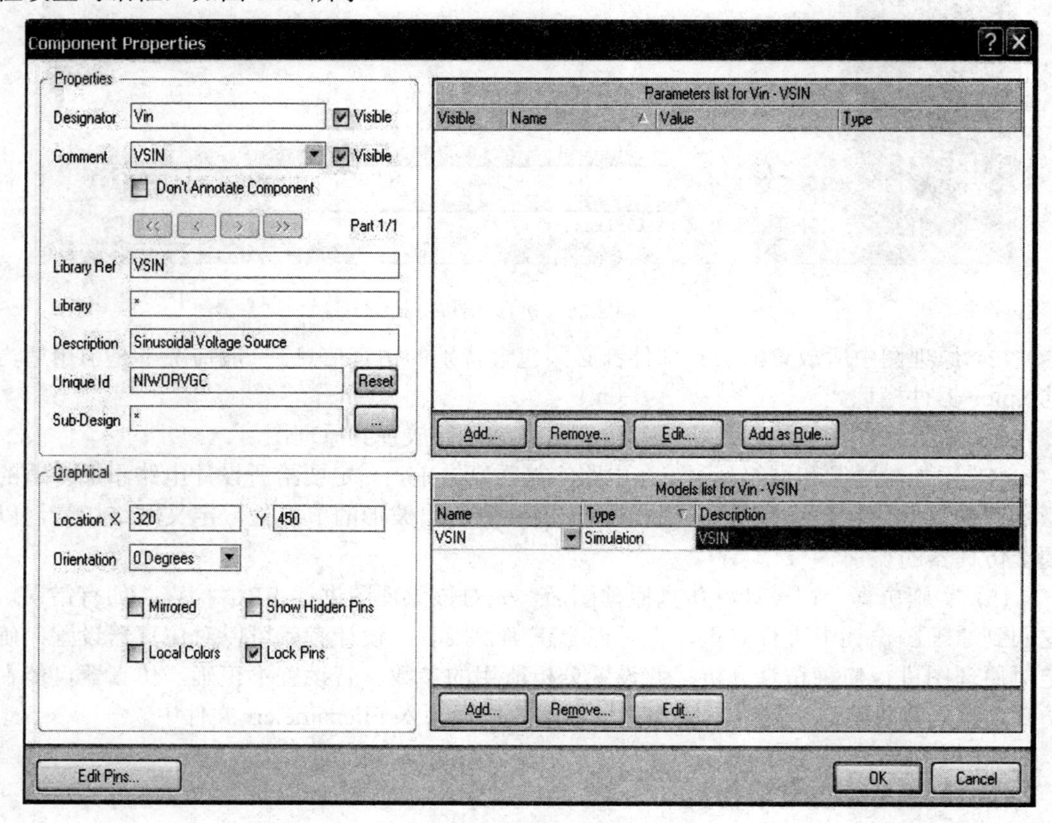

图 8.28　元件属性设置对话框

点击对话框中的 Edit... 按钮，会出现图 8.29 所示该元件仿真模型参数设置对话框，单击 Parameters 标签，在标签页中设置正弦波激励源 Vin 的幅值为 170 V，频率为 60 Hz。

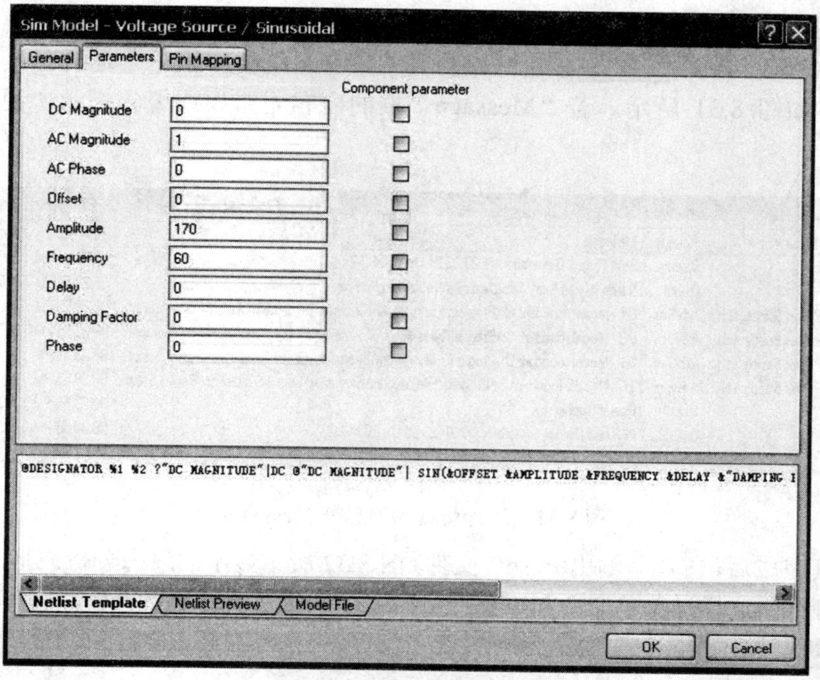

图 8.29　Vin 参数设置对话框

执行菜单命令 Design→Simulate→Mixed Sim，弹出 Analyses Setup 对话框，如图 8.30 所示。我们选择对电路进行直流工作点分析和瞬态分析，观察 A、B、in 和 Out 等 4 点的分析结果。

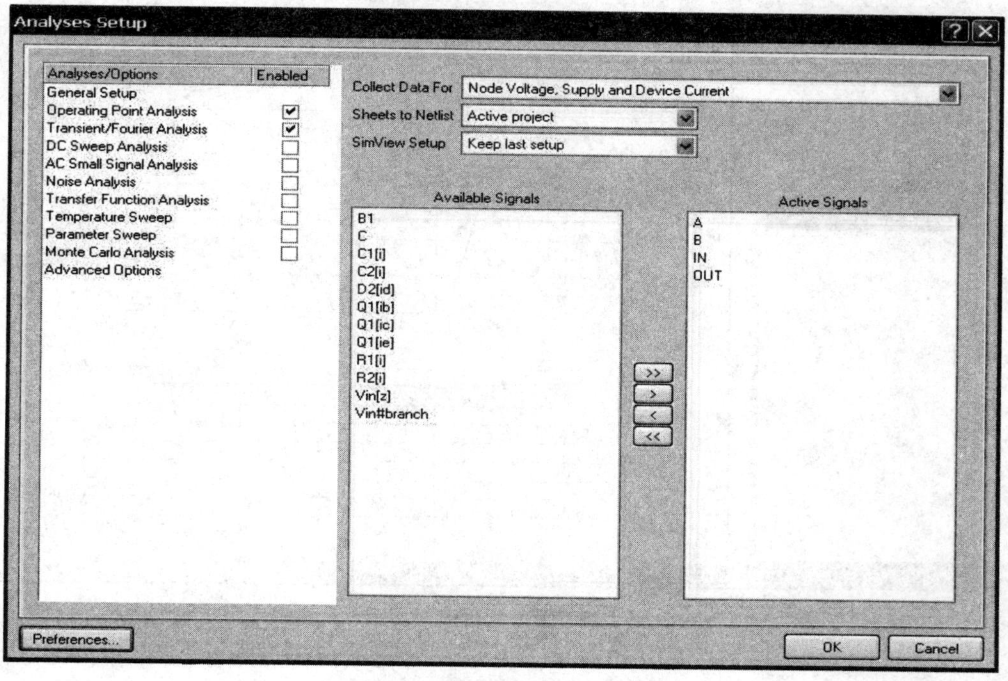

图 8.30　整流稳压电路的仿真设置

(2) 进行仿真。

设置完以后，单击 OK 按钮开始仿真，接着系统会弹出一个运行仿真的消息框 Messages，如图 8.31 所示。若“Message”框的内容无错误或警告提示，说明仿真运行成功。

Messages

Class	Document	Source	Message	Time	Date	No.
[Start Output]		Ouput ...	Start Output Generation At 20:23:54 On 2004-2-2	08:23:54 PM	2004-2-2	1
[Output]		Ouput ...	Name: Mixed Sim Type: AdvSimNetlist From: Project [Power Supply.PRJPCB]	08:23:54 PM	2004-2-2	2
[Hint]	Power Supply.sch...	AdvSim	D1 - Model found in: C:\Program Files\Altium\Examples\Circuit Simulation\Power Suppl...	08:23:55 PM	2004-2-2	3
[Hint]	Power Supply.sch...	AdvSim	D2 - Model found in: C:\Program Files\Altium\Examples\Circuit Simulation\Power Suppl...	08:23:55 PM	2004-2-2	4
[Hint]	Power Supply.sch...	AdvSim	Q1 - Model found in: C:\Program Files\Altium\Examples\Circuit Simulation\Power Suppl...	08:23:55 PM	2004-2-2	5
[Hint]	Power Supply.sch...	AdvSim	TF1 - Model found in: C:\Program Files\Altium\Examples\Circuit Simulation\Power Supp...	08:23:55 PM	2004-2-2	6
[Generated ...		Ouput ...	Power Supply.nsx	08:23:55 PM	2004-2-2	7
[Finished O...		Ouput ...	Finished Output Generation At 20:23:55 On 2004-2-2	08:23:55 PM	2004-2-2	8

图 8.31　运行仿真的消息框 Messages

当仿真完成后，仿真器输出“*.sdf”文件，图 8.32 所示显示的瞬态分析波形。当“*.sdf”文件处于打开时，通过菜单命令和工具栏可对显示图形及表格进行分析和编辑。

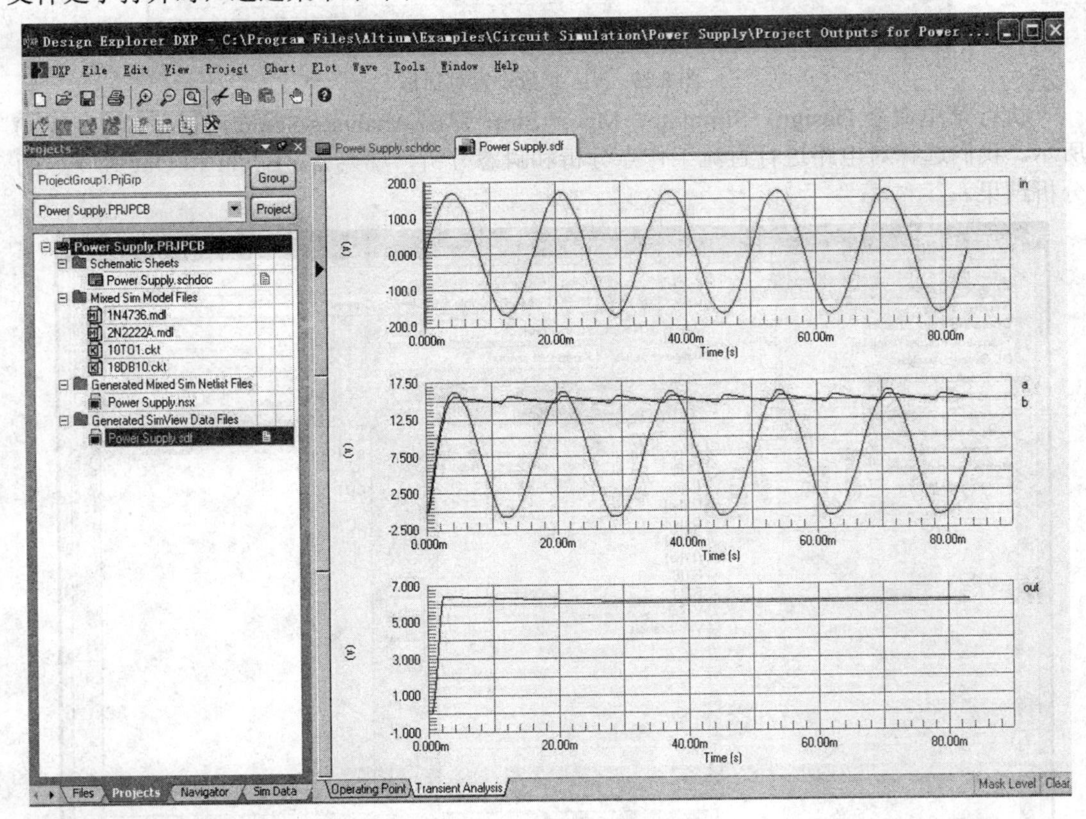

图 8.32　瞬态分析波形显示

单击下面的 Operation Point 标签，页面中会显示直流工作点分析结果，如图 8.33 所示。仿真分析后，生成一个后缀为“.nsx”的文件，如图 8.34 所示。

a	576.2e-21 V
b	-549.7e-21 V
in	0.000 V
out	-1.165e-24 V

图 8.33　直流工作点分析结果

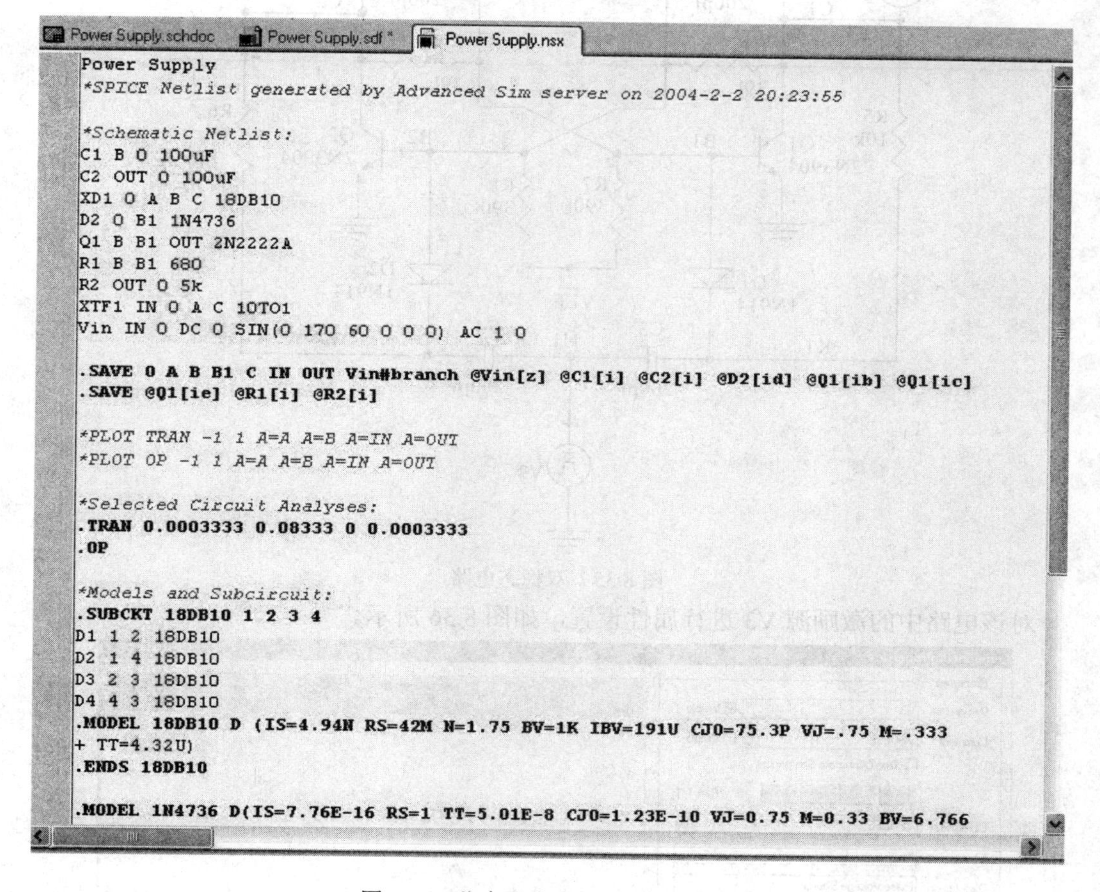


```
Power Supply
*SPICE Netlist generated by Advanced Sim server on 2004-2-2 20:23:55

*Schematic Netlist:
C1 B 0 100uF
C2 OUT 0 100uF
XD1 0 A B C 18DB10
D2 0 B1 1N4736
Q1 B B1 OUT 2N2222A
R1 B B1 680
R2 OUT 0 5k
XTF1 IN 0 A C 10TO1
Vin IN 0 DC 0 SIN(0 170 60 0 0 0) AC 1 0

.SAVE 0 A B B1 C IN OUT Vin#branch @Vin[z] @C1[i] @C2[i] @D2[id] @Q1[ib] @Q1[ic]
.SAVE @Q1[ie] @R1[i] @R2[i]

*PLOT TRAN -1 1 A=A A=B A=IN A=OUT
*PLOT OP -1 1 A=A A=B A=IN A=OUT

*Selected Circuit Analyses:
.TRAN 0.0003333 0.08333 0 0.0003333
.OP

*Models and Subcircuit:
.SUBCKT 18DB10 1 2 3 4
D1 1 2 18DB10
D2 1 4 18DB10
D3 2 3 18DB10
D4 4 3 18DB10
.MODEL 18DB10 D (IS=4.94N RS=42M N=1.75 BV=1K IBV=191U CJ0=75.3P VJ=.75 M=.333
+ TT=4.32U)
.ENDS 18DB10

.MODEL 1N4736 D(IS=7.76E-16 RS=1 TT=5.01E-8 CJ0=1.23E-10 VJ=0.75 M=0.33 BV=6.766
```

图 8.34　仿真器生成的“.nsx”文件

(3) 设计者通过仿真结果完善原理图设计。

输出“*.sdf”文件显示了一系列的波形，设计者借助这些波形，可以很方便地发现设计中的不足和问题。从而，不必经过实际的制板，就可修正原理图存在的不足。

三、双稳态电路仿真

步骤如下：

(1) 绘制原理图。

双稳态电路如图 8.35 所示。

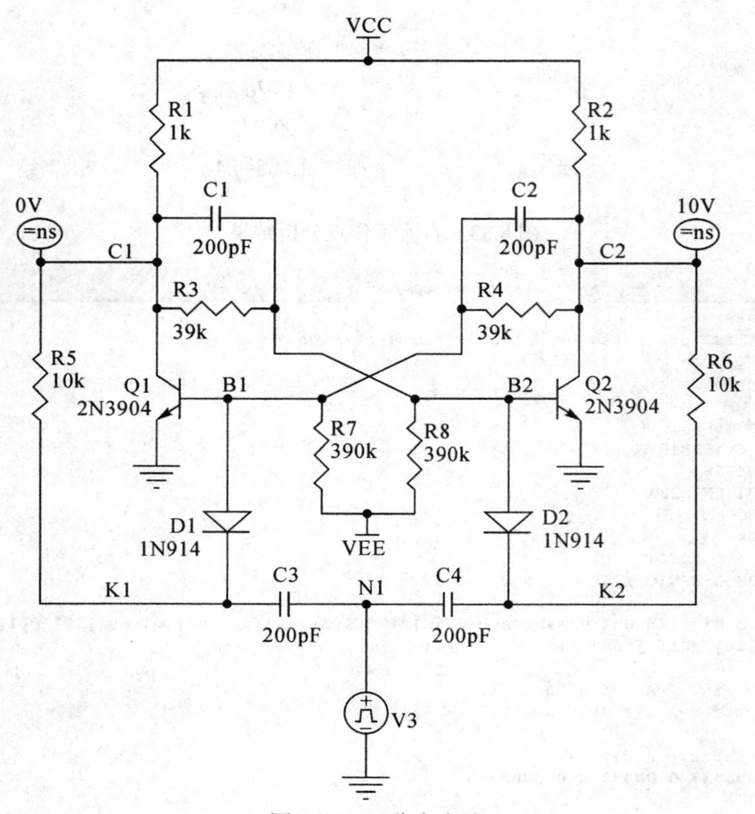

图 8.35　双稳态电路

对该电路中的激励源 V3 进行属性设置，如图 8.36 所示。

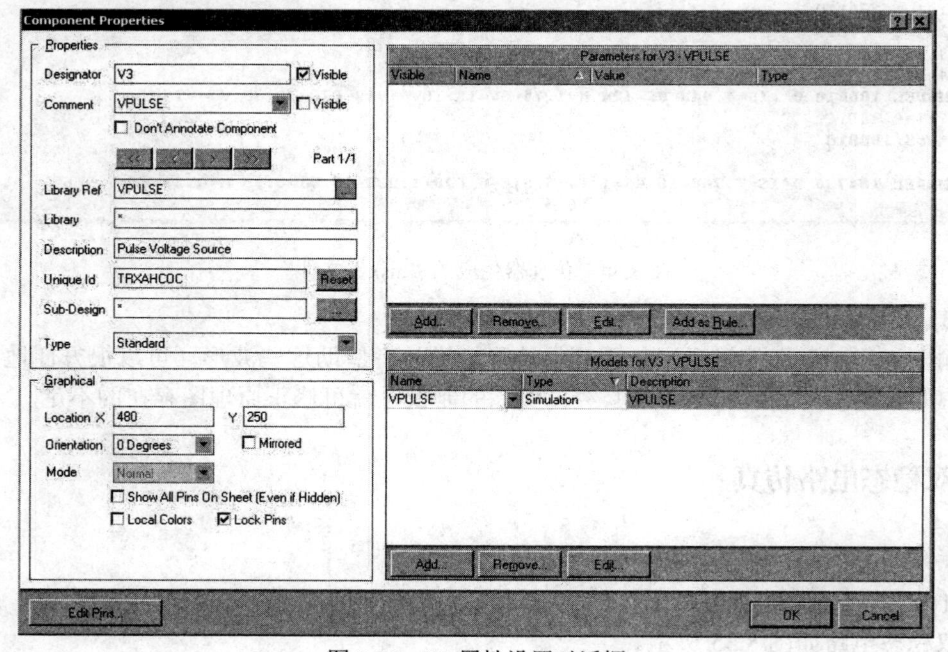

图 8.36　V3 属性设置对话框

在对话框中，按下 Models for V3 栏中的按钮，会出现该元件仿真模型参数设置对话框，单击 Parameters 标签，在标签页中设置脉冲源 V3 的有关数值，具体设置如图 8.37 所示。

Sim Model - Voltage Source / Pulse
General　Parameters　Pin Mapping
Component parameter
DC Magnitude　0V
AC Magnitude　1V
AC Phase　0
Initial Value　0V
Pulsed Value　10V
Time Delay　0
Rise Time　100n
Fall Time　100n
Pulse Width　50u
Period　100u
Phase
@DESIGNATOR %1 %2 ?"DC MAGNITUDE"|DC @"DC MAGNITUDE"| PULSE(&"INITIAL VALUE" &"PULSED VALUE" &"TIME DELAY"
Netlist Template　Netlist Preview　Model File
OK　Cancel

图 8.37　脉冲源 V3 的参数设置

(2) 执行菜单命令 Design→Simulate→Mixed Sim，弹出 Analyses Setup 对话框，如图 8.38 所示。我们选择对电路进行直流工作点分析和瞬态分析，观察 C1、C2 两点的分析结果。

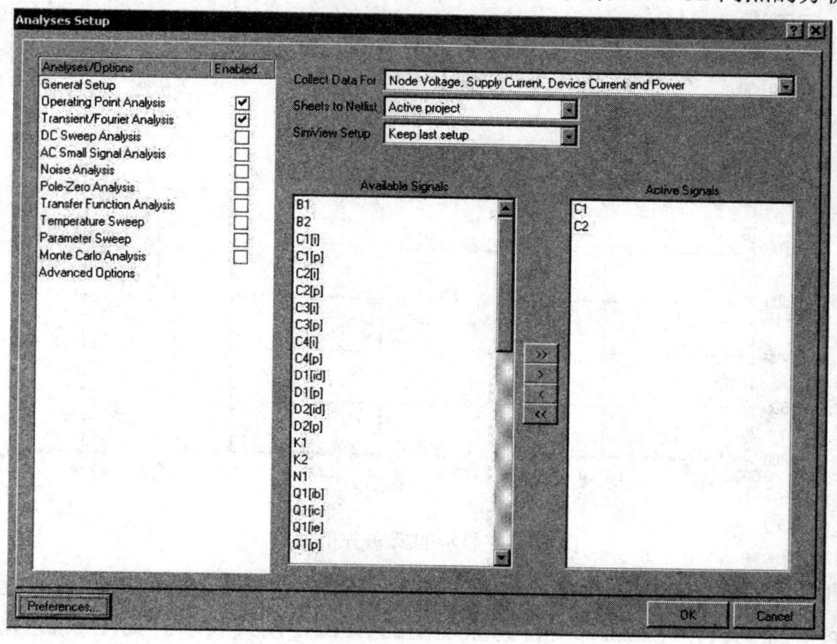

图 8.38　Analyses Setup 对话框

(3) 设置完以后，单击按钮开始仿真，不一会系统会弹出一个运行仿真的消息框 Messages，如图 8.39 所示。

Messages

Class	Document	Sour...	Message	Time	Date	N..
[Start ...		Oup...	Start Output Generation At 9:15:51 On 2004-2-3	09:15:5...	2004-2-3	1
[Output]		Oup...	Name: Mixed Sim Type: AdvSimNetlist From: Project [Bistable ...	09:15:5...	2004-2-3	2
[Hint]	Bistable Mult...	Adv...	D1 - Model found in: D:\Program Files\Altium\Examples\Circuit ...	09:15:5...	2004-2-3	3
[Hint]	Bistable Mult...	Adv...	Q1 - Model found in: D:\Program Files\Altium\Examples\Circuit ...	09:15:5...	2004-2-3	4
[Gener...		Oup...	Bistable Multivibrator.nsx	09:15:5...	2004-2-3	5
[Finish...		Oup...	Finished Output Generation At 9:15:51 On 2004-2-3	09:15:5...	2004-2-3	6

图 8.39　双稳态电路仿真分析消息框

当仿真完成后，仿真器输出“*.sdf”文件，显示仿真分析波形，图 8.40 所示为瞬态分析波形。

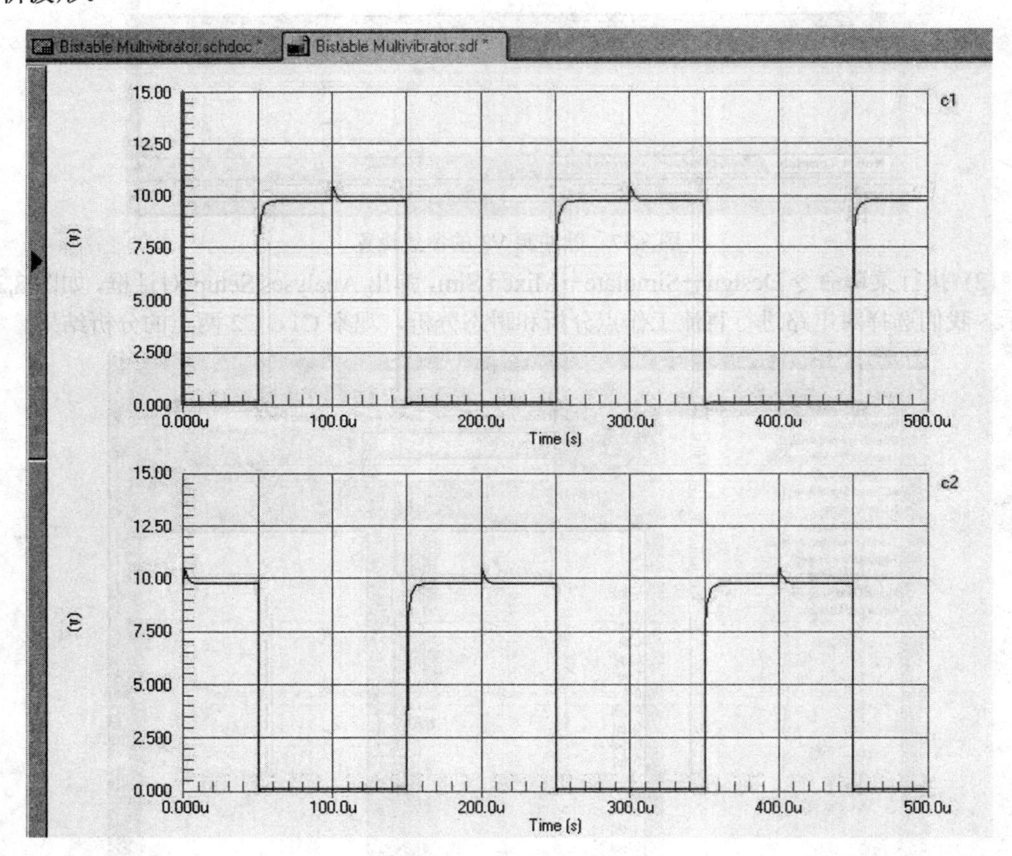

图 8.40　显示的瞬态分析波形

在仿真的过程中，系统会同时创建 SPICE 网络表。仿真分析后，仿真器就生成一个后缀为“.nsx”的文件，“.nsx”文件为原理图的 SPICE 模式表示。如图 8.41 所示。

```
Bistable Multivibrator
*SPICE Netlist generated by Advanced Sim server on 2004-2-3 9:15:51

*Schematic Netlist:
C1 C1 B2 200pF
C2 B1 C2 200pF
C3 K1 N1 200pF
C4 N1 K2 200pF
D1 B1 K1 1N914
D2 B2 K2 1N914
.NODESET V(C1)=0V
.NODESET V(C2)=10V
Q1 C1 B1 0 2N3904
Q2 C2 B2 0 2N3904
R1 VCC C1 1k
R2 VCC C2 1k
R3 C1 B2 39k
R4 B1 C2 39k
R5 C1 K1 10k
R6 C2 K2 10k
R7 B1 VEE 390k
R8 B2 VEE 390k
V1 VCC 0 10V
V2 VEE 0 -10V
V3 N1 0 DC 0V PULSE(0V 10V 0 100n 100n 50u 100u) AC 1V 0

.SAVE 0 B1 B2 C1 C2 K1 K2 N1 VCC VEE V1#branch V2#branch V3#branch @V1[z] @V2[z]
.SAVE @V3[z] @C1[i] @C2[i] @C3[i] @C4[i] @D1[id] @D2[id] @Q1[ib] @Q1[ic] @Q1[ie]
.SAVE @Q2[ib] @Q2[ic] @Q2[ie] @R1[i] @R2[i] @R3[i] @R4[i] @R5[i] @R6[i] @R7[i] @R8[i]
.SAVE @C1[p] @C2[p] @C3[p] @C4[p] @D1[p] @D2[p] @Q1[p] @Q2[p] @R1[p] @R2[p] @R3[p]
.SAVE @R4[p] @R5[p] @R6[p] @R7[p] @R8[p] @V1[p] @V2[p] @V3[p]

*PLOT TRAN -1 1 A=C1 A=C2
*PLOT OP -1 1 A=C1 A=C2

*Selected Circuit Analyses:
```

图 8.41　仿真器生成的“.nsx”文件

四、多级分频电路仿真

(1) 绘制原理图。

多级分频电路如图 8.42 所示。

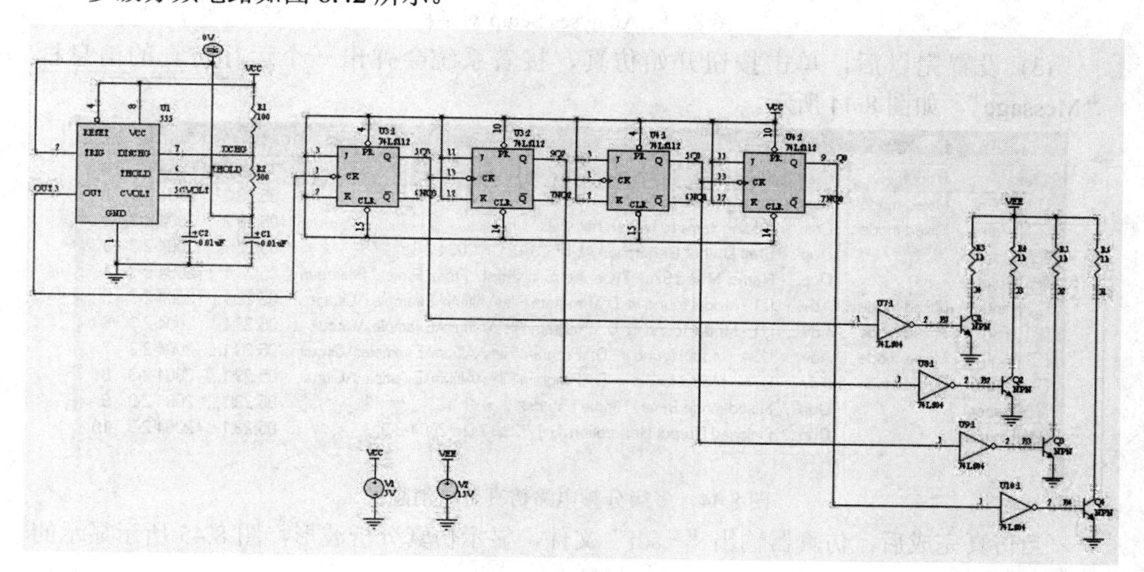

图 8.42　多级分频电路

电路设计好后，配置上激励直流电源 VCC = 5 V，VEE = 15 V，设置 C1 初始电压为 0 V。

(2) 执行菜单命令 Design→Simulate→Mixed Sim，弹出 Analyses Setup 对话框，如图 8.43 所示。我们选择对电路进行瞬态分析，设置观察分析 O1、O2、O3、O4、OUT 以及 Q0、Q1、Q2、Q3 共九个点的波形。

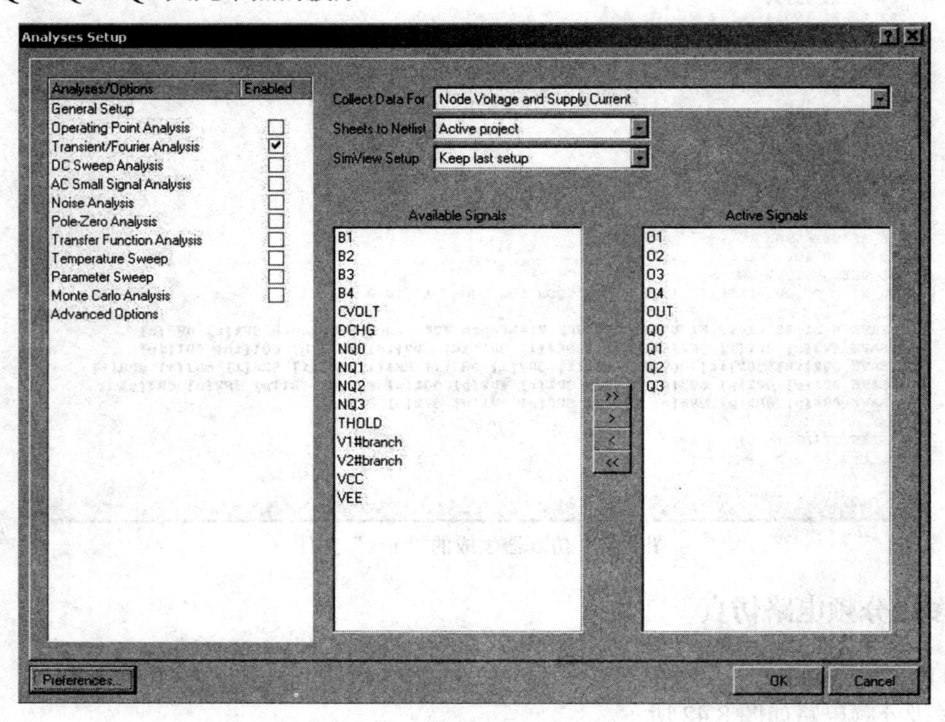

图 8.43　Analyses Setup 对话框

(3) 设置完以后，单击按钮开始仿真，接着系统会弹出一个运行仿真的消息框“Message”，如图 8.44 所示。

Messages

Class	Document	Sour...	Message	Time	Date	N...
[Warni...	Mixed-mode ...	Com...	Adding items to hidden net GND	05:18:2...	2004-2-3	1
[Warni...	Mixed-mode ...	Com...	Adding items to hidden net VCC	05:18:2...	2004-2-3	2
[Start ...		Oup...	Start Output Generation At 17:23:12 On 2004-2-3	05:23:1...	2004-2-3	3
[Output]		Oup...	Name: Mixed Sim　Type: AdvSimNetlist　From: Project [Mixed-m...	05:23:1...	2004-2-3	4
[Hint]	Mixed-mode ...	Adv...	Q1 - Model found in: D:\Program Files\Altium\Examples\Circuit ...	05:23:1...	2004-2-3	5
[Hint]	Mixed-mode ...	Adv...	U1 - Model found in: D:\Program Files\Altium\Examples\Circuit ...	05:23:1...	2004-2-3	6
[Hint]	Mixed-mode ...	Adv...	U3A - Model found in: D:\Program Files\Altium\Examples\Circuit...	05:23:1...	2004-2-3	7
[Hint]	Mixed-mode ...	Adv...	U7A - Model found in: D:\Program Files\Altium\Examples\Circuit...	05:23:1...	2004-2-3	8
[Gener...		Oup...	Mixed-mode Binary Ripple 555.nsx	05:23:1...	2004-2-3	9
[Finish...		Oup...	Finished Output Generation At 17:23:12 On 2004-2-3	05:23:1...	2004-2-3	10

图 8.44　多级分频电路仿真分析消息框

当仿真完成后，仿真器输出“*.sdf”文件，显示仿真分析波形，图 8.45 所示显示的瞬态分析波形。

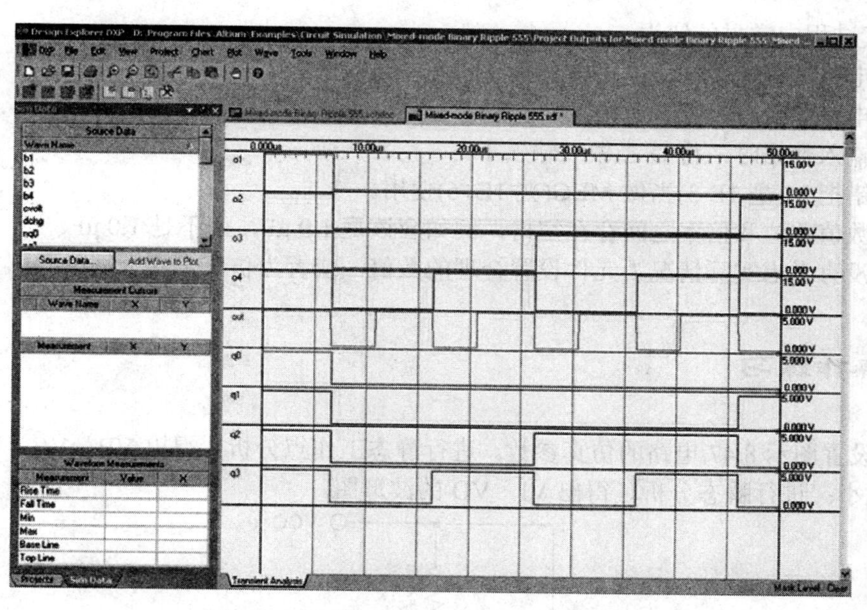

图 8.45　显示多级分频电路的瞬态分析波形

在图 8.45 中，右侧有一个用于控制编辑仿真波形数据的 Sim Data 面板，面板上部是 Source Data 栏，用于对电路中任一网络上波形的添加、删除等编辑；面板下部是 Waveform Measurement 栏，主要用于波形的测量。

(4) 在仿真的过程中，系统会同时创建 SPICE 网络表。仿真分析后，仿真器就生成一个后缀为“.nsx”的文件，如图 8.46 所示。

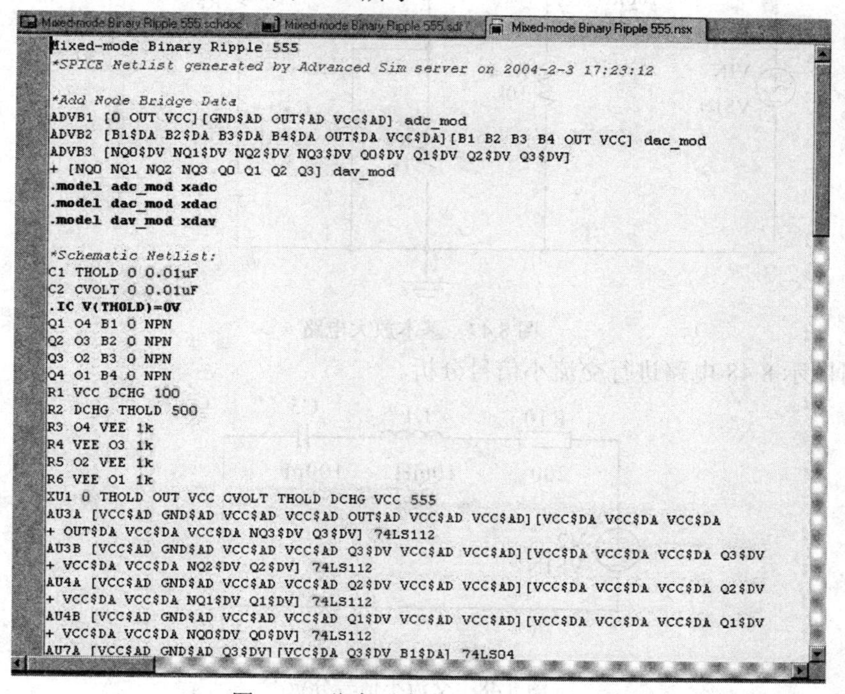

```
Mixed-mode Binary Ripple 555
*SPICE Netlist generated by Advanced Sim server on 2004-2-3 17:23:12

*Add Node Bridge Data
ADVB1 [O OUT VCC][GND$AD OUT$AD VCC$AD] adc_mod
ADVB2 [B1$DA B2$DA B3$DA B4$DA OUT$DA VCC$DA][B1 B2 B3 B4 OUT VCC] dac_mod
ADVB3 [NQ0$DV NQ1$DV NQ2$DV NQ3$DV Q0$DV Q1$DV Q2$DV Q3$DV]
+ [NQ0 NQ1 NQ2 NQ3 Q0 Q1 Q2 Q3] dav_mod
.model adc_mod xadc
.model dac_mod xdac
.model dav_mod xdav

*Schematic Netlist:
C1 THOLD 0 0.01uF
C2 CVOLT 0 0.01uF
.IC V(THOLD)=0V
Q1 O4 B1 0 NPN
Q2 O3 B2 0 NPN
Q3 O2 B3 0 NPN
Q4 O1 B4 0 NPN
R1 VCC DCHG 100
R2 DCHG THOLD 500
R3 O4 VEE 1k
R4 VEE O3 1k
R5 O2 VEE 1k
R6 VEE O1 1k
XU1 0 THOLD OUT VCC CVOLT THOLD DCHG VCC 555
AU3A [VCC$AD GND$AD VCC$AD VCC$AD OUT$AD VCC$AD VCC$AD][VCC$DA VCC$DA VCC$DA
+ OUT$DA VCC$DA VCC$DA NQ3$DV Q3$DV] 74LS112
AU3B [VCC$AD GND$AD VCC$AD VCC$AD Q3$DV VCC$AD VCC$AD][VCC$DA VCC$DA VCC$DA Q3$DV
+ VCC$DA VCC$DA NQ2$DV Q2$DV] 74LS112
AU4A [VCC$AD GND$AD VCC$AD VCC$AD Q2$DV VCC$AD VCC$AD][VCC$DA VCC$DA VCC$DA Q2$DV
+ VCC$DA VCC$DA NQ1$DV Q1$DV] 74LS112
AU4B [VCC$AD GND$AD VCC$AD VCC$AD Q1$DV VCC$AD VCC$AD][VCC$DA VCC$DA VCC$DA Q1$DV
+ VCC$DA VCC$DA NQ0$DV Q0$DV] 74LS112
AU7A [VCC$AD GND$AD Q3$DV][VCC$DA Q3$DV B1$DA] 74LS04
```

图 8.46　仿真后生成的“.nsx”文件

仿真过程中常见的错误：

- 电路没有连接好，电路中有游离的元件和摇摆的节点。
- 电路中没有设置参考接地点，或者存在没有通路到接地点的节点。
- 输入数据时，将 O 当做 0 输入了。
- 错把 M(毫 1E-3)当做 MEG(兆 1E+6)使用。
- 数值单位和倍率之间存在空格，例如应该是 1.0 μF，而不是 1.0 μF。
- 没有考虑实际情况为元件设置合理的数值，或者为仿真设置合理的数据。

操作练习

1. 设置图示 8.47 电路的仿真参数。进行静态工作点分析，得出 VB，VC，VE，VI，VO 的大小；进行瞬态分析，得出 VI，VO 的波形图。

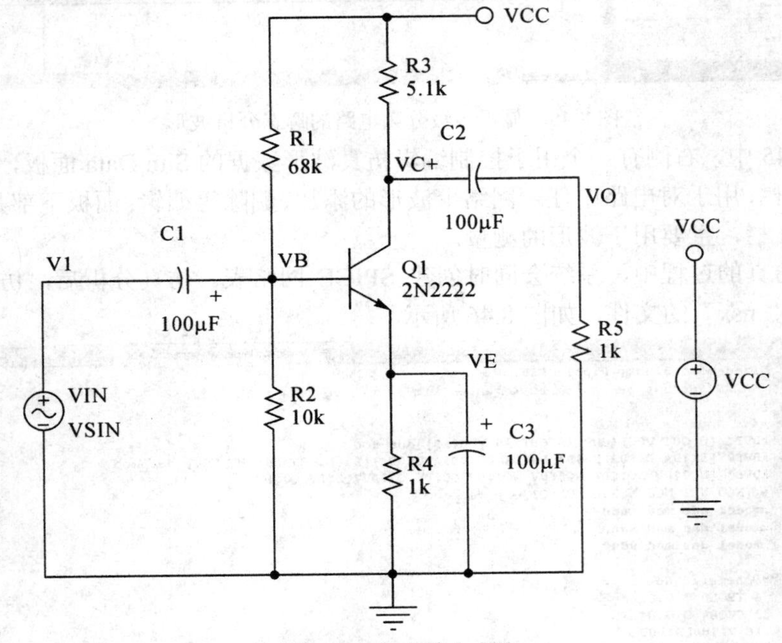

图 8.47　基本放大电路

2. 对图示 8.48 电路进行交流小信号分析。

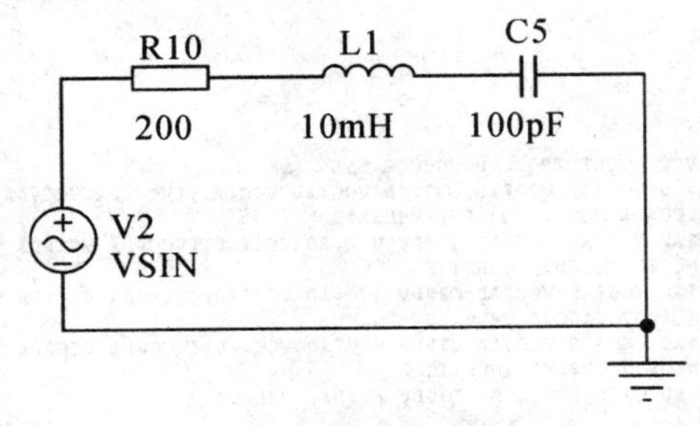

图 8.48　交流小信号分析

3. 对图示 8.49 电路进行直流扫描分析。

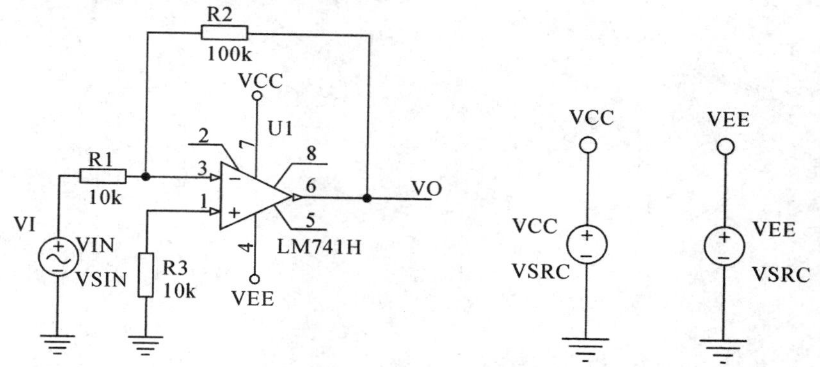

图 8.49　交流小信号分析

4. 对图示 8.50 电路进行瞬态分析和交流分析。

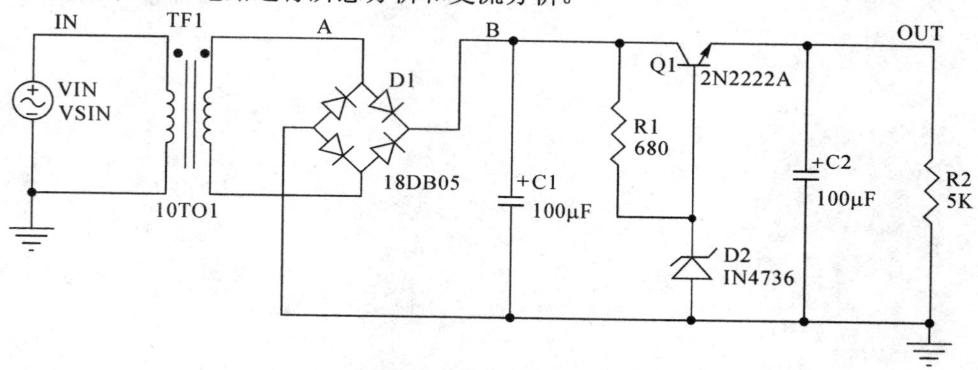

图 8.50　交流小信号分析

上机练习 16

电路分析与 PCB 设计试卷 1

电路分析与 PCB 设计试卷 2

电路分析与 PCB 设计试卷 3